普通高等教育"十三五"规划教材

金属固态相变教程

（第 3 版）

刘宗昌　计云萍　任慧平　编著

北　京

冶金工业出版社

2020

内 容 提 要

金属固态相变理论是金属材料工程专业的核心课程。本书论述了金属固态相变的理论、组织与性能的关系,阐述了 21 世纪的新理论。共 7 章,包括相变热力学、动力学、晶体学、组织学及性能学等。从科学技术哲学的角度阐述了奥氏体、珠光体、贝氏体、马氏体以及回火转变、脱溶等转变的机理,阐述了组织与性能的关系。本书注重理论与实践相结合,注重理论向技术的转化,推动技术创新。

本书可作为金属材料工程专业的教材,也可供冶金、铸锻焊、热处理等行业的技术工作者参考。

图书在版编目(CIP)数据

金属固态相变教程/刘宗昌,计云萍,任慧平编著. —3 版.
—北京:冶金工业出版社,2020. 8
普通高等教育"十三五"规划教材
ISBN 978-7-5024-8598-6

Ⅰ. ①金… Ⅱ. ①刘… ②计… ③任… Ⅲ. ①金属—固态相变—高等学校—教材 Ⅳ. ①TG111. 5

中国版本图书馆 CIP 数据核字(2020)第 119837 号

出 版 人 陈玉千
地 址 北京市东城区嵩祝院北巷 39 号 邮编 100009 电话 (010)64027926
网 址 www.cnmip.com.cn 电子信箱 yjcbs@ cnmip.com.cn
责任编辑 于昕蕾 美术编辑 吕欣童 版式设计 孙跃红
责任校对 李 娜 责任印制 李玉山
ISBN 978-7-5024-8598-6
冶金工业出版社出版发行;各地新华书店经销;三河市双峰印刷装订有限公司印刷
2003 年 9 月第 1 版,2011 年 1 月第 2 版,2020 年 8 月第 3 版,2020 年 8 月第 1 次印刷
787mm×1092mm 1/16;16 印张;390 千字;242 页
39. 00 元

冶金工业出版社 投稿电话 (010)64027932 投稿信箱 tougao@ cnmip.com.cn
冶金工业出版社营销中心 电话 (010)64044283 传真 (010)64027893
冶金工业出版社天猫旗舰店 yjgycbs. tmall.com
(本书如有印装质量问题,本社营销中心负责退换)

第3版前言

"金属固态相变"是金属材料专业的技术理论基础课,是该专业的主干课,也是核心课程。该课程承接专业基础课程和专业工程类课程,兼有"基础课程知识深化、专业工程教学启蒙"的双重任务,起着承上启下的枢纽作用,应足够重视、熟悉和掌握。

2003年出版的教材《金属固态相变教程》被广泛采用,适应了教学、科研的需求。2011年,总结了金属固态相变的新发展,出版了第2版。与时俱进,开拓创新,是教育教学永恒的主题。经过近10年的教学使用实践和科研发展,在工程教育专业认证标准下践行新工科思想的引领下,对第2版内容进行了补充、完善、修改,使内容更加适应教学要求,更加适用于创新型时代的步伐,即出版第3版。

本书采取继承与创新相结合的方法,阐述了比较成熟的理论,增加了近年来国内外研究、发展的新理论。调整了章节,更新了内容,精练了语言,能够更好地适用于教学和阅读。

本书教学内容体系科学合理,章节安排更加符合教学规律,并设有复习思考题。全书共7章,配有电子课件,还提供了丰富的数字资源,提高了教材的可读性,结合现代网络技术,也有利于学生进行自主学习和拓展性学习。

本书也可以作为材料成型及控制工程等专业的教科书或教学参考书。可供冶金、铸造、锻压、焊接、热处理、压力加工等行业的技术人员阅读及应用,也可供从事金属材料研发的科学技术人员参考。

本书第3版由刘宗昌教授策划。第1~3章和第6章由计云萍教授撰写,第4章由刘宗昌教授撰写,第5章由刘宗昌教授和计云萍教授共同撰写,第7章由任慧平教授撰写。刘宗昌教授负责全书的校阅。在本书第 2 版的基础上，计云萍教授进行了整理，编写了电子课件和本书附设的数字资源。

本书在撰写和修订过程中参考了许多书刊文献，在此谨向各位作者表示衷心的感谢。敬请任课教师及各位读者交流，提出宝贵意见。

刘宗昌

2020 年 5 月

第2版前言

与时俱进，开拓创新，更新教学内容，培养创新型人才，是教学工作永恒的主题。

"金属固态相变"是金属材料专业的技术理论基础课，是该专业的主干课，也是核心课程之一，应给以足够的重视。

2003年出版的《金属固态相变教程》被一些高校和科研院所广泛采用，作为教材或参考资料，适应了教学、科研的需求。经过7年的教学实践，随着近年来金属固态相变的新发展，有必要对内容进行修订，出版第2版。

本教材涉及的问题包括：固态相变的热力学、动力学、晶体学、组织学、性能学等，重点是固态相变的物理实质和相变机理，它是进行金属材料科学研究及铸、锻、焊、热处理等工程技术的理论基础。

20世纪，欧洲的一些国家和美、日等国材料科学家对于金属固态相变理论进行了大量的研究，取得了丰硕的成果。1949年后我国科学家对其进行了引进、吸收和再研究。固态相变的主要核心机理都是由国外科学家提出和发展的。改革开放国策使我国材料科学家的科研水平和创新能力空前提高，已经赶上世界先进水平。通过多年来的教学、科研实践，我们认识到这些知识中有比较成熟的理论，也存在过时的、乃至错误的观点和学说。因此去伪存真，更新和发展固态相变理论是我们义不容辞的义务。

本书采取继承与创新相结合的方法，阐述了比较成熟的理论，增加了近年来国内外研究、发展的新理论，也包含了内蒙古科技大学多年来的科研成果。近年来，内蒙古科技大学对珠光体转变、贝氏体相变、马氏体理论的研究有了新的进展，因此作者就这些章节内容进行了大幅度的更新。摒弃了这时的知识，批驳了错误的观点和学说。强调理论与实践的统一，注重理论向技术的转化，推动理论发展和技术的创新，培养创新型人才。

本书主要特点有三：

（1）与时俱进，继承与创新相结合，阐述了固态相变新成果、新理论，较之以往的教材，内容大幅度更新；有利于培养学生的创新意识。

（2）应用科学技术哲学的理论修正了错误概念和学说，淘汰了过时的知识。

（3）本书条理清楚，章节安排更加符合教学规律，并设有导读、例题、思考题，以便更好地适应教学要求。

全书共 8 章，讲授约 50 学时，建议采用电子教案授课。本书可以作为金属材料工程专业、塑性成型及控制专业的教科书，也可供冶金、铸造、锻压、焊接、热处理、压力加工等行业以及材料开发研究的科研人员、技术人员参考。

本书由刘宗昌策划并负责全书的总成。赵莉萍参加了全书的修订。第 1~5 章由刘宗昌编著，第 6 章由宋义全、李涛编著，第 7 章由任慧平、李涛编著，第 8 章由赵莉萍编著；书稿承蒙李文学审阅。

本书在撰写过程中参考了许多论文和专著，特此向各位作者致谢。

刘宗昌

2020 年 10 月

第 1 版前言

本书与以往的金属热处理原理教材的内容体系基本相同。涉及的问题包括：固态相变的热力学、动力学、晶体学、组织学、性能学等，重点是固态相变的物理本质和相变机理，它是进行金属材料科学研究及工程的理论依据。20世纪末的教学改革，专业名称缩减，"金属材料工程"专业覆盖了原来的金属热处理、铸造、焊接、锻压、轧钢、金属腐蚀等专业。因此，本课程不能再称为"金属热处理原理"。有的院校设"材料科学基础"课程，把"金属热处理原理"作为其中的部分章节，本书则定名为"金属固态相变教程"。

金属固态相变理论是金属材料工程专业的必修内容，极为重要，是从事金属材料工程的科技人员手中的一把钥匙。如果说"不懂金属固态相变，就等于不懂金属材料"，这并不算过分。因此，金属固态相变理论课是金属材料工程专业的主干课，是核心课程之一。

本书是作者在多年来讲授金属热处理课程的基础上编著的。本书继承与创新相结合，讲述了比较成熟的理论，增加了近年来国内外研究、发展的一些新理论，也包含了我们多年来的科研成果，许多内容曾在刊物上发表及获奖。对于马氏体、贝氏体等相变机制方面的假说和学术论争只做了概要叙述，因为假说有假定性，易变性，可能被科学实践证实，也可能被证伪，不宜给本科生讲得过多。本书注意理论与实际相结合，注重理论向技术的转化，推动技术创新。最后一章具有总结性质，运用科学技术哲学的观点，论述了金属及合金的整合系统和复杂性以及钢中相变的自组织规律。

本书的主要特点有三：

(1) 与时俱进，较之20世纪90年代前出版的教材，内容有一定更新；

（2）应用自然辩证法（科学技术哲学）的理论更正了一些陈旧的概念，淘汰了某些过时的知识，建立了新概念，阐述了新理论；

（3）继承创新，增加了相变研究的新成果、新理论、新学说，有利于培养学生的创新意识。

全书共 9 章，讲授约需 40 学时。使用电子教案授课，增加了课时信息量，可以少用学时。本书可以作为金属材料工程专业学生的教科书、参考书，也可以作为冶金、铸造、锻压、焊接、热处理、压力加工以及材料研究等行业的科研人员、技术人员的参考资料。

本书第 1、2、3、4、5、9 章由刘宗昌教授编著，第 7 章由任慧平教授编著，宋义全教授参加编写第 6、8 两章。李文学教授、任慧平教授参加了全书的审核。最后由刘宗昌教授负责全书的总成。

在编著全书过程中，参考并引用了一些书刊、文献、资料的有关内容，谨此致谢。由于作者水平有限，书中存在不妥之处，敬请读者批评指正。

刘宗昌

2003 年 5 月 18 日

目　　录

1 金属固态相变的一般规律

本章导读： 学习本章重点掌握金属及合金固态相变的类型和基本概念，固态相变的一般特征，金属及合金固态相变形核及其长大的一般规律，析出相的聚集和组织粗化的规律等；熟悉固态相变的驱动力、阻力，动力学知识。

金属固态相变的概念：固态金属及合金在温度、压力改变时，内部相结构发生相互转变的现象，称为金属的固态相变。在相变过程中，往往发生成分、晶体结构、组织形貌和性能的变化。当不产生化学成分、晶体结构的转变，只发生组织形貌的变化时，则不属于相变，如金属的形变和再结晶。

1.1 固态相变的分类

分类是根据研究对象的共同点和差异点，将对象划分为不同的种属的方法。材料组织结构转变极为复杂，种类繁多。具有相变重结晶的组织结构转变时则属于固态相变。

按相变的平衡状态分类，可分为平衡相变和非平衡相变；按热力学分类，可分为一级相变和二级相变；按原子的迁移特征分类，可分为扩散型相变和无扩散型相变等。

1.1.1 按平衡状态分类

1.1.1.1 平衡转变

定义：在极为缓慢的加热或冷却条件下形成符合状态图的平衡组织的相的转变，属于平衡转变。平衡转变一般有下列七种。

（1）纯金属的同素异构转变。定义：纯金属在温度、压力改变时，由一种晶体结构转变为另一种晶体结构的过程，称为同素异构转变。

金属的多型性是金属固态相变复杂性的根源。许多固态金属元素和非金属元素具有多种晶体结构，元素周期表中具有多型性的元素列于表1-1。

表1-1中列举了12种金属元素和两种非金属元素的多种晶型。当金属元素形成金属间化合物、碳化物等化合物时晶型还会有许多复杂的变化。

不同的晶体结构存在于不同的温度、压力下，如铁有 α-Fe（bcc）、γ-Fe（fcc）、δ-Fe（bcc）两种晶体结构、三种状态。但增加压力，可以产生另一种新的晶体结构，如室温下，在超高压条件下，α-Fe 转变为密排六方的 ε-Fe（hcp）。纯铁的温度-压力相平衡图如图1-1所示。

表 1-1　元素的多型性

元素符号	元素名称	原子序数	晶型	元素符号	元素名称	原子序数	晶型
Fe	铁	26	α 体心立方 γ 面心立方 δ 体心立方 ε 密集六角	Mn	锰	25	α 复杂立方 β 复杂立方 γ 面心四方 δ 面心立方
Cr	铬	24	α 体心立方 β 密集六角	Hf	铪	72	α 密集六角 β 体心立方
Ce	铈	58	α 面心立方 β 密集六角	La	镧	57	α 密集六角 β 面心立方
Ca	钙	20	α 面心立方 β 密集六角	Co	钴	27	α 密集六角 β 面心立方
C$_{金刚石}$ C$_{石墨}$	碳	6	钻石立方 六角	U	铀	92	α 正交 β 四方 γ 体心立方
W	钨	74	α 体心立方 β 复杂立方	Zr	锆	40	α 密集六角 β 体心立方
Np	镎	93	α 正交 β 四方 γ 体心立方	S	硫	16	α 正交 β 单斜

　　从表 1-1 可见，Fe、Mn、U、Np 是具有复杂多变的晶型的四种元素。国民经济中应用最广泛的铁及铁基合金是典型的具有多型性转变的金属，是人类开发利用较早并对社会文明发挥了突出作用的金属。

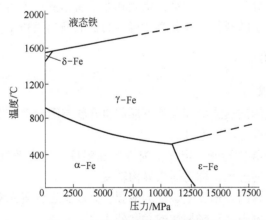

图 1-1　纯铁的温度-压力相平衡图

　　纯铁的同素异构转变和铁基固溶体的多型性转变导致复杂多变的固态相变。

　　纯铁在常压下具有 A_3 和 A_4 两个相变点，低温和高温区都具有体心立方结构，即α-Fe、δ-Fe。而在 $A_3 \sim A_4$ 之间则存在面心立方的 γ-Fe。

　　Fe 与 C 形成 Fe-C 合金，含 0.0218%～2.0%C 的 Fe-C 合金称为钢。Fe-C 合金中加入合金元素形成 Fe-M-C 系合金，构成合金钢及铁基合金，形成多种代位固溶体、间隙固溶体、碳化物、金属间化合物等，导致复杂多变的固态相变。

（2）多型性转变。定义：金属固溶体中的同素异构转变称为多型性转变。

纯金属中溶入溶质元素形成固溶体时，也发生同素异构转变。如奥氏体是碳及合金元素溶入 γ-Fe 的固溶体。奥氏体能转变为 α-铁素体、δ-铁素体。同素异构转变和多型性转变是固态相变的主要类型，是固态相变的根源之一。

（3）共析转变。定义：固溶体冷却到某一温度，同时分解为两个不同成分和结构的相的固态相变称为共析转变。可以用反应式 $\gamma \to \alpha + \beta$ 表示。共析分解生成的两个相的结构和成分都与反应相不同。如钢中的珠光体转变：$A \to F + Fe_3C$，是两相共析共生的过程。

（4）包析转变。定义：冷却时由两个固相合并转变为一个固相的固态相变过程称为包析转变。用 $\alpha + \beta \to \gamma$ 表示。例如在 Fe-B 系中，于 $910^\circ C$ 发生 $\gamma + Fe_2B \to \alpha$ 的包析反应。此外，在 Mg-Zn 系、Cu-Zn 系合金中也有包析转变。

（5）平衡脱溶。定义：在高温相中固溶了一定量的合金元素，当温度降低时固溶度下降，在缓慢冷却的条件下，过饱和固溶体将析出新相，称为平衡脱溶。在这个转变中，母相不消失，但随着新相的析出，母相的成分和体积分数不断变化。新相的成分、结构与母相不同。例如，奥氏体中析出二次渗碳体，铁素体中析出三次渗碳体，就属于这种转变。

（6）调幅分解。定义：某些合金在高温时形成单相的均匀的固溶体，缓慢冷却到某一温度范围内时，通过上坡扩散，分解为两相，其结构与原固溶体相同，但成分不同，是成分不均匀的固溶体，这种转变称为调幅分解。用反应式 $\alpha \to \alpha_1 + \alpha_2$ 表示。

（7）有序化转变。定义：在平衡条件下，固溶体中各组元原子的相对位置由无序到有序的转变过程称为有序化转变。铁-铝合金、金-铜合金、铜-锌合金等合金系中都可以发生有序化转变。如，在铁-铝系平衡图中，铝含量在 0~36% 的 Fe-Al 合金存在有序-无序转变。铝含量在 13.9%~20% 的 Fe-Al 合金，从 $700^\circ C$ 以上的无序 α-相缓冷下来时，发生 $\alpha \to \beta_1(Fe_3Al)$，$Fe_3Al$ 为有序固溶体，具有体心立方结构。

1.1.1.2 非平衡转变

在非平衡加热或冷却条件下，平衡转变受到抑制，将发生平衡图上不能反映的转变类型，获得不平衡组织或亚稳状态的组织。钢中及有色合金中都能发生不平衡转变，如钢中发生的伪共析转变、马氏体相变、贝氏体相变等。

（1）伪共析转变。如图 1-2 所示，当奥氏体过冷到阴影区时，奥氏体同时满足了析出铁素体和渗碳体的条件，无论是亚共析钢，还是过共析钢，都能够获得单一的珠光体组织。这种珠光体组织中的铁素体和渗碳体的比例与平衡共析转变得到的珠光体不同，若是亚共析钢冷却得到的伪珠光体，其中的铁素体含量较多；若是过共析钢，则其伪珠光体中的渗碳体量较多。

定义：某些非共析成分的钢，当奥氏体以

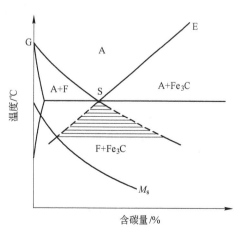

图 1-2 Fe-Fe$_3$C 相图的左下角

较快的速度冷却时，发生同时析出铁素体和渗碳体的共析转变，形成伪珠光体组织，称为伪共析转变。

含 V、Ti 的低碳合金钢空冷时发生的相间沉淀是一种特殊的伪共析转变。

（2）钢中的马氏体相变。钢中马氏体相变是过冷奥氏体中所有原子集体协同位移，无扩散地进行的晶格重构的一级相变。

在钢中，将奥氏体以较大的冷却速度过冷到低温区，原子难以扩散，则奥氏体以无扩散方式发生转变，即在 M_s 点以下发生马氏体转变。得到马氏体组织，如板条状马氏体、片状马氏体、隐晶马氏体等组织形态。

在有色金属及合金中，在非金属材料中也存在马氏体相变。

（3）贝氏体相变。钢中的奥氏体过冷到中温区，在珠光体和马氏体转变温度之间，发生贝氏体转变。

钢中的贝氏体相变是过冷奥氏体在中温区发生的过渡性相变，形成以贝氏体铁素体为基体，贝氏体铁素体多为条片状，内部存在亚单元、较高密度位错亚结构，在贝氏体铁素体基体上可能分布着渗碳体，或ε-碳化物，或残留奥氏体等相的整合组织。

以往贝氏体理论研究分为两个学派：切变学派和扩散学派，学术观点不同，存在激烈的学术争论。21 世纪以来，刘宗昌等人为统一两派观点对贝氏体相变理论进行了大量实验和研究，提出了新理论，指出贝氏体相变是过渡性相变，原子既不是切变位移，也不是扩散位移，而是碳原子长程扩散，铁原子和替换原子在界面上非协同热激活跃迁位移而实现的相变。

（4）不平衡脱溶。与上述平衡脱溶不同，合金固溶体在高温下溶入了较多的合金元素，之后快冷，固溶体中来不及析出新相，一直冷却到较低温度下，得到过饱和固溶体。然后，在室温或加热到其溶解度曲线以下的温度进行等温保持，从过饱和固溶体中析出一种新相，该新相的成分和结构与平衡沉淀相不同，这就是不平衡脱溶。

定义：合金经高温固溶处理后，在室温或加热到某一温度等温，过饱和固溶体中脱溶析出新相的过程，称为不平衡脱溶。

在 Fe-C 合金或碳素钢中，以碳原子过饱和的马氏体，重新加热到 Fe-Fe$_3$C 相图的固溶线 PQ 以下的某一温度（A_1 以下）等温，过饱和的 α 相中将析出与 Fe$_3$C 不同的新相，如ε-Fe$_{2.4}$C、η-Fe$_2$C、χ-Fe$_5$C$_2$ 等不平衡相，它们都是 Fe$_3$C 的过渡相。这也属于过饱和固溶体的不平衡脱溶沉淀，是一种不平衡转变。

（5）块状相变。块状转变也是一种不平衡转变。如在冷却速度足够快时，γ 相可能通过块状相变的机制转变为 α 相。块状相变与马氏体转变不同，虽然转变前后的新相、旧相成分相同，属于无扩散相变，但新相形态和亚结构不同于马氏体。块状相变时，新相与旧相的交界面处原子进行热激活跃迁位移，转变产物呈块状或条片状。纯铁、Fe-Ni、Fe-Mn、Cu-Zn、Ti-Ag 等合金中均发现了块状转变。

定义：母相通过相界原子的热激活跃迁而形核-长大的成分不改变的，形成块状相的一级相变。

1.1.2　按原子迁移特征分类

固态相变发生相的晶体结构的改造或化学成分的调整，需要原子迁移才能完成。按其迁移特征分为扩散型相变和无扩散型相变。

1.1.2.1　扩散型相变

在相变时，新旧相界面处，在化学位差的驱动下，旧相原子单个地、无序地、统计地越过界面进入新相，在新相中，原子打乱重排，新旧相原子排列顺序不同，界面不断向旧相推移。扩散型相变又分为界面控制的和体扩散控制的两种。

（1）界面控制的扩散型相变。纯金属的多型性转变只是晶体结构的变化，而不发生成分的改变。新相的形成仅需要旧相原子越过界面，并成为新相的一员，是依靠原子自扩散完成的。因此，界面推移速度取决于最前沿的原子跃过相界面的频率和新旧相原子化学位差。

近年来，有人认为纯铁的 $\gamma \rightarrow \alpha$ 转变时，相界面上的原子就近转入新相，而母相原子替补式地进入相界面，如此循环下去，相界面则不断向母相一侧迁移，新相不断长大。

（2）体扩散控制的扩散型相变。在这种相变中，由于新相成分与母相不同，相界面的迁移除了受界面机制控制外，还必须满足溶质原子重新分布的要求。因此，其界面的迁移需要溶质原子在母相晶格中长程扩散。这就是体扩散控制的扩散型相变，在体扩散的同时必有界面扩散。

1.1.2.2　无扩散的马氏体相变

马氏体相变属无扩散相变，新旧相的结构不同，但化学成分相同。界面处母相一侧的原子不是单个地、无序地、统计地跃过相界面进入新相，而是集体协同位移。相界面在推移过程中保持共格或半共格关系。

金属固态相变具有自组织机制，扩散与无扩散的原子跃迁方式是在外界条件变化时通过系统自组织调节的。如一定成分的奥氏体在 A_{r_1} 温度下，以扩散方式进行共析分解；而温度降至 M_s 点时，则以无扩散方式进行马氏体转变；而在 B_s 与 M_s 之间的温度，则发生贝氏体相变。贝氏体相变具有过渡性质。

1.1.3　按热力学分类

相变的热力学分类是按温度和压力对自由能的偏导函数在相变点的数学特征，即连续或非连续，将相变分为一级相变、二级相变等。

在相变温度下，两相的自由能及化学位均相等，即：$G^\alpha = G^\beta$，$\mu^\alpha = \mu^\beta$。如果，相变时的化学位的一阶偏导数不等，则称为一级相变。即：

$$\left(\frac{\partial \mu^\alpha}{\partial p}\right)_T \neq \left(\frac{\partial \mu^\beta}{\partial p}\right)_T$$

因为 $\left(\frac{\partial \mu}{\partial p}\right)_T = V$，所以 $V^\alpha \neq V^\beta$。

$$\left(\frac{\partial \mu^\alpha}{\partial T}\right)_p \neq \left(\frac{\partial \mu^\beta}{\partial T}\right)_p$$

因为 $\left(\frac{\partial \mu}{\partial T}\right)_p = -S$，所以 $S^\alpha \neq S^\beta$。

这说明：一级相变时，有体积和熵的突变，即有体积的胀缩及潜热的释放或吸收。金属中大多数固态相变属于一级相变，过冷奥氏体的各类相变均为一级相变。

　　对于过冷奥氏体转变为马氏体、贝氏体、珠光体，体积都是膨胀的。表 1-2 列举了碳素钢中奥氏体、铁素体、渗碳体、马氏体等各相的比体积，奥氏体在向珠光体、贝氏体、马氏体转变时，比体积均增大，体积均膨胀，如表 1-3 所示。

表 1-2　钢中各种相和组织的比体积

序号	相和组织	碳含量（质量分数）/%	比体积（20℃）/cm³·g⁻¹
1	铁素体	0~0.02	0.1271
2	渗碳体	6.67	0.130±0.001
3	ε-碳化物	8.5±0.7	0.140±0.002
4	马氏体	0~2	$0.1271+0.00265w(C)$
5	奥氏体	0~2	$0.1212+0.0033w(C)$
6	铁素体+渗碳体	0~2	$0.1271+0.0005w(C)$
7	铁素体+ε-碳化物	0~2	$0.1271+0.0015w(C)$

表 1-3　碳素钢组织变化时的 $\dfrac{\Delta V}{V_i}$ 和 $\dfrac{\Delta l}{l_i}$

组织变化	$\dfrac{\Delta V}{V_i}$	$\dfrac{\Delta l}{l_i}$
球化退火→奥氏体	$-4.64+2.21w(C)$	$-0.0155+0.0074w(C)$
奥氏体→马氏体	$4.64-0.53w(C)$	$0.0155-0.0018w(C)$
奥氏体→下贝氏体	$4.64-1.43w(C)$	$0.0155-0.0048w(C)$
奥氏体→铁素体+渗碳体	$4.64-2.21w(C)$	$0.0155-0.0074w(C)$

　　碳钢的过冷奥氏体转变为马氏体、贝氏体和珠光体时均发生体积的增大，体积变化 $\dfrac{\Delta V}{V_i}$ 和长度变化 $\dfrac{\Delta l}{l_i}$ 之值列于表 1-3 中。$\dfrac{\Delta l}{l_i}$ 是长度变化率，体积变化与长度变化的关系为：

$$\frac{V-V_i}{V_i}=\frac{\Delta V}{V_i}\approx 3\frac{\Delta l}{l_i}。$$

　　按照表 1-3，当 T8 钢奥氏体转变为珠光体组织时，$\dfrac{\Delta V}{V_i}=2.87\%$；$\dfrac{\Delta l}{l_i}=0.0096$；当转变为下贝氏体组织时，$\dfrac{\Delta V}{V_i}=3.496\%$；$\dfrac{\Delta l}{l_i}=0.0117$。当转变为马氏体组织时，$\dfrac{\Delta V}{V_i}=4.216\%$；$\dfrac{\Delta l}{l_i}=0.014$。可见，均发生体积膨胀，且随着转变温度的降低，相变产物膨胀率增大，马氏体组织造成最大的体积膨胀。

　　如果相变时，化学位的一阶偏导数相等，但二阶偏导数不等，则称为二级相变。一阶偏导数相等时则有：

$$V^{\alpha}=V^{\beta}$$
$$S^{\alpha}=S^{\beta}$$

　　说明：二级相变时，没有体积和熵的突变，即没有体积的胀缩及潜热的释放或吸收。

但压缩系数 k、质量定压热容 c_p、体膨胀系数 α 有突变。例如有序转变、磁性转变即为二级相变。

1.2 固态相变的驱动力和阻力

固态相变按照形核与否分为有核转变和无核转变两类。大多数金属固态相变是形核-核长大相变，极少数是无核转变，如调幅分解。在形核—核长大相变中又分为扩散形核及无扩散形核两种。

在固态相变过程中，无论形核与否，相变需要驱动力，同时相变又遇到阻力。相变驱动力是系统自由焓下降的因素，相变阻力是相变导致系统自由能升高的因素。

1.2.1 固态相变的驱动力

在单元系液体结晶成固相时，驱动力为固液相自由能之差 $\Delta G_{相变}$。阻力为新相的表面能 $\Delta G_{表}$。基本能量关系为：

$$\Delta G = \Delta G_{相变} + \Delta G_{表} \tag{1-1}$$

但在固态相变中，由于新旧相比体积差和晶体位向的差异，这些差异产生在一个新旧相有机结合的弹性固体介质中，在核胚及周围区域内产生弹性应力场，该应力场包含的能量就是相变的新阻力——畸变自由能 $\Delta G_{畸}$。则有：

$$\Delta G = \Delta G_{相变} + \Delta G_{界面} + \Delta G_{畸} \tag{1-2}$$

式中，$\Delta G_{相变}$ 为相变驱动力，它是新旧相自由能之差，当 $\Delta G_{相变} = G_{新} - G_{旧} < 0$，相变将自发地进行。

若 $\alpha \rightarrow \beta$，则单位体积自由能或每个原子（或摩尔）的自由能变化分别为：

$$\Delta G_V^{\alpha \rightarrow \beta} = \frac{G^\beta - G^\alpha}{V} \tag{1-3}$$

$$\Delta G_A^{\alpha \rightarrow \beta} = \frac{G^\beta - G^\alpha}{n} \tag{1-4}$$

若 α、β 两相的比体积相等，则 $\Delta G_V^{\alpha \rightarrow \beta}$ 称体积相变自由能；$\Delta G_A^{\alpha \rightarrow \beta}$ 称原子相变自由能，即每个原子由母相转入新相引起系统自由能的变化，n 为原子数。

1.2.2 固态相变的阻力

固态相变在 $\Delta G_{相变}$ 驱动下进行将遇到阻力，式（1-2）中的 $\Delta G_{界面} + \Delta G_{畸}$ 之和为固态相变的阻力。相变过程总是选择阻力最小（省能原则）、速度最快的有利途径或贯序有机地进行。

1.2.2.1 界面能

以 σ 表示界面能，则界面能 σ 由结构界面能 σ_{st} 和化学界面能 σ_{ch} 组成，即：$\sigma = \sigma_{st} + \sigma_{ch}$。

结构界面能（σ_{st}）：是由于界面处的原子键合被切断或被削弱，引起了势能的升高，形成的界面能。

新旧相界面分为三类：非共格界面、半共格界面和共格界面。图 1-3 所示为新旧相各种结构形式的界面。

晶界、相界处原子排列混乱，原子键合受到不同程度的破坏，除保留部分结合能外，尚引起原子对的势能升高，这就是结构界面能的来源。

非共格界面与大角度晶界相似，原子排列最混乱，键合被破坏的程度最大，因此 σ_{st} 值最高。实际金属材料中的非共格界面能为 $7\times10^{-5}J/cm^2$。

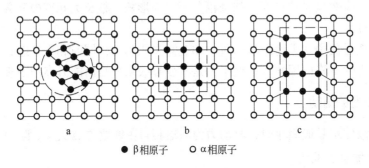

● β相原子　○ α相原子

图 1-3　新旧相的不同界面结构
a—完全不共格界面；b—完全共格界面；c—伸缩半共格界面

完全共格界面在一级相变中很少见。在脱溶初期，过渡相与母相之间有时可以保持完全共格界面。完全共格界面能很小，计算时可以忽略。如果具有完全共格界面的两相点阵常数不同，界面处的原子就有一定程度的错配，为保持原子的一一匹配，晶界两侧的原子各自的间距会发生相应的位移，引起结构界面能变大。而且，由于晶界处的硬匹配造成弹性应力场，导致体积应变能增加。

当错配度增大到一定程度，完全共格界面将被破坏，界面上出现位错，则形成部分共格，即半共格。半共格界面跟小角度晶界相似。在界面上配置位错，以减少界面能。半共格界面能取决于位错的类型和密度，可以在很大范围内变化，两相晶格的错配度是影响半共格界面能的主要因素。错配度 δ 反映了新旧相界面适应性。δ 值小，适应性好，则界面能低。相变形核时由界面能引起的相变阻力小，形核功小。相反，界面适应性差的非共格界面，其界面能在相变阻力中占相当大的分量。表 1-4 列出了错配度与界面能的关系。

表 1-4　界面原子错配度、界面能和界面特性

错配度 $\delta=\Delta a/a$	界面性质	界面能/$J\cdot m^{-2}$			
		形核功	总值	几何项	化学项
0	理想共格	约 0	约 0	0	约 0
<0.05	完全共格	很小	约 0.1	极低→高	低
0.05~0.25	部分共格	其次	<0.5	高→很低	低→较高
>0.25	非共格	最大	约 1.0	很低→0	高

化学界面能（σ_{ch}）：是由于界面原子结合键与两相内部原子键合的差别，而导致的界面能量的升高。

现讨论 A-B 二元系，两相 α-β 的相界面。以 U_{AB}、U_{AA}、U_{BB} 分别表示 A-B、A-A、

B-B三种可能发生的原子对的势能，即是同类和异类原子的结合能。并假设其在晶内和相界的键合能相同。

令有机结合总能量 U_m：

$$U_m = U_{AB} - \frac{1}{2}(U_{AA} + U_{BB}) \tag{1-5}$$

U_m 反映了 A、B 组元的化学特性和 A-B 原子对结合能大小。当 A-B 二元系，两相 α-β 为共格相界面，则化学界面能定义式为：

$$\sigma_{ch} = \Delta Q_{AB}^s U_m = \frac{N_s Z_s}{N_A Z} \cdot \Delta H (x^\alpha - x^\beta)^2 \tag{1-6}$$

式中，ΔQ_{AB}^s 为跨过界面形成的 A-B 原子对与两相内部 A-B 原子对的数目之差，也就是界面上多余的 A-B 原子对数目，并且：

$$\Delta Q_{AB}^s > 0 \tag{1-7}$$

在式（1-6）中，Z_s、N_s 分别为相界原子密度和面配位数，Z 为晶格配位数（设两相 Z 相同），这些是结构因素；ΔH 为溶解热。

x^α 和 x^β 分别为 α、β 两相的化学成分，一律以 B 的原子浓度表示。

从式（1-6）可见，当 $U_m > 0$，化学界面能 σ_{ch} 为正值，化学因素导致表面能升高。而当 $U_m < 0$ 时，化学因素导致表面能下降。

σ_{ch} 的符号取决于 ΔH 的正负，放热式固溶相化学界面能为负值，只有吸热式固溶相的界面才会因化学因素导致界面能上升。两相浓度差越大，则化学因素导致的界面能上升越大。

1.2.2.2 畸变能阻力

新相形核时，在核的周围有限范围内，引起弹性畸变，形成应力场。如果两相的力学性能差别不大，则畸变能在两相中协调分布。

畸变能有两种表示法。

体积畸变能：

$$U_V = \frac{U}{V} \tag{1-8}$$

原子畸变能：

$$U_A = \frac{U}{n} \tag{1-9}$$

式中，V、n 分别为体积和原子数；U 为畸变受胁而作的总功。

畸变能分为非共格畸变能和共格畸变能两类。

（1）非共格畸变。非共格相形成时，畸变能与体积差、新相形状、母相的力学性能有关。体积差用体错配度 Δ 表示：

$$\Delta = \frac{\Delta V}{V^\alpha} \tag{1-10}$$

式中，V^α 为母相的比体积；ΔV 为新旧相比体积差。设泊松比 $\nu = \frac{1}{3}$，则非共格体积畸变能 $U_V^{非}$：

$$U_V^{非} = \frac{1}{4} E \Delta^2 f\left(\frac{b}{a}\right) \tag{1-11}$$

式中，E 为母相的弹性模量；$f\left(\dfrac{b}{a}\right)$ 为一个与新相形状有关的函数，称形状因子。新相从圆盘状到针状，a 为直径，b 为厚度（长度）。图 1-4 所示为 $f\left(\dfrac{b}{a}\right)$ 的曲线图。可见，新相为球状时，阻力最大，盘状最小，棒（针）介于其间。

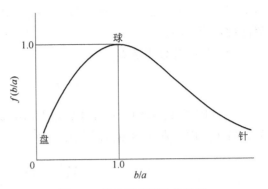

图 1-4　形状因子函数曲线图

$U_{\text{V}}^{\text{非}}$ 的数值与相应的表面能值比较往往很小，计算时可以忽略，但可用于分析析出相的形状。

（2）共格畸变能。形成共格界面时，在新相周围引发应力场。为简化，设畸变发生在母相中。正弹性（伸缩）共格畸变能与两相晶格常数的差别及母相弹性模量有关，当泊松比 $\nu = \dfrac{1}{3}$ 时，体积畸变能为：

$$U_{\text{V}}^{\text{共}} \approx \frac{3}{2}E\delta^2 \tag{1-12}$$

式中，E 为弹性模量；δ 为错配度。当两相的弹性模量相等时，畸变能与新相形状无关，式（1-12）取等号。如果两相弹性模量不等时，则形状因素影响增大。

$$\delta = \frac{a^{\beta} - a^{\alpha}}{a^{\alpha}} \tag{1-13}$$

式中，a 为晶格常数。

上述分析论述了固态相变的驱动力和阻力，相变驱动力为系统自由能的降低，新旧相自由能之差小于零，为负值，其绝对值大于阻力时，相变才能自发进行。驱动力与阻力绝对值相等时为相变临界状态。

1.3　固态相变的形核

固态相变比液→固相变复杂得多。固态相变增加了表面能、弹性应变能、缺陷能等。晶体缺陷具有能量 ΔG_{d}，对形核产生一定影响。当 $\Delta G_{\text{d}} = 0$ 时，晶核将均匀形成，称为均匀形核。当 $\Delta G_{\text{d}} > 0$ 时，晶核将在具有缺陷能 ΔG_{d} 的晶体缺陷处形成，称为非均匀形核。固态相变过程几乎都是非均匀形核。首先讨论均匀形核的热力学问题，这对各类特殊条件下的形核均有指导价值。

1.3.1　均匀形核

均匀形核时新旧相成分可以相同，也有不相同的。本节讨论的成分相同的相变，如纯金属的晶型转变。对有成分变化的相变也有参照作用。

母相中任何形核地点都具有相同的驱动力和阻力，因而形核的概率也相同，即满足 $\Delta G_{\text{d}} = 0$ 时，形核是均匀的。

相变时体系的能量关系可以按体积和原子数列出两个等效的方程：

$$\Delta G = \frac{4}{3}\pi r^3 \Delta G_V + \frac{4}{3}\pi r^3 U_V + 4\pi r^2 \sigma \qquad (1\text{-}14)$$

$$\Delta G = n\Delta G_A + nU_A + \eta n^{\frac{2}{3}}\sigma \qquad (1\text{-}15)$$

将式（1-15）整理，得：

$$\Delta G = n(\Delta G_A + U_A) + \eta n^{\frac{2}{3}}\sigma \qquad (1\text{-}16)$$

式中　n——新相晶核中的原子数；

　　ΔG_A——晶核中每个原子的自由能变化，恒为负值；

　　U_A——晶核中每个原子的应变能；

　　σ——晶核表面能；

　　$\eta n^{\frac{2}{3}}$——晶核的表面积；η 为形状因子，η 值除与原子体积 $\overline{V}_p$ 有关外，还涉及晶核的外形，对于球状晶核，$\eta = (36\pi \overline{V}_p{}^2)^{\frac{1}{3}}$。

当满足 $U_A < |\Delta G_A|$，则 ΔG-n 关系式可以做成如图 1-5 所示的曲线。可见，自由能 ΔG 随晶核原子数 n 的增加，开始阶段为正值，并经历一个极大值（晶核原子数为 n^*），然后下降，经过 $\Delta G = 0$ 后，ΔG 越来越负，自由能随原子数 n 的增加而不断下降。

由式（1-17）可求得临界晶核原子数 n^* 和临界晶核形成功 $\Delta G^*_{均}$。

$$n^* = -\frac{8\eta^3 \sigma^3}{27(\Delta G_A + U_A)^3} \qquad (1\text{-}17)$$

将 n^* 值代入式（1-17），可求得临界晶核形成功 $\Delta G^*_{均}$：

$$\Delta G^*_{均} = \frac{4}{27} \times \frac{\eta^3 \sigma^3}{(\Delta G_A + U_A)^2} \qquad (1\text{-}18)$$

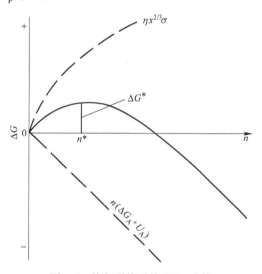

图 1-5　均匀形核时的 ΔG-n 曲线

将 n^* 代入表面能项 $\eta n^{\frac{2}{3}}\sigma$，可求出表面能大小：

$$\eta n^{\frac{2}{3}}\sigma = \frac{4}{9} \times \frac{\eta^3 \sigma^3}{(\Delta G_A + U_A)^2} \qquad (1\text{-}19)$$

将式（1-18）除以式（1-19），得：$\dfrac{\Delta G^*}{表面能} = \dfrac{1}{3}$，可见，临界形核功为临界晶核表面能的 $\dfrac{1}{3}$。

讨论：

（1）只有满足 $U_A < |\Delta G_A|$，即畸变能阻力小于驱动力时，固态相变才可能发生。

（2）当 $U_A = |\Delta G_A|$ 时，n^* 为无穷大，为临界状态，U_A 的大小为临界驱动力。可

见，当畸变能 U_A 大到不可忽略时，必须有足够的过冷度 ΔT，否则相变不能发生。固态相变形核要求有一个临界过冷度 ΔT_c，此时 $|\Delta G_A|$ 等于 U_A。只有当过冷度 $\Delta T > \Delta T_c$ 时，才满足固态相变热力学条件。这是固态相变形核与液→固相变的根本区别。

（3）固态相变与液体结晶时的形核规律相似，仅在固态相变中增加了应变能项 U_A，即固态相变的形核相对困难。为了使固态相变进行下去，系统自身发挥自组织功能，调整应变能和表面能的大小，如改变晶核的形状、共格性等，从而降低 U_A 或降低 σ，以便使相变发生。

1.3.2　非均匀形核

固态金属中是有大量晶体缺陷的，如晶界、相界、孪晶界、位错、层错等，这些缺陷处存在缺陷能。晶核在此处形成时，缺陷能将贡献给形核功，因而，形核功小于 $\Delta G_{均}^*$。晶体通过自组织功能选择在晶体缺陷处优先形核，称非均匀形核。

晶体缺陷对形核的催化作用表现在以下几个方面：

（1）母相界面有现成的一部分，因而只需部分重建。

（2）原缺陷能可以贡献给形核功，形核功变小。

（3）界面、位错等缺陷处扩散速率比晶内快得多。

（4）相变引起的应变能可较快地通过晶界流变而松弛。

（5）溶质原子易于偏聚在晶界、位错、层错处，这有利于提高形核率。

非均匀形核时，系统自由能变化中多了一项负值，可写成：

$$\Delta G = n\Delta G_A + nU_A + \eta n^{\frac{2}{3}}\sigma - n'\Delta G_D \tag{1-20}$$

式中，ΔG_D 为晶体缺陷内每一个原子的自由能增值；n' 为缺陷向晶核提供的原子数。

1.3.2.1　晶界形核

晶界形核受界面能和晶界几何状态的影响，即与界面、界棱、界隅有关。新相晶核可有不同的形状，图 1-6 中的 a、b、c 分别为界面、界棱、界隅形核的形状，d 为在相界面处的非共格形核，e 为以平面表示的晶核，向晶界的一侧长大，为共格或半共格界面。

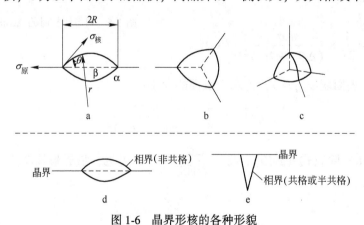

图 1-6　晶界形核的各种形貌

A　界面形核

如图 1-6a 所示，α 为母相，β 为新相晶核，α 晶界为大角度晶界，界面能（$\sigma_{原}$）为

$\sigma_{\alpha\alpha}$。设 α/β 相界面为非共格界面，呈球面，半径为 r，界面能（$\sigma_{核}$）为 $\sigma_{\sigma\beta}$，接触角为 θ。令 $t = \cos\theta$，当界面张力平衡时，有：

$$\sigma_{\alpha\alpha} = 2\sigma_{\sigma\beta}t \qquad (1\text{-}21)$$

设新形成的 α/β 相界面是两个球冠，即一个球冠的表面积为 $S_\beta = 2\pi r^2(1 - t)$。而一个球冠的体积为 $V_\beta = \pi r^3 \times \dfrac{2 - 3t + t^3}{3}$。由于 $\dfrac{2 - 3t + t^3}{3}$ 这一个组合参数常在运算中出现，故以 $[S]$ 代表之，称为球冠体常数。

由于新相 β 晶核的出现，原晶界被清除一部分，因而界面能发生变化，被清除掉的界面积为：

$$S_\alpha = \pi R^2 = \pi r^2(1 - t^2) \qquad (1\text{-}22)$$

由于是非共格形核，故可不计应变能，则相变自由能为：

$$\Delta G = n\Delta G_A + \eta n^{\frac{2}{3}}\sigma \qquad (1\text{-}23)$$

式中，晶核原子数 $n = \dfrac{V_\beta}{V_p}$，V_β 为新相 β 的体积，V_p 为原子摩尔体积。

表面能项变化 $\qquad\qquad \eta n^{\frac{2}{3}}\sigma = \sigma_{\sigma\beta}S_\beta - \sigma_{\alpha\alpha}S_\alpha$

由于新相晶核是双球冠，则将 2 倍的摩尔体积 V_p 和 2 倍的 S_β 代入式（1-23），将式（1-22）也代入式（1-23），则得：

$$\Delta G = \frac{2\pi r^3[S]}{V_p}\Delta G_A + 4\pi r^2(1 - t)\sigma_{\sigma\beta} - \pi r^2\sigma_{\alpha\alpha}(1 - t^2) \qquad (1\text{-}24)$$

将上式进行运算整理，并令 $\dfrac{\partial \Delta G}{\partial r} = 0$，可求得临界晶核尺寸和临界晶核形成功：

$$r^* = -\frac{2\sigma_{\alpha\beta}V_p}{\Delta G_A} \qquad (1\text{-}25)$$

$$[\Delta G^*] = \frac{8\pi\sigma_{\alpha\beta}^3 V_p^2}{\Delta G_A^2}[S] \qquad (1\text{-}26)$$

讨论：

双球冠晶核与均匀形核的形核功比较，有如下关系：

$$[\Delta G^*] = \frac{3}{2}[S]\Delta G_{均}^*$$

（1）接触角 $\theta = 90°$，$[S] = \dfrac{2}{3}$，则 $[\Delta G^*] = \Delta G_{均}^*$，这时表明晶界对形核没有促进作用，界面形核与均匀形核相同。

（2）接触角 $\theta = 0°$ 时，$\sigma_{\alpha\alpha} = 2\sigma_{\sigma\beta}$，$[S] = 0$，则 $[\Delta G^*] = 0$，即非均匀形核功为零，形核成为无阻力过程。

（3）若接触角 $\theta = 60°$ 时，$t = \dfrac{1}{2}$，$\dfrac{[\Delta G^*]}{\Delta G_{均}^*} \approx 0.3$，即均匀形核的形核功约为非均匀形核功的 3 倍，表明非均匀形核有优势。

相界面也是非均匀形核的地点。这时新相单球冠处于外来相的表面，可以求得：

$$\left[\Delta G_{\text{单}}^*\right] = \frac{3}{4}[S]\Delta G_{\text{均}}^*$$

应当指出，相界单球冠的 $[S]$ 的含义与晶界双球冠体不同。但总的趋势是相界面的形核功比均匀形核功小，因此，相界面是促进形核的。

B　晶棱形核

如图 1-7a 所示，3 个 α 晶粒相临接，3 个界面相交形成界棱 OO'。如在晶棱上形成新相晶核 β，则核由三个球面围成一个橄榄球体。图 1-7b 为在橄榄中心取垂直于晶棱的截面。球面半径为 r，接触角为 θ。晶棱形核不改变临界半径，但使形核功降低。应用界面形核的处理方法可以求得晶棱形核的临界半径和形核功为：

$$r_{\text{晶棱}} = \frac{2\sigma_{\alpha\beta}}{\Delta G_V - \Delta G_E} \tag{1-27}$$

$$\Delta G_{\text{晶棱}}^* = \frac{3\eta_\beta}{4\pi}\Delta G_{\text{均}}^* \tag{1-28}$$

式中　ΔG_V——新旧相体积自由能变化；

ΔG_E——弹性应变能。

$$\eta_\beta = 2\left[\pi - 2\sin^{-1}\left(\frac{1}{2}\operatorname{cosec}\theta\right) + \frac{1}{3}\cos^2\theta\left(4\sin^2\theta - 1\right)^{\frac{1}{2}} - \cos^{-1}\left(\frac{\cot\theta}{\sqrt{3}}\right)\cos\theta\left(3 - \cos^2\theta\right)\right] \tag{1-29}$$

C　界隅形核

如图 1-6c 所示，4 个相邻晶粒，4 根晶棱相交于一点，形成界隅。在界隅处形核时的临界半径和形核功与晶棱形核的表达式相同，故略。晶界不同部位对形核的贡献不等，如图 1-8 所示。可见，晶核最容易在界隅形成，其次是晶棱，再次是界面。虽然界面形核不如晶棱及界隅容易，但界面上提供的形核位置多，将以界面形核为主。

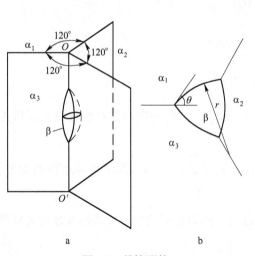

图 1-7　晶棱形核

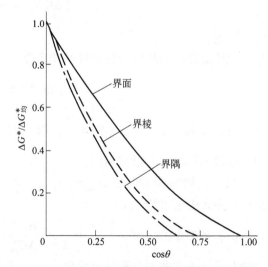

图 1-8　形核功与 $\cos\theta$ 的关系

1.3.2.2 位错形核

位错为什么能促进形核？研究认为：

（1）围绕着位错形核后，位错消失的部分释放出相应的畸变能。

（2）对于半共格界面形核，原有的位错可以作为补偿错配的界面位错，使形核时的能量增值减小。

（3）溶质原子常在位错线上偏聚，位错又是扩散的通道，此处容易满足新相成分上的需求。

位错形核已经被大量实验事实所证实，图1-9 为 Fe-1.03Cu 合金 550℃ 时效 10^5 s 的组织，显示富铜相在铁素体基体中的位错线上析出。

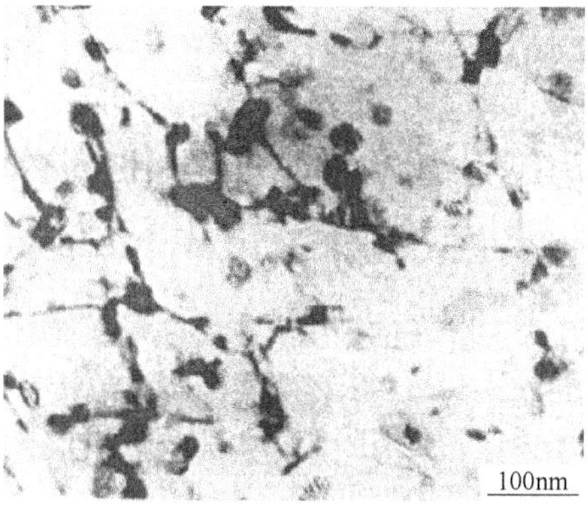

图 1-9　Fe-1.03Cu 合金富铜相在位错线上析出（TEM）

1957 年 J. W. Chan 设计了位错形核模型。设晶核与母相的交界面为各向同性的非共格界面。核的形状为围绕位错线的圆柱体，半径为 r，如图 1-10 所示。位错线 L 上形成一个半径为 r、长度为 l 的新相，则形成单位长度的晶核时系统自由能的变化为：

$$\Delta G_D = \pi r^2 \frac{\Delta G_A}{V_p} + 2\pi r\sigma - A\ln r \tag{1-30}$$

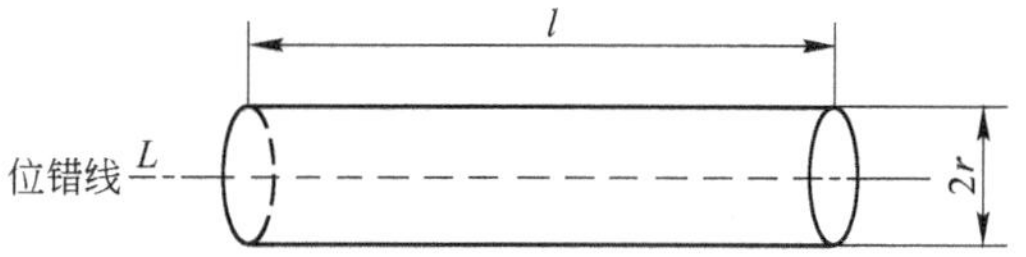

式中，系数 A 与位错类型有关：

图 1-10　位错形核示意图

刃型位错

$$A = \frac{\mu b^2}{4\pi(1-\nu)}$$

螺型位错

$$A = \frac{\mu b^2}{4\pi}$$

式中，μ 为切变模量；b 为布氏矢量；ν 为泊松比。

可求得：

$$r^* = \frac{\sigma V_p}{2\Delta G_A}\left(1 - \sqrt{1 + \frac{2A\Delta G_A}{\pi\sigma^2 V_p}}\right) \tag{1-31}$$

取 $Z = \frac{2A\Delta G_A}{\pi\sigma^2 V_p}$。

当 $|Z| < 1$ 时，ΔG_A 较小，界面能 σ 大，位错核的形成引起自由能的变化 ΔG_D 如图 1-11 中曲线 1 所示。当 $|Z| > 1$ 时，这时自由能的变化 ΔG_D 如图 1-11 中曲线 2 所示，这时新相无须形核。Chan 认为，一般情况下 $|Z| < 1$。图 1-11 中曲线 1 是位错能和相变驱动力较小的情况，ΔG_D 存在一个极小值和一个极大值。与极小值对应的 r^{**} 是一个原子偏聚团相对稳定的状态，表明任意位错段都是大小为 r^{**} 的核胚，而且能稳定地存在于母相中。与极大值相对应的 r^* 是位错临界晶核的半径。当 r^{**} 大小的原子偏聚团在能量起伏和成分起伏推动下，成长到 r^* 大小时，就形成临界晶核。形核功是极大值和极小值之差 ΔG_D^*。

总结位错形核规律如下：

（1）晶核易在刃型位错（与螺位错比较）上形成；

（2）晶核较易在单独位错上（较亚晶界位错）形成；

（3）晶核易在柏氏矢量大的位错处形成；

（4）晶核更易在位错结和位错割阶处形成。

总之，在位错线上非共格形核时，位错应变能（$-A\ln r$）得到释放，界面位错补偿点阵错配，使界面能降低。因此，位错形核也是固态相变中不均匀形核的一种机制。

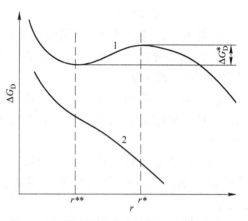

图 1-11　位错形核系统自由能变化与 r 的关系

综上所述，固态相变中的有核相变，首先必须通过浓度涨落使晶核达到临界大小，即达到 n^*、$r_{晶棱}$、r^*、r^{**} 等临界晶核尺寸。这是临界晶核形成的条件之一。其次，还必须同时具备非线性的能量涨落，以便满足临界形核功的要求，如达到 $\Delta G_{均}^*$、$[\Delta G^*]$、ΔG_D^*、$\Delta G_{晶棱}^*$ 等能量水平，才能形成新相晶核。第三，当新相晶体结构不同于母相时，还应当有结构涨落。

应当指出：形核必须存在涨落，晶核的形成是浓度涨落、能量涨落、结构涨落共同作用的结果。

1.4　新相晶核的长大规律

固态相变中新相的长大是通过新相与母相的相界面的迁移进行的。新相与母相的成分有时相同，有时不同；界面可能是共格、非共格、半共格的；界面上还可能存在其他相。这些使得界面的迁移形式多样化。新相长大分为多种类型，有协同型转变和非协同型转变，扩散控制和界面控制，连续长大和台阶机制长大等。

1.4.1　成分不变协同型位移长大

成分不变协同型转变是无扩散相变。图 1-12 所示为这种转变的模型，是依靠界面上的位错运动而使界面移动的。在密排点阵中，fcc 点阵的密排面上，堆垛顺序为 ABCABC，hcp 点阵的密排面上，堆垛顺序为 ABABAB。实际晶体中有堆垛层错，层错的边缘有位错。如图 1-12 所示，由 Shockley 位错构成的可滑动界面模型，每隔两层密排面就有一个 Shockley 位错，一系列 Shockley 位错组成界面，界面左侧为 fcc 点阵，右侧为 hcp 点阵。因为 Shockley 位错可以沿 $(111)_\gamma$ 面上的 $[11\bar{2}]_\gamma$ 方向滑动，由一系列 Shockley 位错组成的界面也将随位错的滑动而发生迁移，这样的界面称为可滑动界面。可滑动界面的移动结果将导致一个相长大，另一个相缩小。可见，界面为共格界面，界面两侧的 fcc 和 hcp 两相存在位向关系。

此界面移动模型每隔两层密排面就有一个 Shockley 位错，显然位错密度极高，这与实际不符，因此这一长大模型应予摒弃。

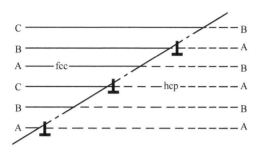

图 1-12 由 Shockley 位错构成的可滑动界面模型

1.4.2 成分不变非协同型位移长大

成分不变的非协同型位移也属于无扩散相变。这是固态相变中实际存在的一种晶核长大方式，如块状转变、贝氏体铁素体的形核长大等。

无扩散相变过程中新相和母相化学成分相同，此时扩散过程将不再发生作用，原子以新相与母相化学势之差为驱动力，依靠原子热激活跃迁越过界面能垒而实现相变过程。

非协同型转变为无扩散相变。新相和母相的界面为非共格界面时，新相界面易于容纳母相来的原子，故可以连续长大。因为长大时没有成分变化，只需界面附近的原子做近距离的跃迁（小于 1 个原子间距），因此，这种转变仅仅受界面过程控制。

原子由母相转移到新相需要越过一个位垒，如图 1-13 所示。可见，原子由 α 相转移到 β 相时，需要越过 Q 位垒，而由 β 相转移到 α 相时，则需要越过（$Q+\Delta G_V$）位垒。Q 为激活能，ΔG_V 为两相自由能差。则单位时间内单位界面净转移原子数 n 为：

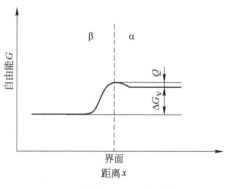

图 1-13 原子越过界面自由能变化

$$n = n_{\alpha-\beta} - n_{\beta-\alpha} = n_0 \nu \exp\left(-\frac{Q}{KT}\right)\left[1 - \exp\left(-\frac{\Delta G_V}{KT}\right)\right] \tag{1-32}$$

式中 $n_{\alpha-\beta}$——单位时间内单位界面由 α 相转移到 β 相的原子数；

$n_{\beta-\alpha}$——单位时间内单位界面由 β 相转移到 α 相的原子数；

ν——原子振动频率；

n_0——α 相、β 相单位晶体界面上的原子数。

由式（1-32）可得出界面移动速度为：

$$v = \frac{n}{n_0}a = a\nu\exp\left(-\frac{Q}{KT}\right)\left[1 - \exp\left(-\frac{\Delta G_V}{KT}\right)\right] \tag{1-33}$$

式中，a 为原子层间距。此公式表明，界面移动速度 v 与温度、激活能、两相自由能差有关。相界面处原子迁移激活能越小，界面移动速度越快。

1.4.3 成分改变的非协同型位移长大

新相和母相的成分不同时，在界面上处于平衡的相成分均可能低于或高于母相原有的成分。故在母相内部将出现浓度梯度，溶质原子在浓度梯度作用下发生扩散，并破坏界面处的浓度平衡，为了恢复平衡，界面将向母相推移。这时原子的移动是散乱的，"平民式"的，即非协同位移。

1.4.3.1 体扩散控制长大

体扩散是原子在晶粒内部在浓度梯度作用下沿着晶格扩散的过程。

新旧相界面为非共格界面时的长大属于体扩散控制长大。按新相形状不同，分为片状、柱状和球状的新相长大。

A 球状新相热激活长大

如图 1-14a 的 A-B 二元系，过饱和固溶体 α 相中析出富 B 的 β 相。设 β 相的成分不随过冷度变化而改变，α、β 两相比体积相等，析出相为球状。图 1-15 所示为两相成分分布，图中浓度 c 是单位体积的质量或物质的量，为体积浓度（g/cm³ 或 mol/cm³）。ρ^* 方向是以析出相球体中心为原点的球坐标系 ρ 的一个特定方向。浓度分布对半径为 r 的球是球形对称的。α 相原始成分为 c_0。在一定过冷度下析出 β 相时，平衡成分为 c_α 和 c_β。α 相中形成垂直于相界方向的浓度差，由 c_α 变为 c_0。

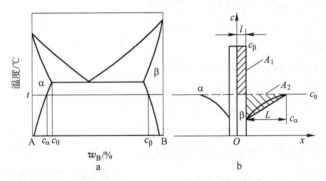

图 1-14 A-B 相图（a）及片状新相侧面长大（b）

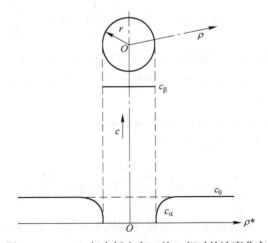

图 1-15 α(c_0) 相中析出富 B 的 β 相时的浓度分布

若新相在 dt 时间内由 r 长到 $r+dr$，则新相增加的体积中需增加 B 元素 dn_B^β（物质的量）为：

$$dn_B^\beta = 4\pi r^2 (c^\beta - c^\alpha) dr \tag{1-34}$$

这些体积中的 B 原子需由 α 相供给，由高浓度区 c_0 向低浓度区 c_α 界面扩散，在 dt 时间内，通过球面向 β 方向扩散的量 dn_B^α 与 α 中的扩散系数 D_B^α 及 r 处的浓度梯度有关。

$$dn_B^\alpha = 4\pi r^2 D_B^\alpha \left(\frac{dc}{d\rho}\right)_r dt \tag{1-35}$$

由于物质平衡，则有 $dn_B^\beta = dn_B^\alpha$，将式（1-34）、式（1-35）两式联立，整理得 β 相界面推移速度 u^d：

$$u^d = \frac{dr}{dt} = \frac{D_B^\alpha}{c_\beta - c_\alpha} \left(\frac{dc}{d\rho}\right)_r \tag{1-36}$$

由上式可见，新相长大速度与溶质在母相中的扩散系数和浓度梯度成正比，但新旧相成分差越大长大速度越小。过冷度增大时，浓度梯度与浓度差（$c_\beta - c_\alpha$）的比值上升。扩散系数 D_B^α 随温度的降低呈指数下降。这样，降低温度，存在两个相反的作用，即增大驱动力，降低扩散能力，在 u-ΔT 曲线上出现极大值。

B　片状新相侧面长大

如图 1-14a 的 A-B 相图，成分为 c_0 的 α 固溶体在温度 t 析出 c_β 的 β 相，在界面处与 β 相平衡的 α 固溶体的成分由 c_0 降为 c_α。设 β 相沿 α/α 界面呈片状析出，然后向晶内长大，如 α/β 界面为非共格，长大受 B 原子在 α 相中扩散控制。

如图 1-14b 所示，设界面在 $d\tau$ 时间内由于 B 原子在 α 相中扩散而向前沿 x 轴推进 dl，新相 β 新增体积 dl，含有 B 组元的量 dm_1：

$$dm_1 = (c_\beta - c_\alpha) dl \tag{1-37}$$

根据 Fick 第一定律，扩散到单位界面面积的 B 原子量 dm_2 为：

$$dm_2 = D \left(\frac{dc}{dx}\right) d\tau \tag{1-38}$$

式中，D 为 B 原子在 α 相中的扩散系数；$\left(\frac{dc}{dx}\right)$ 为界面处 B 原子在 α 相中的浓度梯度。

平衡时　　　　　　　　　　$dm_1 = dm_2$

故　　　　　　　　　$(c_\beta - c_\alpha) dl = D \left(\frac{dc}{dx}\right) d\tau$

整理得移动速度 v：

$$v = \frac{dl}{d\tau} = \frac{D}{c_\beta - c_\alpha} \left(\frac{dc}{dx}\right) \tag{1-39}$$

图 1-14b 中的面积 A_1 相当于 β 新相所增加的 B 组元的量，面积 A_2 相当于 β 新相的形成在剩余的 α 相中失去的 B 组元的量。显然，$A_1 = A_2$，则通过简化、运算得长大速度 v：

$$v = \frac{c_0 - c_\alpha}{2(c_\beta - c_\alpha)} \sqrt{\frac{D}{\tau}} \tag{1-40}$$

由此式可见，表明长大速度 v 不是恒速的。长大速度 v 与 B 原子的扩散系数 D 及时间

τ有关，扩散系数越大，长大速度越快，但呈非线性关系；时间越长，长大速度越慢，是随时间的延长而变慢，这可能是由于溶质原子扩散距离越来越大。

上述的球状新相长大和片状新相长大均指体扩散长大，其实体扩散的同时往往伴随着界面扩散，因为界面是快速扩散通道，比体扩散快得多。尤其是转变温度较低时，会以界面扩散为主。如钢中的片状珠光体长大就是以界面扩散为主的。因此上述理论分析具有局限性。

1.4.3.2　界面控制长大

若新旧相界面为共格或半共格界面，界面容纳因子很小，很难移动，只有依靠台阶才能迁移。但与成分不变非协同型的台阶机制不同，台阶的移动需要溶质原子的长距离扩散，因为新旧相成分不同。

这种台阶长大类似于片状新相的端面长大，如图1-16所示。台阶高度为h，长大的端侧是曲面，半径也为h。

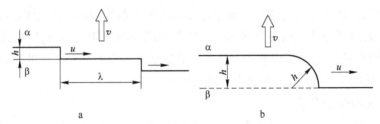

图1-16　扩散型台阶长大示意图

设母相α的原始浓度为c_0，新相β浓度为c_β，台阶侧面母相α的浓度为c_α。则侧向移动速度u：

$$u = \frac{D(c_0 - c_\alpha)}{ch(c_\beta - c_\alpha)} \tag{1-41}$$

式中，D为扩散系数；c为常数。说明侧向移动速度与扩散系数D和过饱和度$\dfrac{c_0 - c_\alpha}{c_\beta - c_\alpha}$成正比。

设相邻台阶平均间距为λ，如图1-16a所示，台阶宽面向上移动的速度v可以由$v = \dfrac{uh}{\lambda}$表示。将式（1-41）代入此式，即得：

$$v = \frac{D(c_0 - c_\alpha)}{C\lambda(c_\beta - c_\alpha)} \tag{1-42}$$

台阶机制的困难在于台阶的来源。一个来源是通过热激活，在界面上形成二维晶核；另一个来源是存在于新相中的螺型位错在界面上的露头。

钢中贝氏体相变时，贝氏体铁素体的长大是界面控制的。

1.5　相变动力学和过冷奥氏体转变贯序

1.5.1　形核率

形核率是经典的相变动力学讨论的中心问题之一。形核率是指单位时间、单位体积母相中形成的新相晶核的数目。其表达式为：

$$\dot{N} = C^* f \tag{1-43}$$

式中　C^*——母相中临界尺寸的新相核胚的浓度，个/单位体积；

　　　f——临界核胚成核频率，次数/单位时间。

C^*、f 两值确定后即可得出形核率的完整的数学表达式。

1.5.1.1　临界核胚浓度 C^*

欲确定 C^* 值，首先要搞清"可供形核地点"的问题。核胚可能以任意一个阵点为基础而形成，因此晶体阵点就是可供形核的地点。单位体积内可供形核的地点数目 C_0 就是阵点密度（个/单位体积）。

形成临界核胚大小 n^* 时，每个原子所需的能量上涨值为：

$$\Delta U = \frac{\Delta G^*}{n^*} \tag{1-44}$$

按着 Maxwell-Boltzman 能量分配定律，任何一个独立振子其振动能量处于常态（ΔU 或高于 ΔU）以上的概率为：

$$p_1^{\Delta U} = \exp\left(-\frac{\Delta U}{kT}\right) \tag{1-45}$$

n^* 个原子的能量同时上涨 ΔU（或高于 ΔU）的概率为：

$$p_n^{\Delta U} = \exp\left(-n^* \frac{\Delta U}{kT}\right) = \exp\left(-\frac{\Delta G^*}{kT}\right) \tag{1-46}$$

则临界核胚浓度 C^* 为：

$$C^* = C_0 \exp\left(-\frac{\Delta G^*}{kT}\right) \tag{1-47}$$

1.5.1.2　临界核胚成核频率 f

当一个临界核胚由周围母相原子热振动而进入核胚一个原子，成为 n^*+1 的新原子团，从而超过了临界晶核的大小，即获得了稳定生长的能力。

n^* 核胚在单位时间内接受紧邻原子振动碰撞的次数为 f_0：

$$f_0 = S\nu_0 p \tag{1-48}$$

式中　S——紧邻原子数；

　　　ν_0——原子振动频率；

　　　p——在进入核胚 n^* 方向上的震动分数。

按照 Maxwell-Boltzman 能量分配定律，f_0 次碰撞中，有多少次可以进入核胚，并成为 n^* 核胚上的原子？若母相原子跨过核胚界面进入新相核胚所需的能量上涨值为 Q，则 f：

$$f = f_0 \exp\left(-\frac{Q}{kT}\right) \tag{1-49}$$

式中，Q 值接近母相原子的自扩散激活能。

依据上述计算，可以得出均匀形核的形核率：

$$\dot{N} = C^* f = C_0 f_0 \exp\left(-\frac{Q + \Delta G^*}{kT}\right) \tag{1-50}$$

在上式的指数项中：随着温度 T 下降，$\dfrac{\Delta G^*}{kT}$ 值升高；由于晶格能垒 Q 几乎不随着温度变化而变化，所以温度下降，$\dfrac{Q}{kT}$ 值上升。这样，就导致 $\dot{N}$-T 曲线上出现极大值，如图1-17所示。

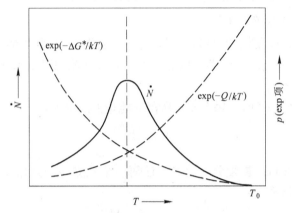

图 1-17　形核率与温度的关系曲线

实际上，晶核的形成是一个动态过程。有些临界核胚得到了原子而成为晶核，这使临界核胚的浓度降低。同时，由于热激活，随机涨落又不断形成新的核胚。当平衡时，出现稳定状态。

实验表明，形核率还与时间有关，即在形核前还需要经历一段孕育期，记为 $\tau_{孕}$。这样，在形核率中需要再乘以一个因子 $\exp\left(-\dfrac{\tau_{孕}}{\tau}\right)$，则形核率改为 I：

$$I = \dot{N}\exp\left(-\dfrac{\tau_{孕}}{\tau}\right)$$

$$I = I_0\exp\left(-\dfrac{Q + \Delta G^*}{kT}\right)\exp\left(-\dfrac{\tau_{孕}}{\tau}\right) \tag{1-51}$$

式中，$I_0 = C_0 f_0$。

1.5.2　相变动力学方程

1.5.2.1　Johnson-Mehl 方程

根据上述长大速度 v 和形核率 I 可以计算出新相的体积分数（$X_实$）与时间（t）的变化关系，即 Johnson-Mehl 方程。即：

$$X_实 = 1 - \exp\left(-\dfrac{\pi}{3}\dot{N}G^3 t^4\right) \tag{1-52}$$

此式应用时有4个约束条件：任意形核、形核率 $\dot{N}$ 为常数、长大速度 G 为常数、时间 τ 很小。将式（1-52）绘出图形，就得到动力学曲线。

1.5.2.2　Avrami 方程

上述 Johnson-Mehl 方程与实际的相变过程有差距。实际上形核率和长大速度均不为常数，故改用 Avrami 提出的经验方程式：

$$X = 1 - \exp(-b\tau^n) \tag{1-53}$$

式中，b 和 n 取决于形核率 I 和长大速度 G。如果母相晶粒不太小，晶界形核很快饱和。假设晶核长大速度 G 为常数。形核位置饱和后，转变过程仅由长大过程控制，这时因 I 已经降低到零，则 Avrami 方程式分别为：

界面形核时　　　　　　　　$X = 1 - \exp(-2AG\tau)$

晶棱形核时　　　　　　　　$X = 1 - \exp(-\pi LG^2\tau^2)$

晶隅形核时　　　　　　　　$X = 1 - \exp\left(-\dfrac{4}{3}\pi CG^3\tau^3\right)$

式中，A、L、C 分别为单位体积中的界面面积、晶棱长度、界隅数。若母相晶粒直径为 D，则：$A = 3.35Dd^{-1}$；$L = 8.5D^{-2}$；$C = 12D^{-3}$。

Johnson-Mehl 方程和 Avrami 方程仅仅适用于扩散型相变，因此对于奥氏体形成和珠光体转变，上述两个方程反映了一定的规律性。而对于贝氏体相变和无扩散的马氏体相变，其相变动力学是不能应用这两个方程描述的。Christian 综合了各种不同类型相变的 n 值。各种不同类型相变的 n 值如表 1-5 所示。

表 1-5　Avrami 方程在各种相变机制中的 n 值

(a) 多型性转变与其他界面控制型生长、胞状生长	
条件	n 值
形核率随着时间增加	>4
形核率不随着时间改变	4
形核率随着时间下降	3~4
最初形核后，形核率即下降为零	3
晶棱形核饱和后	2
界面形核饱和后	1

(b) 长程扩散控制型生长（初期阶段）	
条件	n 值
从小尺寸开始的各种形状的生长，形核率随着时间增加	>5/2
从小尺寸开始的各种形状的生长，形核率不随着时间改变	5/2
从小尺寸开始的各种形状的生长，形核率随着时间下降	3/2~5/2
从小尺寸开始的各种形状的生长，最初形核后，形核率即下降为零	3/2
初始体积较大的颗粒的生长	1~3/2
针状、片状沉淀的生长，沉淀物间距大于沉淀物尺寸	1
长柱状沉淀物的加粗（当轴向长大停止时）	1
大片状沉淀物的增厚（由于边缘相碰，已不能向前延伸）	1/2
早期位错线时的沉淀	2/3

1.5.3　动力学曲线和等温转变图

Johnson-Mehl 方程和 Avrami 方程都描述等温转变过程。在各自的温度下均有等温转变动力学曲线。图 1-18a 是依据 Johnson-Mehl 方程所做的等温转变曲线，上图是以时间为横坐标，转变量为纵坐标绘制的动力学曲线，呈 S 形，表示了不同温度下的转变量与等温时间的关系。各温度的转变孕育期不等，转变速度在转变量 50% 时最快。下图是上图的转换图形，本质相同，仅表现形式不同，是转变量与时间的关系，称 TTT 图，由于曲线呈 C 形，也称 C 曲线。

　　图 1-18b 是共析碳素钢的 TTT 图。可见，在高温区发生珠光体转变，中温区进行贝氏体相变，低温区（M_s 以下）发生马氏体相变。在 550℃ 共析分解速度最快，转变所需时间最短，此称"鼻温"。

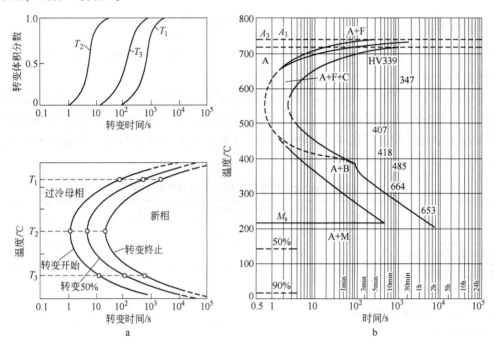

图 1-18　理论计算的相变动力学曲线（a）及 T8 等温转变图（b）

1.5.4　过冷奥氏体转变贯序

　　钢作为一个整合系统，过冷奥氏体从高温区→中温区→低温区发生一系列的相变，从扩散型相变→"半扩散"型相变→无扩散型相变，即从共析分解→贝氏体相变→马氏体相变，是一个逐级演化的过程，有一个相变的温度贯序。从高温区的共析分解到低温区马氏体相变也是一个从量变到质变的过程，存在着相变产物和过程的过渡性、交叉性。对于共析碳素钢，其 TTT 图中珠光体转变和贝氏体相变有相互重叠和交叉现象，表现为一条 C 曲线，当加入合金元素后可使两个转变曲线分开，甚至在两条曲线之间形成海湾区。具有海湾区的 TTT 图清晰地反映了这一规律性，如图 1-19 所示。

　　钢中的共析分解发生在 $A_1 \sim B_s$ 之间的高温区，是过冷奥氏体在高温区的平衡分解或接近平衡的相变，其相变产物——珠光体，是平衡组织或准平衡组织。贝氏体相变是发生在 B_s 和马氏体相变温度之间的中温转变，是过冷奥氏体在中温转变区发生的非平衡相变，其相变产物贝氏体是非平衡组织。在某些合金钢中，珠光体和贝氏体相变之间还存在一个过冷奥氏体的亚稳区，即所谓海湾区，从而把珠光体转变和贝氏体相变完全分开。

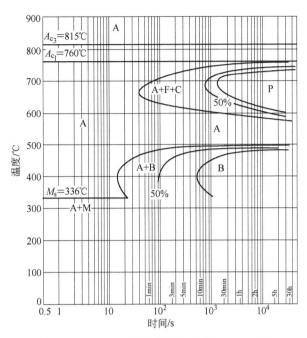

图 1-19　35Cr2Mo 钢的等温转变图——TTT 图

　　铁原子和替换合金元素的原子在高温区的共析分解过程中是能够长程扩散的，而且是依靠扩散形成富含碳原子和合金元素的碳化物。但其在中温区难以扩散，这是导致贝氏体相变不同于共析分解的重要原因。贝氏体相变既不是珠光体那样的扩散型相变，也不是马氏体那样的无扩散型相变，而是"半扩散"相变，即只有碳原子能够长程扩散，Fe 原子及其他替换元素的原子难以扩散，是非协同热激活跃迁过程。

　　作为一个整合系统，过冷奥氏体转变为珠光体、贝氏体、马氏体组织是一个组织形貌逐渐演化的过程。图 1-20 是随着相变温度的降低，组织形貌逐渐演化的总结图解。可见，从 A_1 到 M_s 点以下，组织形貌从粗片状珠光体到细片状珠光体（索氏体），再到极细珠光体（托氏体）；魏氏组织介于共析分解和贝氏体相变之间，它包含条片状的铁素体和极细珠光体两种组织组成物。魏氏组织中的珠光体（确切地说是托氏体），是条片状铁素体形成后，其余的奥氏体分解而形成的托氏体组织。

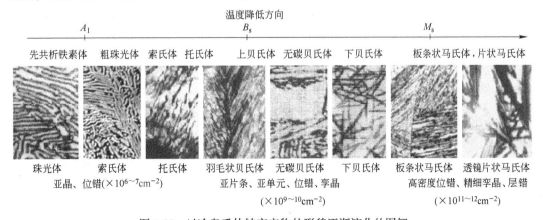

图 1-20　过冷奥氏体转变产物的形貌逐渐演化的图解

在中温区，上贝氏体是条片状形貌，下贝氏体是竹叶状或针状，显然具有过渡性特征。

在 M_s 以下，组织形貌与贝氏体有相似之处，如板条状马氏体与条片状低碳贝氏体相似，下贝氏体与片状马氏体相似，但是马氏体形貌更加形形色色，如薄片状、薄板状、蝴蝶状、透镜片状、Z字形或闪电形分布等。

珠光体是由铁素体和碳化物两相组成，是较为平衡的组织，其铁素体中几乎是不含碳的，碳含量极低。而且，位错密度不高，也没有孪晶和残留奥氏体，一般不讨论它的亚结构。但马氏体、贝氏体组织中均有特殊的亚结构问题。贝氏体铁素体（α相）是被碳过饱和的，但是过饱和程度不大，马氏体是碳的过饱和固溶体。马氏体组织中存在极高密度位错、层错或大量精细孪晶。在贝氏体组织中也同样存在亚结构，包括贝氏体铁素体的亚片条、亚单元、超细亚单元，较高密度的位错，近年来还发现精细孪晶等。

从共析分解到贝氏体相变再到马氏体相变是个逐渐演化的过程：珠光体组织由铁素体+碳化物两相组成；马氏体是单相组织。中温区转变产物由贝氏体铁素体+渗碳体组成，或贝氏体铁素体+残留奥氏体组成或贝氏体铁素体+M/A岛组成，或贝氏体铁素体+渗碳体+奥氏体+马氏体等多相组成，表明中温贝氏体转变是个复杂的过渡性相变。

综上所述，过冷奥氏体随着温度的降低，转变贯序为：珠光体（粗珠光体、索氏体、托氏体）→上贝氏体（羽毛状贝氏体、粒状贝氏体、无碳贝氏体）→下贝氏体（片状、针状、竹叶状）→马氏体（板条状、片状、透镜片状、薄片状），如图1-21所示。

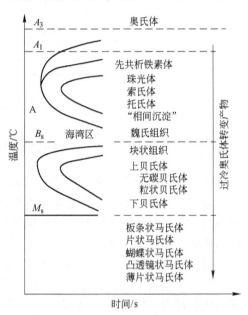

图1-21　过冷奥氏体转变温度贯序图解

1.6　析出相的聚集和组织的粗化

新相形成以后，在一定温度下保持，还会发生一个新的过程，即晶粒的长大、析出相聚集等显微组织的粗化过程。这是由于系统中储存着大量的界面能的缘故。降低界面能以使系统趋向更加稳定的状态，是热力学上的必然。

1.6.1　弥散析出相的聚集长大

新析出相颗粒细小弥散，大小不等，且颗粒间的平均距离 d 远大于颗粒直径 $2r$。设 α 相中有两个半径不等的相邻的 β 相颗粒，半径分别为 r_1 和 r_2，且 $r_1 < r_2$，如图1-22所示。

由 Gibbs-Thomson 定律，β 相颗粒周围的 α 相中溶质原子的固溶度与 β 相颗粒的半径 r 有关，可以用式（1-54）表示：

$$\ln \frac{C_\alpha(r)}{C_\alpha(\infty)} = \frac{2\gamma V_B}{KTr} \tag{1-54}$$

式中，$C_\alpha(r)$ 及 $C_\alpha(\infty)$ 分别为颗粒半径为 r 和 ∞ 时的溶质原子 B 在 α 相中的固溶度；γ 为界面能；V_B 为 β 相的摩尔体积。可见，颗粒半径 r 越小，固溶度越大，即有：$C_\alpha(r_1) > C_\alpha(r_2)$。图 1-22 中两个 β 粒子之间的 α 相中将出现浓度梯度。在此浓度梯度作用下，原子将从小颗粒周围向大颗粒扩散，这样就破坏了胶态平衡，为了恢复平衡，小颗粒必须溶解，而大颗粒将长大。这样将导致小颗粒的溶解直至消失，大颗粒将不断长大而粗化。同时，颗粒间距将增加。

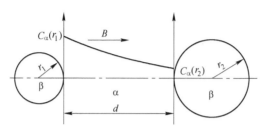

图 1-22　析出相颗粒长大原理示意图

新相颗粒在一定温度 T 下随时间 τ 延长而不断长大，Lifshitz 等推导出颗粒平均半径与温度的关系式：

$$\bar{r}^3 - \bar{r}_0^3 = \frac{8D\gamma V_B C_{\alpha(\infty)}}{9KT}\tau \tag{1-55}$$

式中，$\bar{r}_0$ 为粗化开始时 β 相颗粒的平均半径；$\bar{r}$ 为经过时间 τ 粗化后的平均半径；D 为 B 元素原子在 α 相中的扩散系数。

1.6.2　条片状组织的粗化

胞状分解形成的组织呈条片状、纤维状或杆状。这样的组织形态具有较高的界面能，在一定温度下也要进行粗化，如片状珠光体在 A_1 稍下等温将聚集球化。粗化机制如下：

（1）二维 Ostwald 熟化。若纤维状或杆状新相的直径不同，则细的将溶解，粗的将增粗。但沿长度方向不存在粗化问题，故称为二维 Ostwald 熟化。

（2）不稳定性。液体圆柱会破碎成一连串球形液滴，此称 Rayleigh 失稳。圆柱形新相纤维的直径不可能均匀，局部区段上存在直径的涨落，造成不稳定。直径的局部变小，可以使界面面积减小，最终导致纤维的断裂。纤维存在晶界，在晶界处断裂并收缩成球。

（3）缺陷迁移。纤维状或杆状新相在形成时会存在分支缺陷，未充分生长，长度有限，其终端呈球形。按 Gibbs-Thomson 定律，该终端不断溶解、收缩变短，最后分支缺陷消失，而促使相邻纤维不断长大变粗，如图 1-23 所示。

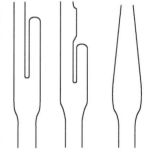

图 1-23　分支缺陷的粗化

1.6.3　片状珠光体的粗化——球化

片状珠光体由渗碳体片和铁素体片构成。渗碳体片中有位错，形成亚晶界，铁素体与渗碳体亚晶界接触处形成凹坑，如图 1-24 所示。在凹坑两侧的渗碳体与平面部分的渗碳体相比,具有较小的曲率半径。在与坑壁接触的铁素体中碳浓度较高,将引起碳在铁素体中扩散并以渗碳体的形式在附近平面渗碳体上析出,为了保持平衡,凹坑两侧的渗碳体尖角将逐渐被溶解,而使曲率半径增大。这样,破坏了此处的相界表面张力平衡,为了保持这一平衡,凹坑将因渗碳体继续溶解而加深。这样下去,渗碳体片将溶穿、溶断,平面处长大成球状,如图 1-25 所示。

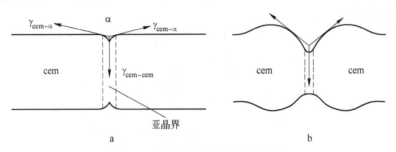

图 1-24   渗碳体片球化机理示意图

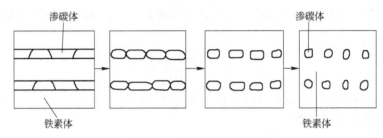

图 1-25   渗碳体片溶断、球化过程

网状渗碳体在加热保温过程中也能发生溶断和球化。由于网状碳化物往往比片状珠光体中的渗碳体片粗,所以球化过程需时较长。生产中,GCr15 轴承钢热轧后往往存在细渗碳体网,采用 800~820℃ 退火也可以消除网状,而不必加热到 A_{cm}(900℃)以上正火。这是由于细薄的渗碳体网在此温度下,不断被溶断,并且聚集球化,网状分布的特征基本上可以消除。工厂中常常采用这种工艺进行球化退火。图 1-26 为轴承钢的退火球化组织。

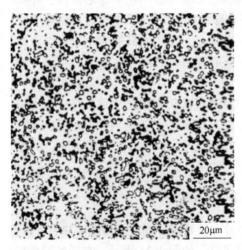

图 1-26   轴承钢的退火球化组织(OM)

1.6.4 晶粒粗化及防止粗化措施

母相全部转变为新相后，往往晶粒细小，界面能高，若继续加热保温，由于晶界迁移而发生晶粒粗化。钢中的奥氏体晶粒形成后，随着温度的升高，奥氏体晶粒将长大粗化。

1.6.4.1 粗化驱动力

设有球形晶粒，如图 1-27 所示，半径为 R，晶界面积为 $4\pi R^2$，单位面积的界面能为 γ，总界面能为 $4\pi R^2 \gamma$。晶界沿球直径向球心移动时，界面将缩小，界面能将下降，则得：

$$\frac{\mathrm{d}G}{\mathrm{d}x} = -\frac{\mathrm{d}(4\pi R^2 \gamma)}{\mathrm{d}R} = -8\pi R\gamma \tag{1-56}$$

设作用于单位面积晶界的驱动力为 P，面积为 $4\pi R^2$ 的界面移动 $\mathrm{d}R$ 时引起自由能变化为 $\mathrm{d}G$，则：

$$P = -\frac{\mathrm{d}G}{4\pi R^2 \mathrm{d}R} = -\frac{2\gamma}{R} \tag{1-57}$$

表明由界面能提供的作用于单位面积晶界的驱动力 P 与单位面积的界面能 γ 成正比而与界面曲率半径 R 成反比，力的方向指向曲率中心。当晶界平直时，$R = \infty$，则驱动力等于零。此式还说明，界面能 γ 越大，驱动力越大。如果界面处溶入降低界面能的合金元素，那么，驱动力变小，则界面移动速度减小。如稀土元素固溶于奥氏体中时，多偏聚在晶界，降低奥氏体相对界面能，加入 0.5%Ce 可使奥氏体晶界能降低到不加 Ce 时的 70% 左右。

1.6.4.2 晶粒长大

以简单的薄片试样的晶粒粗化为例，薄片厚度小于晶粒直径，且晶界垂直于薄片表面，则可视为二维晶粒。若所有晶粒均为六边形，每个晶粒均与 6 个晶粒相邻，晶界夹角均为 120°，这时所有晶界均平直，驱动力 $P = 0$。那么，晶界不能移动，晶粒稳定，不会长大。二维晶粒示意图如图 1-28 所示。

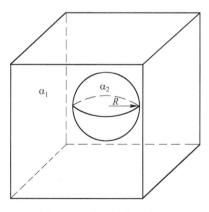

图 1-27 球形晶粒示意图

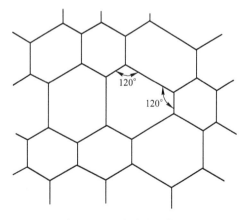

图 1-28 二维晶粒示意图

但是，实际上，形核有先后，长大条件各异，晶粒大小必不等，每个晶粒的边数不一样，小晶粒的边界数可能小于6，大晶粒的边界数将大于6。即每个晶粒相邻的晶粒数不同。晶粒越大，边界数越多。图1-29为实际的二维晶粒图片，可见，晶粒大小不等，晶粒边数有3、4、5、6、7个边的。

在三个晶界交点处，为了保持界面张力平衡，即必须保持三个交角均为120°，晶界必将凸向大晶粒一方，出现曲面晶界。那么将有驱动力 P 作用于晶界，促使晶界移动。如果没有大于 P 的阻力，那么晶界将向小晶粒推进。结果是大晶粒不断长大，小晶粒逐渐变小，直至消失，即大晶粒吃掉小晶粒，造成晶粒粗化。

近年来研究的高纯净 Fe-Cu 合金，在850℃加热固溶时，呈现单一的 α 相，由于晶界上没有任何障碍物阻碍晶界移动，因此晶界移动迅速，肆无忌惮地吃掉其周围的小晶粒，出现异常长大现象。保温2h，形成混晶，如图1-30所示。可见，特大晶粒周围有许多小晶粒，这些小晶粒以较小的曲率半径凸出于大晶粒，大晶粒的晶界是凹入的。曲率半径 R 越小，晶界移动的驱动力 P 越大，则小晶粒不断地迅速被吃掉，大晶粒成为特大晶粒。

另外，界面迁移是原子的扩散过程，因此，温度越高，扩散速度越快，晶界迁移速度在存在驱动力的情况下也将移动越快。一直到晶界趋于平直，驱动力变小，当驱动力值不足以推动晶界移动时，晶粒将停止长大。

图1-29　Fe-Cu 合金 α 相的二维晶粒形态

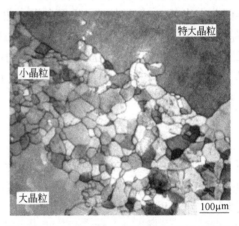

图1-30　Fe-Cu 合金 α 相的混晶组织（OM）

1.6.4.3　防止晶粒粗化的措施

阻碍晶粒粗化的因素有：

（1）降低元素扩散系数，可延缓晶粒粗化，如降低加热温度，或增加原子扩散激活能。

（2）界面处第二相质点钉扎晶界，阻碍晶界迁移。

（3）降低界面能，减小驱动力等。

因此，防止晶粒粗化的主要措施是控制加热温度不要过高，加热时间不要太长；加入合金元素或弥散的第二相颗粒阻碍晶界迁移。如钢中的 VC、TiC、NbC、AlN 等钉扎奥氏体晶界，限制奥氏体晶粒长大。

1.6.5　粗化应用实例——退火软化机理

析出相的聚集粗化、球化，组织的粗化、晶粒粗化，均将导致金属的软化。下边以钢的退火为例分析钢的退火软化机理。

1.6.5.1 决定退火钢硬度的要素

退火钢的组织是平衡态。室温下的组成相一般有铁素体、渗碳体、合金碳化物、金属间化合物等。因此，工具钢退火后的组织是由铁素体（基体）、碳化物（强化相）各要素构成的复杂系统。作为子系统的铁素体、碳化物又有其组成要素，如铁素体由晶粒、晶界、亚晶界、位错等构成；碳化物有 Fe_3C、VC、TiC、Cr_7C_3、Mo_2C、Fe_3W_3C 等。各相有不同的晶体结构，晶体又由不同元素的原子组成，是一个层次鲜明的整合系统，其硬度取决于各层次要素的有机结合、有序配合的综合作用。

硬度是材料表面不大的体积内抵抗变形和破裂的能力，是此系统抵抗外力压入的综合反映。在压力作用下，位错运动，引起变形。而位错的运动有各类障碍，如，零维障碍物：溶质原子；一维障碍物：位错；二维障碍物：界面；三维障碍物：异相颗粒。减少或拆除任一"障碍物"系统都能使钢软化。

不同化学成分的钢，决定其退火硬度的要素不同。如，碳素工具钢退火后的组织主要由铁素体和渗碳体两相组成。铁素体基体的硬度较低，而渗碳体的数量、形态、大小对于退火硬度的影响很大。H13 钢的退火组织也由铁素体和碳化物组成。虽然 H13 钢的铁素体含有合金元素，有固溶强化作用，但是，其退火硬度主要取决于 Cr、Mo、V 的合金碳化物颗粒的弥散度。

1.6.5.2 减少零维障碍物的固溶强化作用，实现软化

退火铁素体基本上不含碳，但 Cr、Si、Mn、W、Mo 等合金元素溶入铁素体中形成固溶体，可能改变基体的键合力，引起点阵畸变和 P-N 力的变化，造成强化效果。相反，减少零维"障碍物"对位错运动的阻碍作用，可以降低硬度，实现软化。例如，耐冲击的硅工具钢 S5，含硅量为 1.75%～2.25%。锻轧后退火硬度要求不大于 229HB。大批量的生产中难以降低到如此低的硬度。在电炉冶炼时，控制 Si-Fe 合金的加入量，例如减少 Si 的加入量 0.3%（质量分数）Si，即可使退火后铁素体的硬度降低 12HB，这样就为钢材的软化退火降低硬度创造了有利条件。而且减少铁合金的加入量，也有利于降低成本。

1.6.5.3 减少一维障碍物的强化作用，实现软化

位错在钢的强化和软化中扮演着重要角色。金属流变应力（σ_f）随位错密度（ρ）的增加而提高，表示为：$\sigma_f = \sigma_0 + k\sqrt{\rho}$，式中，$\sigma_0$、$k$ 为有关的常数。如淬火马氏体中或冷变形钢中位错密度可达 $10^{12}/cm^2$。但退火后铁素体中位错密度很低，约为 $10^6/cm^2$ 或稍高一些，退火铁素体的硬度很低，约为 80HB。当然，不同状态的钢退火后的位错密度也不一样。因此，充分退火降低基体的硬度，为整体的软化提供条件。

1.6.5.4 减少二维障碍物，促进软化

晶粒越细，晶界等界面的面积越大，阻碍位错运动的二维障碍物越多，强度越高。根据 Hall-petch 公式：$\sigma = \sigma_0 + kd^{-\frac{1}{2}}$，粗化铁素体基体晶粒，将细晶粒变成粗晶粒，或粗化碳化物，使片状碳化物粒状化、球化，减少铁素体跟渗碳体、碳化物的相界面积，从而软化钢材。如，碳素钢的细片状珠光体的硬度可达 300HB，而粗片状珠光体的硬度可降到 200HB 以下。

德国工具钢 X45CrNiMo4 钢的退火软化十分困难。该钢奥氏体化后炉冷得到的是马氏

体+贝氏体组织。需要在A_{c1}以下低温退火（或高温回火）来软化。因此，锻轧后缓冷，得到极细小的板条状马氏体加条片状贝氏体组织。然后在680℃等温70 h退火，硬度仍为259HB，难以降到用户要求的220HB以下。为此，改变退火软化工艺，首先高温奥氏体化，获得7~8级奥氏体晶粒，然后缓慢冷却到640℃等温分解为粗片状珠光体组织，从而将硬度降低到220HB以下，满足了钢材软化的要求。图1-31为X45CrNiMo4钢的退火粗片状珠光体组织。

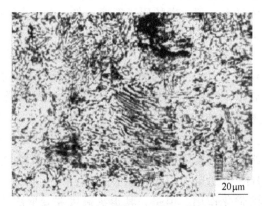

图1-31　X45CrNiMo4钢粗片状珠光体

1.6.5.5　削弱三维障碍物的强化作用，实现软化

作为位错运动的三维障碍物，即第二相质点，弥散度越高，数量越多，强化作用越大。但当钢中碳化物量一定时，使其变成粒状或球状并粗化，则可削弱其对位错运动的阻碍作用，实现软化。碳化物本身硬度高，与铁素体的相界面为非共格，位错无法使其变形或切过，只有绕过质点。因此，碳化物颗粒越弥散细小，硬化作用越大。

将H13钢试样加热到860℃，保温后分别以15℃/h、30℃/h、40℃/h、50℃/h的冷速缓冷到540℃，出炉空冷。表1-6为H13钢不同冷速退火的硬度及碳化物特征参数。可见，缓冷时的冷速越大，碳化物的弥散度越高，而直径越小，硬度越高，如图1-32所示。因此，软化退火时，保温后的冷却速度较慢，一般控制在10~30℃/h。

图1-33为H13退火球化组织，可见，碳化物呈球状分布在铁素体基体上。显然，H13钢的退火软化跟X45CrNiMo4钢比较从工艺到机理都有一些区别，但都是以基体相和碳化物的粗化为原则。

表1-6　H13钢不同冷速退火的硬度及碳化物特征参数

冷速/℃·h⁻¹	硬度 HB	弥散度/mm⁻³	直径/nm
15	186	$3518×10^6$	396
30	204	$4281×10^6$	309
40	209	$6111×10^6$	273
50	212	$9059×10^6$	236

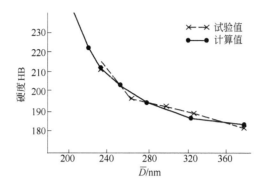

图 1-32　H13 钢碳化物粒子平均直径与硬度的关系

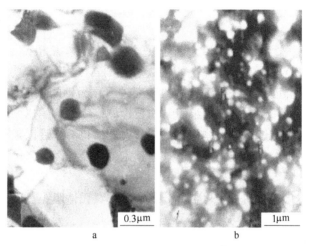

图 1-33　H13 退火球状珠光体
a—TEM；b—二次复型照片

复习思考题

1-1　固态相变和液-固相变有何异同点？

1-2　金属固态相变有哪些主要特征？

1-3　说明固态相变的驱动力和阻力。

1-4　为什么在金属固态相变过程中有时出现过渡相？

1-5　晶体缺陷对固态相变有何影响？

1-6　扩散型相变和无扩散型相变各有哪些特征？

1-7　为什么大多数固态相变具有形核阶段？

1-8　晶粒长大的驱动力是什么？晶粒长大时界面移动方向与晶核长大时的界面移动方向有何不同？为什么？

1-9　简述钢中碳化物颗粒的粗化机理及钢的退火软化机理。

1-10　熟悉如下基本概念：金属固态相变、平衡转变、平衡脱溶、共析分解、均匀形核、形核率。

2 奥氏体及其形成

数字资源

本章导读：学习本章主要掌握钢中奥氏体的组织形貌、结构特征；理解奥氏体的概念；熟悉奥氏体形成动力学、影响奥氏体形成速度的因素、奥氏体的晶粒长大及控制等问题；理解奥氏体形成机理；了解其相变热力学；弄清非平衡组织加热时奥氏体的形成。

奥氏体是钢中的一个重要组成相，它是根据英国冶金学家 Roberts-Austen，Sir William Chandler（1843~1902）的名字命名的，以纪念其在 Fe-C 相图绘制方面做出的巨大贡献。通常将钢加热到临界温度以上获得奥氏体的转变过程称为钢的奥氏体化。钢件在热处理、热加工等热循环过程中，将改变钢的组织结构及性能。而钢件的热循环过程中，大部分需要将钢加热到临界点以上进行奥氏体化，或部分奥氏体化。然后以某种必要的冷却速度冷却下来，以便得到一定的组织结构，获得某些预定的性能。因此，奥氏体化是获得某种性能的手段而不是目的。

将钢加热奥氏体化，得到一定化学成分和形貌的奥氏体组织。其组织状态包括奥氏体的成分、晶粒大小、亚结构、均匀性以及是否存在碳化物、夹杂物等其他相，这对于其在随后冷却过程中转变得到的组织和性能有直接的影响，因此研究钢中奥氏体的形成规律和机理，把握控制奥氏体状态的方法，具有重要的实际意义和理论价值。

2.1 奥氏体及其特点

2.1.1 奥氏体的定义及组织形貌

以往，将奥氏体定义为：碳溶入 γ-Fe 中形成的间隙固溶体。此定义不够严密，因为奥氏体中不仅含有碳，还含有各种化学元素。奥氏体是多种化学元素构成的一个整合系统。实际工业用钢中的奥氏体，是有目的地控制含碳量，有时特意加入一定含量的合金元素。具备形成固溶体条件的合金元素，其原子半径与 Fe 原子半径相差不大的固溶于替换位置。还有一些化学元素难以固溶，则吸附于奥氏体晶界等晶格缺陷处，如稀土元素、硼。奥氏体中还常存少量残留元素，如 Si、Mn 等，还有杂质元素，如 S、P、O、N、H、As、Pb 等。

奥氏体的定义：奥氏体是碳或各种化学元素溶入 γ-Fe 中形成的固溶体。

奥氏体一般由等轴状的多边形晶粒组成，晶粒内有孪晶。在加热转变刚刚结束时的奥氏体晶粒比较细小，晶粒边界呈不规则的弧形。经过一段时间加热或保温，晶粒将长大，晶粒边界可趋向平直化。

Fe-C 相图中奥氏体是高温相，存在于临界点 A_1 温度以上，是珠光体逆共析转变而成的。图 2-1a 是 50CrVA 钢 1100℃加热 7min 形成的奥氏体组织（高温暗场像），是碳、铬、钒等元素溶入 γ-Fe 中的固溶体，白色网状为奥氏体晶粒的晶界，在个别晶粒中可以看到孪晶。当钢中加入足够多的扩大 γ-Fe 相区的化学元素时，如 Ni、Mn 等，则可使奥氏体稳定在室温，如奥氏体钢。图 2-1b 为奥氏体不锈钢 1Cr18Ni9Ti 在室温时的奥氏体组织，是 γ-Fe 中溶入了碳、铬、镍等化学元素形成的固溶体。可见，奥氏体晶粒中有许多孪晶，图中颜色不同的衬度是由于各晶粒暴露在磨光试样表面上的晶面具有不同的取向。

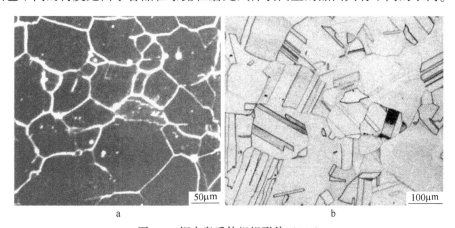

图 2-1 钢中奥氏体组织形貌（OM）

a—50CrVA 钢的奥氏体晶粒（暗场像）；b—1Cr18Ni9Ti 不锈钢的奥氏体组织

2.1.2 奥氏体的晶体结构

奥氏体为面心立方结构。碳、氮等间隙原子均位于奥氏体晶胞八面体间隙的中心，即面心立方点阵晶胞的中心或棱边的中点，如图 2-2a 所示。假如每一个八面体的中心各容纳一个碳原子，则碳的最大溶解度应为 50%（摩尔分数），相当于质量分数约 20%。实际上，Fe-C 相图中，碳在奥氏体中的最大溶解度为 2.11%（质量分数），这是由于 γ-Fe 的八面体间隙的半径仅为 0.052nm，而碳原子的半径为 0.086nm，即间隙半径较小。碳原子溶入间隙将使八面体发生较大的膨胀，产生畸变，溶入越多，畸变越大，晶格将不稳定，因此不是所有的八面体间隙中心都能溶入一个碳原子，溶解度是有限的。碳原子溶入奥氏体中，使奥氏体晶格点阵发生均匀对等的膨胀，点阵常数随着碳含量的增加而增大，如图 2-2b 所示。

大多数合金元素如 Mn、Cr、Ni、Co、Si 等，在 γ-Fe 中取代 Fe 原子的位置而形成置换固溶体。替换原子在奥氏体中溶解度各不相同，有的可无限溶解，有的溶解度甚微。少数元素，如硼，仅存在于晶体缺陷处，如晶界、位错等处。

2.1.3 奥氏体中的亚结构

任何一个奥氏体晶粒，均非理想的晶体结构，总是存在晶体缺陷，如空位、位错、层错、亚晶和孪晶等。这些缺陷具有缺陷能或畸变能。在珠光体转变为奥氏体的过程中，会形成相变孪晶。众所周知，在外力作用下以孪生方式可以形成形变孪晶。在高温加热奥氏体化时，没有外加应力，形成的奥氏体中存在孪晶，此属相变孪晶或退火孪晶；这些孪晶

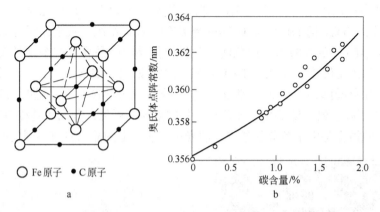

○ Fe原子　● C原子

a

b

图 2-2　碳原子在晶胞中的可能位置（a）和对晶格常数的影响（b）

的形成机理尚不清楚，研究报道甚少。

　　图 2-3 为铬镍不锈钢经过 1000~1150℃ 固溶处理得到的退火孪晶组织。可见，在奥氏体晶粒中存在退火孪晶，可以看到孪晶线（孪晶界）。退火孪晶的形貌特征是：（1）孪晶有平直的界面，即有一条平直的孪晶线；（2）孪晶可横贯奥氏体晶粒，也可终止于晶粒内，有时呈现台阶状。

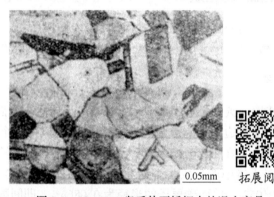

0.05mm　　拓展阅读

图 2-3　0Cr18Ni9 奥氏体不锈钢中的退火孪晶

　　层错也是一定温度下奥氏体中存在的晶体缺陷，但不是普遍现象，只在少数奥氏体中出现。例如，将含氮奥氏体不锈钢试样加热到 1100℃，保温 30min，水冷进行固溶处理，在透射电镜下观察，发现含氮奥氏体晶粒中存在大量层错，如图 2-4a 所示。在高碳高锰钢奥氏体晶粒中也有层错。C、N 原子固溶于奥氏体的间隙中，在奥氏体晶粒形成和长大过程中，使 ｛111｝ 面错排，则形成层错。层错是晶体缺陷，但层错能较低，可在一定条件下稳定存在。层错是在一定温度下奥氏体中存在的晶体缺陷，存在层错能。

　　奥氏体中也存在位错亚结构，如图 2-4b 所示，高温下形成的奥氏体中位错密度较低。

2.1.4　奥氏体成分的不均匀性

　　奥氏体成分的均匀化是一个备受关注的问题。然而，碳原子在奥氏体中的分布是不均匀的。如用统计理论进行计算的结果表明，在含 0.85%C 的奥氏体中可能存在大量的比平均碳浓度高 8 倍的微区，这相当于渗碳体的含碳量。这说明奥氏体中存在富碳区，相对地

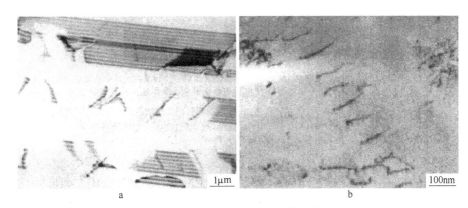

图 2-4　含氮奥氏体不锈钢中层错 (a) 和奥氏体中位错 (b) 的 TEM 照片

应当有贫碳区。当奥氏体中含有碳化物形成元素时，如 Cr、W、Nb、V、Ti 等，由于这些合金元素与碳原子具有较强的亲和力，因此这些合金元素周围的碳原子也容易偏聚。

奥氏体中存在晶体缺陷，如晶界、亚晶界、孪晶界、位错、层错等；当存在其他相时，还存在相界面。这些晶体缺陷处，畸变能较高。合金元素和杂质元素与这些缺陷发生交互作用，在缺陷处的溶质原子浓度往往大大超过基体的平均浓度，这种现象称为内吸附。如硼钢中，硼原子易于吸附在奥氏体晶界。碳原子、氮原子常在位错线上吸附称为柯垂尔气团。溶质原子在层错附近偏聚，形成铃木气团。合金元素与位错和层错交互作用而形成偏聚态，是新相形核的有利位置。Mn、Cr、Si 等元素都能降低奥氏体的层错能，从而引起溶质原子的偏聚，并使扩展位错变宽。Nb、V、Ti 等原子也能富集于层错，形成偏聚，这有利于 VC 等特殊碳化物的形成。

总之，奥氏体中的碳和合金元素分布是不均匀的，均匀是相对的，不均匀是绝对的。材料的成分均质化是指宏观上的相对均匀。碳含量为 0.18% 的钢，加热奥氏体化时，不同淬火温度和不同加热速度情况下，奥氏体中碳含量不均匀性如图 2-5 所示。可见，加热到 1200~1300℃时，原珠光体区域和原铁素体区域的碳含量仍然存在很大差别，碳含量仍然不均匀分布。

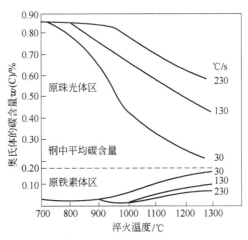

图 2-5　加热速度和淬火温度对 $w(C)=0.18\%$ 钢奥氏体碳含量不均匀的影响

2.1.5 奥氏体的性能

奥氏体是最密排的点阵结构，致密度高，故奥氏体的比体积比钢中铁素体、马氏体等相的比体积都小。因此，钢被加热到奥氏体相区时，体积收缩，冷却时，奥氏体转变为铁素体-珠光体等组织时，体积膨胀，容易引起内应力和变形。

奥氏体的点阵滑移系多，故奥氏体的塑性好，屈服强度低，易于加工塑性成型。因此，钢锭、钢坯、钢材一般被加热到1100℃以上奥氏体化，然后进行锻轧，塑性加工成材或加工成零部件。

一般钢中的奥氏体具有顺磁性，因此奥氏体钢可以作为无磁性钢。然而特殊成分的Fe-Ni软磁合金，也具有奥氏体组织，却具有铁磁性。

奥氏体的导热性差，线膨胀系数最大，比铁素体和渗碳体的平均线膨胀系数高约1倍。故奥氏体钢可以用来制造热膨胀灵敏的仪表元件。

在碳素钢中，铁素体、珠光体、马氏体、奥氏体和渗碳体的导热系数（W/(m·K)）分别为77.1、51.9、29.3、14.6和4.2。可见，除渗碳体外，奥氏体的导热性最差。尤其是合金度较高的奥氏体钢更差，所以，厚钢件在热处理过程中，应当缓慢冷却和加热，以减少温差热应力，避免开裂。

2.2 奥氏体形成机理

共析钢奥氏体冷却到临界点 A_1 以下温度时，存在共析反应：$A \rightarrow F + Fe_3C$。加热时，发生逆共析反应：$F + Fe_3C \rightarrow A$。逆共析转变是高温下进行的扩散性相变，转变的全过程可以分为四个阶段，即：奥氏体形核、奥氏体晶核长大、剩余渗碳体溶解、奥氏体成分相对均匀化。各种钢的奥氏体形成过程有一些区别，亚共析钢、过共析钢、合金钢的奥氏体化过程中除了奥氏体形成的基本过程外，还有先共析相的溶解、合金碳化物的溶解等过程。

2.2.1 奥氏体形成的热力学条件

2.2.1.1 相变驱动力

如图2-6所示，珠光体向奥氏体转变的驱动力为其自由能差 ΔG_V。奥氏体和珠光体的自由能均随温度的升高而降低，由于两条曲线斜率不同，因此必有一交点，该点即为Fe-C平衡图上的共析温度727℃，即临界点 A_1。当温度低于 A_1 时，发生 $A \rightarrow F + Fe_3C$ 的共析分解反应；当温度高于 A_1 时，奥氏体的自由能低于珠光体的自由能，珠光体将逆共析转变为奥氏体。这些相变均必须远离平衡态，即必须存在过冷度或过热度 ΔT。

2.2.1.2 加热和冷却时的临界点

转变必须远离平衡态，实际加热和冷却时的相变开始点不在 A_1 温度，转变存在滞后现象，即转变开始点随着加热速度的加快而升高。习惯上将在一定加热速度下（0.125℃/min）实际测定的临界点用 A_{c_1} 表示，冷却时的临界点以 A_{r_1} 表示，如图2-6所示。临界点 A_3 和 A_{cm} 也附加脚标c、r，即：A_{c_3}、A_{r_3}、$A_{c_{cm}}$、$A_{r_{cm}}$。

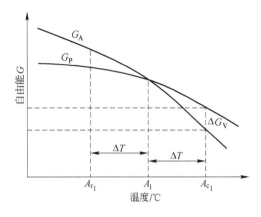

图 2-6 珠光体与奥氏体的自由能与温度的关系

2.2.2 奥氏体的形核

观察表明，奥氏体的形核位置通常在铁素体和渗碳体两相界面上，此外，珠光体领域的边界，铁素体嵌镶块边界都可以成为奥氏体的形核地点。奥氏体形核是不均匀形核，符合固态相变形核的一般规律。

一般认为奥氏体在铁素体和渗碳体交界面上形核。这是由于铁素体含碳量极低（0.02%以下），而渗碳体的含碳量又很高（6.69%），奥氏体的含碳量介于两者之间。在相界面上碳原子有吸附，含量较高，界面扩散速度又较快，容易形成较大的浓度涨落，使相界面某一微区达到形成奥氏体晶核所需的含碳量；此外在界面上能量也较高，容易造成能量涨落，以便满足形核功的需求；在两相界面处原子排列不规则，容易满足结构涨落的要求。所有这三个涨落在相界面处的优势，造成奥氏体晶核最容易在此处形成。

图 2-7a 为 T8 钢加热时，奥氏体在铁素体和渗碳体相界面上形成的扫描电镜照片；图 2-7b 为 Fe-2.6%Cr-0.96%C 合金加热到 800℃、保温 20s 时，奥氏体晶核在铁素体和渗碳体相界面上形成的透射电镜照片。

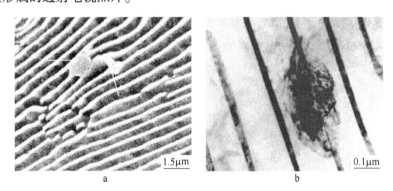

图 2-7 奥氏体的形核地点

a—奥氏体在相界面上形成（SEM）；b—奥氏体晶核在铁素体和渗碳体的界面上形核（TEM）

原始组织为粒状珠光体时，加热时奥氏体在渗碳体颗粒与铁素体相界面上形核。如将 Fe-1.4%C 合金加热到 770℃，等温 150s 后，立即在冰盐水中激冷，然后在扫描电镜下观察。发现在渗碳体与铁素体的相界面上形成奥氏体，在激冷过程中，由于奥氏体稳定性差，未能避开珠光体转变的"鼻温"，而转变为极细的片状珠光体组织，即托氏体组织，在10000多倍的电镜下，可观察到片层状结构，如图2-8所示。

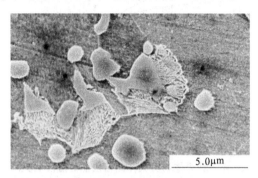

图2-8　奥氏体在粒状珠光体相界面形核（SEM）

奥氏体晶核也可以在原始奥氏体晶界形核并且长大，由于这样的晶界处富集了较多的碳原子和其他元素，给奥氏体形核提供了有利条件。图2-9所示为奥氏体在原始奥氏体晶界上形核，并形成许多细小的奥氏体晶粒。

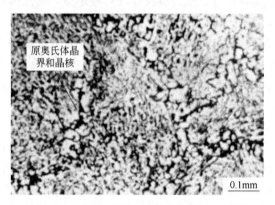

图2-9　奥氏体晶核在原奥氏体晶界上形核

最近的观察表明，奥氏体也可在珠光体领域的边界上形核，如图2-10所示，图中的符号M_2、M_1表示奥氏体在冷却时转变为马氏体组织。

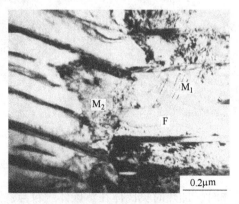

图2-10　TEM奥氏体在珠光体领域的边界上形核

总之，奥氏体的形核是扩散型相变，可在渗碳体与铁素体相界面上形核，也可以在珠光体领域的交界面上形核，还可以在原奥氏体晶界上形核。这些界面易于满足形核的能量、结构和浓度三个涨落条件。

奥氏体的形成是扩散性相变，一般认为是体扩散。应当看到奥氏体的形成温度范围较宽，从 A_1（727℃）到1400℃广泛的温度区间进行，这里有体扩散，也有界面扩散。对于在较低的温度形成的奥氏体，如在770℃发生的奥氏体形核-长大，体扩散、界面扩散都有发生。

新形成的奥氏体晶核与母相之间存在位向关系，Law 认为，在铁素体与铁素体边界上形成的奥氏体与其一侧的铁素体保持 K-S 关系，而与另一侧的铁素体没有位向关系。即：

$$\{111\}_A // \{011\}_\alpha$$
$$\langle 110 \rangle_A // \langle 111 \rangle_\alpha$$

2.2.3 奥氏体晶核的长大

加热到奥氏体相区，在高温下，碳原子扩散速度很快，铁原子和替换原子扩散速度较慢，但也能够充分扩散，既能够进行界面扩散，也能够体扩散，依靠原子的扩散位移而使奥氏体长大，因此奥氏体的形成是扩散型相变。由于奥氏体形成过程中，化学成分不断改变，如碳含量、合金元素含量不断变化，所以是扩散型相变。

2.2.3.1 奥氏体晶核长大

奥氏体形核后以扩散方式长大。图 2-11 所示为片状珠光体加热时奥氏体晶核长大的

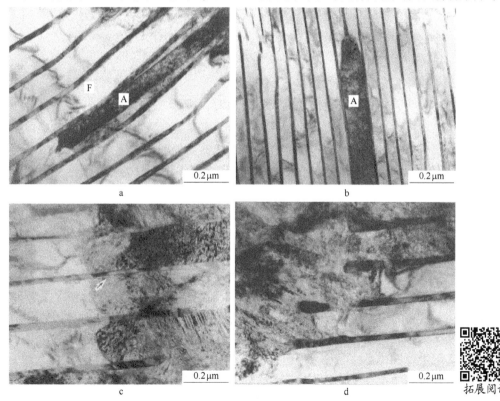

图 2-11 奥氏体在片状珠光体内形成并长大（TEM）

不同情况。图2-11a是奥氏体晶核在两片渗碳体之间形成并且长大的例子，可见奥氏体晶核只是在铁素体片中长大，没有吞噬渗碳体；图2-11b是铁素体和渗碳体同时形成奥氏体晶核，然后一起吞噬铁素体片和渗碳体片而长大的情形；图2-11c和d分别是奥氏体晶核吞噬众多铁素体和渗碳体片的例子。奥氏体同时吃掉铁素体片和渗碳体片，测定长大速率为$0.65 \sim 1.375 \mu m/s$。

　　图2-12为原始组织为粒状珠光体加热时奥氏体长大的照片。当加热在奥氏体形成不完全时淬火，其组织如图2-12所示，其中白亮块处为加热时形成的奥氏体在淬火后转变形成的马氏体（M），加热时未转变部分仍然为粒状珠光体。可见，奥氏体晶核在长大时，铁素体连同渗碳体颗粒一起被奥氏体吞噬了。

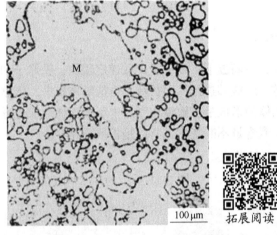

图2-12　粒状珠光体加热时奥氏体的长大

2.2.3.2　奥氏体晶核的长大机理

　　当在铁素体和渗碳体交界面上形成奥氏体晶核时，则形成了γ-α和γ-Fe_3C两个新的相界面。那么，奥氏体晶核的长大过程实际上是两个相界面向原有的铁素体和渗碳体中推移的过程。若奥氏体在A_{c_1}以上某一温度T_1形成，相界面处各相的碳浓度可以由Fe-Fe_3C相图确定，如图2-13a所示。奥氏体晶核与渗碳体和铁素体相接触的相界面推移示意图如图2-13b所示。

　　由图2-13可见，在奥氏体晶核内部，碳原子分布是不均匀的。与铁素体交界面处的奥氏体的含碳量标记为$C_{\gamma-\alpha}$，而与渗碳体交界面处的奥氏体的含碳量标记为$C_{\gamma-cem}$，显然，$C_{\gamma-cem} > C_{\gamma-\alpha}$，故在奥氏体中形成了浓度梯度，碳原子将以下坡扩散的方式向铁素体一侧扩散。一旦发生碳原子的扩散，则破坏了界面处的碳浓度平衡。为了恢复平衡，奥氏体向铁素体方向长大，低碳的铁素体转变为奥氏体则消耗一部分碳原子，使之重新降为$C_{\gamma-\alpha}$；而含碳量很高的渗碳体将溶解，使界面处的奥氏体增为$C_{\gamma-cem}$。这时奥氏体分别向铁素体和渗碳体两个方向推移，不断长大。这一长大过程是按照体扩散来描述的，是扩散控制过程。实际上奥氏体晶核的长大过程中也有界面扩散发生。

　　此外，在铁素体中也存在碳原子的扩散，如图2-13b所示。这种扩散也有促进奥氏体长大的作用，但由于铁素体中的碳浓度梯度较小，故作用不大。

　　一般情况下，由平衡组织加热转变得到的奥氏体晶粒，均长大成等轴的颗粒状。这种

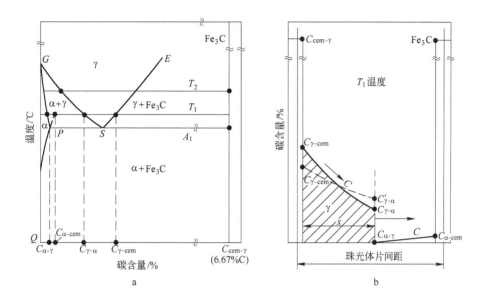

图 2-13　奥氏体晶核在珠光体中长大示意图

a—奥氏体在 T_1 温度形核时各相的碳浓度；b—形核时碳含量浓度分布示意图

形状的晶粒是通过非共格晶界的推移而长成的。

　　由上述可见，奥氏体的长大是相界面推移的结果，即奥氏体不断向渗碳体推移，使得渗碳体不断溶解；奥氏体向铁素体推移，使得铁素体不断转变为奥氏体。对于共析成分的珠光体向奥氏体的平衡转变，应当是逆共析反应，即 $F+Fe_3C \rightarrow A$，也就是说，奥氏体同时吞噬掉渗碳体和铁素体。但是在非平衡转变时，渗碳体片的溶解会滞后一些，如图 2-14所示为 T8 钢的珠光体中，加热到 880℃，奥氏体晶核长大时，铁素体片消失得快一些，渗碳体片的溶解滞后一些。

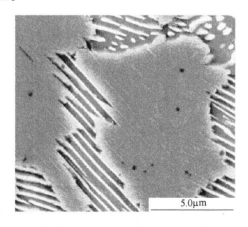

图 2-14　T8 钢奥氏体在珠光体中长大时渗碳体片的溶解滞后现象（SEM）

　　在珠光体转变为奥氏体的过程中，会形成孪晶。众所周知，在外力作用下以孪生方式可以形成形变孪晶。在高温加热奥氏体化时，没有外加应力，在奥氏体中形成的孪晶，属于相变孪晶。

2.2.4 渗碳体的溶解和奥氏体成分的相对均匀化

事实上，铁素体和渗碳体并不是同时消失，铁素体往往先溶解完，而剩下渗碳体，剩余渗碳体继续溶解，因此，在原来渗碳体存在的微区含碳量较高，而原来是铁素体的区域含碳量较低。显然，当渗碳体刚刚全部溶解完，铁素体刚刚全部转变为奥氏体之际，奥氏体中的碳分布是不均匀的。

图2-15所示为T8钢加热到880℃、保温5s形成的奥氏体在淬火时转变为马氏体的照片，可见其中存在大量未溶解完毕的渗碳体片，显然，其中包含的渗碳体片已经变薄，而奥氏体周围未转变的珠光体中，渗碳体片较厚。这些残留渗碳体在继续加热保温过程中，将继续溶解。当其刚刚溶解结束时，在原渗碳体存在的区域，碳含量必然较高。奥氏体化的下一个过程是均匀化阶段。

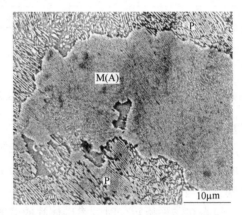

图2-15 T8钢已形成的奥氏体中存在大量残留渗碳体片（SEM）

当奥氏体转变完成后，其成分是不均匀的。随着温度的升高，或延长保温时间，随着扩散过程的进行，奥氏体成分将趋向均匀化。工业上奥氏体的成分难以均匀化，实际上是不可能均匀的。在快速加热情况下，碳化物来不及充分溶解，碳和合金元素的原子来不及充分扩散，因而，造成奥氏体中碳、合金元素浓度分布很不均匀。

综上所述，奥氏体的形成可以分为四个阶段：（1）形核；（2）晶核向铁素体和渗碳体两个方向长大；（3）剩余碳化物溶解；（4）奥氏体成分的相对均匀化。

2.2.5 亚共析钢的奥氏体化

亚共析钢退火得到先共析铁素体+珠光体的整合组织。当缓慢加热到 A_{c_1} 温度时，珠光体首先向奥氏体转变，而其中的先共析铁素体相暂时保持不变。奥氏体晶核在相界面处形成，奥氏体晶核长大吞噬珠光体，直至珠光体完全消失，成为奥氏体+先共析铁素体的两相组织（在 α+γ 两相区）。随着加热温度的升高，奥氏体向铁素体扩展，也即先共析铁素体溶入奥氏体中，最后全部变成细小的奥氏体晶粒。

25钢为优质碳素结构钢，退火后的组织由先共析铁素体和珠光体组成，如图2-16所示。将此原始组织加热到700~850℃不同温度，然后淬火于盐水中，得到的组织如图2-17所示。可见，加热到718℃淬火时，铁素体没有变化，在珠光体组织中仅有一小部分转变为奥氏体（淬火后变成马氏体，浅灰色），如图 2-17a 所示；当加热到 830℃，奥氏体化过程已经完成，淬火后得到单一的马氏体组织，如图 2-17b 所示。

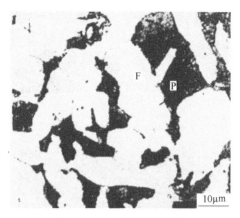

图 2-16　25 钢的退火组织

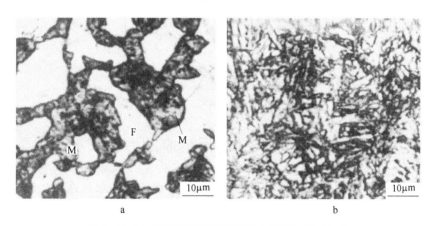

a　　　　　　　　　　　　　　b

图 2-17　25 钢加热到不同温度淬火后的组织（OM）

2.2.6　过共析钢奥氏体的形成

过共析钢的平衡组织由渗碳体+珠光体组成，这类钢的平衡组织可为片状珠光体和粒状珠光体。以 T12 钢为例，选择其原始组织为片状珠光体+网状渗碳体（Fe_3C_{II}），将其进行不同温度的淬火，观察组织。图 2-18a 是 725℃淬火得到的组织，其中白色大块状为奥氏体，冷却后淬火为马氏体组织，如图中 M(A)，其余为珠光体组织。当淬火温度升高到 728℃时，奥氏体形成量大有增加，而珠光体仍然占 25%，如图 2-18b 所示，大部分珠光体已经转变为奥氏体，但还存在没有溶解完的碳化物，淬火后以颗粒状存在于灰白色的马氏体组织中。淬火温度升高到 750℃时，如图 2-18c 所示，则达到细小的马氏体组织+未溶碳化物（网状），即晶界处的网状二次渗碳体尚未溶解，需要升高温度，达到 A_{cm} 以上，网状碳化物才能全部溶入奥氏体中。

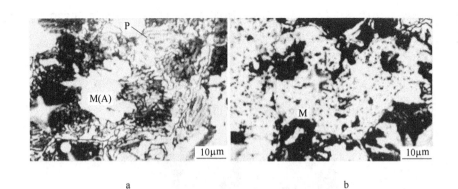

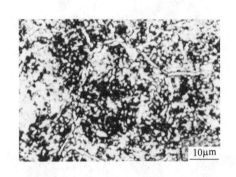

图 2-18　T12 钢加热到不同温度后淬火得到的组织（OM）

a—725℃；b—728℃；c—750℃

2.3　奥氏体等温形成动力学

钢的成分、原始组织、加热温度等均影响加热时奥氏体的形成速度，为了使问题简化，首先讨论当温度恒定时奥氏体形成的动力学问题。

2.3.1　共析碳素钢奥氏体等温形成动力学

奥氏体等温形成动力学曲线是在一定温度下等温时，奥氏体形成量与等温时间的关系曲线。用"温度-时间-奥氏体转变量"的曲线形式表示的图形，有时也称奥氏体化曲线，简称 TTA 曲线。

奥氏体形成动力学曲线如图 2-19a 所示，可见，此曲线表示了各个等温温度下奥氏体转变开始及终了的时间。等温温度越高，曲线越靠左，等温形成的开始和终了的时间也越短。转变开始的时间称为孕育期。如图 2-19a 所示，在 745℃奥氏体开始形成的时间为 100s，即孕育期；约 400s 奥氏体转变量为 100%，即转变终了。

将上述动力学曲线综合绘在转变温度与时间坐标系上，即可得到奥氏体等温形成图（TTA 曲线），如图 2-19b 所示。等温 TTA 曲线可以用金相法、膨胀法、热分析法等测定。采用全自动相变测量仪可以测得等温温度下转变膨胀曲线，当奥氏体形成时，试样体积收缩，转变量越大，体积收缩越大，奥氏体转变终了，收缩停止。配合金相法，能够画出等温形成图。

共析碳钢中，奥氏体刚刚形成，铁素体刚刚消失之际，还存在剩余碳化物，继续等温，将继续溶解，碳化物溶解完毕后，奥氏体成分是不均匀的。奥氏体成分均匀化需要较长时间，严格说来均匀化是相对的，不均匀是绝对的。图 2-20 所示为共析钢奥氏体等温形成图全貌。

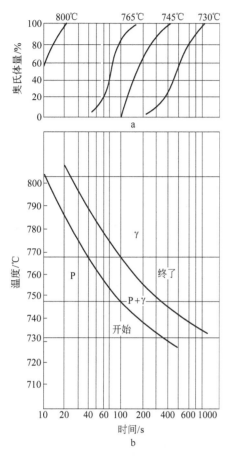

图 2-19　0.86%C 钢奥氏体等温形成动力学
曲线（a）和等温形成图（b）

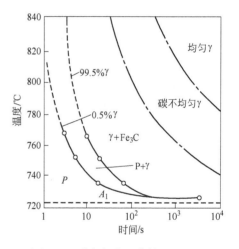

图 2-20　共析钢奥氏体等温形成图

2.3.2　亚共析碳素钢的等温 TTA 曲线

图 2-21、图 2-22 分别为 0.1%C 钢和 0.6%C 钢的等温 TTA 曲线。这两种钢在加热前的原始组织均为铁素体+珠光体两相的整合组织。可见，转变开始线与共析钢的转变开始线的变化基本上一致。至于转变终了线，在 A_{c_3} 温度以上，也是随着过热度的增加，终了线移向时间短的一侧。这和共析钢的转变终了线变化趋势一致。但在 $A_{c_1} \sim A_{c_3}$ 温度之间，转变终了线并不是随着过热度的增加而单调地移向时间短的一侧，而是以曲线形式向相反的方向延伸，呈现复杂的非线性关系。

过共析碳素钢的等温 TTA 曲线，与共析碳钢的等温 TTA 曲线基本相似。不过，过共析钢中的碳化物溶解所需时间较长。

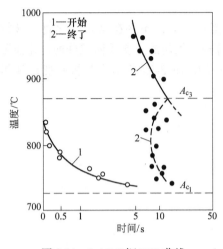

图 2-21   0.1%C 钢 TTA 曲线

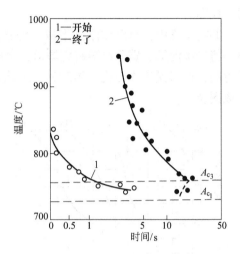

图 2-22   0.6%C 钢 TTA 曲线

2.3.3   连续加热时奥氏体形成的 TTA 曲线

连续加热时奥氏体形成的 TTA 曲线更加符合大多数热处理加热过程的实际情况。图 2-23 为 0.7%C 钢连续加热的 TTA 曲线。原始组织为铁素体+珠光体两相的整合组织。可见，图中的转变开始线 A_{c_1}、A_{c_3}，终了线 $A_{c_{1f}}$，均随着加热速度的提高，而使转变温度升高。不过，对于大多数钢种来说，当超过一定加热速度后，转变开始线 A_{c_1}、A_{c_3} 就不再向温度升高的方向推进，而使开始线保持平坦。由于均匀奥氏体和不均匀奥氏体没有严格的界线，图中将其加上了引号，并且用虚线隔开。

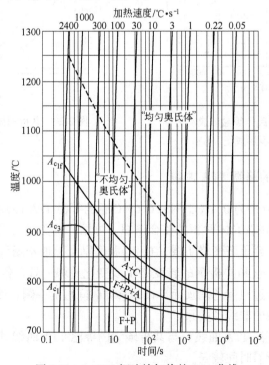

图 2-23   0.7%C 钢连续加热的 TTA 曲线

2.3.4 奥氏体的形核率和长大速度

奥氏体的形成速度取决于形核率 N 和长大速度 G。而在等温条件下，N 和 G 均为常数，见表2-1。

表2-1 奥氏体的形核率 N 和线生长速度 G 与温度的关系

转变温度/℃	形核率 N/mm^{-3} · s^{-1}	线生长速度 G/mm · s^{-1}	转变一半所需的时间/s
740	2280	0.0005	100
760	11000	0.010	9
780	51500	0.026	3
800	61600	0.041	1

2.3.4.1 形核率

在均匀形核条件下形核率与温度之间的关系可用下式表示：

$$N = C' e^{-\frac{Q}{kT}} e^{-\frac{W}{kT}} \tag{2-1}$$

式中 C'——常数；

Q——扩散激活能；

T——绝对温度；

k——玻耳兹曼常数；

W——形核功。

由式（2-1）可见，当奥氏体形成温度升高时，形核率 N 将以指数函数关系迅速增大，见表2-1。引起形核率急剧增加的原因是多方面的：

（1）奥氏体形成温度升高时，相变驱动力增大使形核功 W 减小，因而奥氏体形核率增大；

（2）奥氏体化温度升高，元素扩散系数增大，扩散速度加快，因而促进奥氏体形核；

（3）由图2-13a可见，随着相变温度升高，相界面碳浓度差减小，$C_{\gamma-\alpha}^{\gamma}$ 与 $C_{\alpha-\gamma}$ 之差减小，即奥氏体形核所需的 C 浓度起伏减小，也有利于提高奥氏体形核率。

2.3.4.2 线生长速度 G

奥氏体位于铁素体和渗碳体之间时，受碳原子扩散控制，奥氏体两侧界面分别向铁素体和渗碳体推移。奥氏体长大线速度包括向两侧推移的速度。推移速度主要取决于碳原子在奥氏体中的传输速度，对于合金钢，奥氏体化时，合金元素的扩散速度也影响奥氏体的长大，另外，合金元素对碳原子的扩散有不同程度的影响。这里只讨论 Fe-C 合金或碳素钢中奥氏体的长大速度问题。

根据扩散定律可以推导出奥氏体向铁素体和渗碳体推移的速度，由于铁素体、渗碳体中的碳浓度梯度很小，故为简化而将其忽略不计。则奥氏体向铁素体推移的线速度 $v_{\gamma \to \alpha}$ 及向渗碳体的推移速度 $v_{\gamma \to Fe_3C}$ 分别为：

$$v_{\gamma \to \alpha} = - K \times \frac{D_C^{\gamma} \times \frac{dc}{dx}}{C_{\gamma-\alpha}^{\gamma} - C_{\gamma-\alpha}^{\alpha}} \tag{2-2}$$

$$v_{\gamma \to \mathrm{Fe_3C}} = -K \times \frac{D_C^{\gamma} \times \dfrac{\mathrm{d}c}{\mathrm{d}x}}{6.69 - C_{\gamma-\mathrm{Fe_3C}}^{\gamma}} \qquad (2\text{-}3)$$

式中 K——比例系数；

D_C^{γ}——碳在奥氏体中的扩散系数。

可见，奥氏体的线速度正比于扩散系数 D_C^{γ} 和浓度梯度 $\dfrac{\mathrm{d}c}{\mathrm{d}x}$，反比于相界面两侧碳浓度差。

将式（2-2）比式（2-3），即 $v_{\gamma \to \alpha}/v_{\gamma \to \mathrm{Fe_3C}}$，为界面向铁素体推移与向渗碳体推移速度之比。当奥氏体形成温度为 780℃ 时，根据铁碳平衡图查得各相含碳量，代入上式，得：

$$\frac{v_{\gamma \to \alpha}}{v_{\gamma \to \mathrm{Fe_3C}}} \approx 14$$

即 780℃ 时奥氏体相界面向铁素体的推移速度比向渗碳体的推移速度约快 14 倍。因此，尽管平衡状态下片状珠光体的铁素体片厚度比渗碳体片的厚度约大 7 倍，奥氏体等温形成时，也总是铁素体先消失，当奥氏体将铁素体全部吃完时，还剩下相当数量的渗碳体。图 2-24 所示为 T8 钢在已形成的奥氏体中残留大量未溶的渗碳体片。随后的过程则是渗碳体的溶解，未溶的渗碳体继续溶入奥氏体中，形成碳含量不均匀的奥氏体。最后是奥氏体成分的均匀化阶段，实际上难以得到成分绝对均匀的奥氏体。

奥氏体化温度升高时，形核率、长大速度均增大，奥氏体形成速度随温度升高而单调地增大。

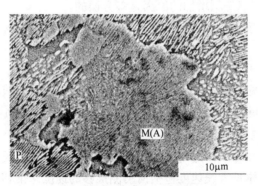

图 2-24　T8 钢奥氏体形成后残留大量渗碳体片（SEM）

2.3.5　影响奥氏体形成速度的因素

一切影响奥氏体的形核率和增大速度的因素都影响奥氏体的形成速度。如加热温度、钢的原始组织、化学成分等。

2.3.5.1　加热温度的影响

加热温度的影响如下：

（1）奥氏体形成速度随着加热温度升高而迅速增大。转变的孕育期变短，相应的转变终了时间也变短。

（2）随着奥氏体形成温度升高，形核率增长速率高于长大速度的增长速率。如：转变温度从740℃升高到800℃时，形核率增加270倍，而长大速度只增加80倍，参见表2-1。因此，奥氏体形成温度越高，起始晶粒度越小。

（3）随着奥氏体形成温度升高，奥氏体相界面向铁素体的推移速度比向渗碳体的推移速度大。在780℃其比值约为14，而在800℃，比值将增大到约19。因此，随奥氏体形成温度升高，当奥氏体将铁素体全部吃完时，剩下的渗碳体量也会增多。

2.3.5.2　钢中含碳量和原始组织的影响

A　含碳量的影响

钢中含碳量越高，奥氏体形成速度越快。这是由于含碳量增高，碳化物数量增多，增加了铁素体和渗碳体的相界面面积，因而增加了奥氏体的形核部位，使形核率增大。同时，碳化物数量增加，使碳原子扩散距离减小，碳和铁原子的扩散系数增大，这些因素均增大了奥氏体的形成速度，如图2-25所示。

B　合金元素的影响

合金元素影响碳化物的稳定性，影响碳原子的扩散系数，而且，合金元素分布不均匀，所以，合金元素影响奥氏体形成的速度、碳化物的溶解以及奥氏体的均匀化。

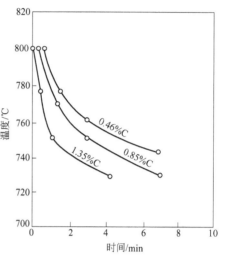

图2-25　珠光体向奥氏体转变50%
所需的时间及含碳量的影响

（1）对扩散系数的影响。强碳化物形成元素，如 Cr、V、Mo、W 等，降低碳在奥氏体中的扩散系数，因而减慢奥氏体的形成速度。非碳化物形成元素 Co、Ni 等增大碳在奥氏体中的扩散系数，因而加速奥氏体的形成。

（2）合金元素改变临界点。合金元素改变了钢的临界点的位置，使转变在一个温度范围进行，因而改变了过热度，影响了奥氏体的形成速度。

（3）合金元素影响珠光体的片层间距，改变碳在奥氏体中的溶解度，从而影响奥氏体的形成速度。

（4）合金元素在奥氏体中分布不均匀，扩散系数仅为碳的 1/10000~1/1000，因而，合金钢的奥氏体的均匀化需要更长的时间。

C　原始组织的影响

钢的原始组织越细，奥氏体形成速度越快。因为原始组织中的碳化物分散度越高，相界面越多，形核率越大。同时，珠光体的片间距减小碳原子的扩散距离减小，奥氏体中的浓度梯度增大，从而，奥氏体形成速度加快。如原始组织为托氏体时奥氏体的形成速度比索氏体和珠光体的都快。

珠光体中的碳化物有片状的，也有粒状的。试验表明，碳化物呈片状时，奥氏体的等温形成速度较粒状的快。图2-26为0.9%C钢的片状和粒状珠光体的奥氏体等温形成动力学图。可见，在760℃，片状珠光体的奥氏体化转变完了的时间不足1min；而粒状珠光体则需 5min 以上。这是由于片状珠光体中的碳化物与铁素体的相界面面积大，易于形核，也易于溶解。因此，前者转变速度较快。

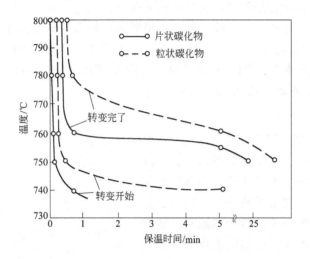

图 2-26　片状和粒状珠光体的奥氏体等温形成动力学图

2.4　连续加热时奥氏体的形成特征

实际生产中，绝大多数情况下奥氏体是在连续加热过程中形成的，即在奥氏体形成过程中，温度还在不断升高。珠光体转变为奥氏体时将吸收相变潜热，奥氏体升温过程中也不断吸收热量。只有供给的热量大于转变消耗的热量，供给的热量除了用于转变还有剩余时，多余的热量将使工件继续升温。奥氏体连续加热时的转变也是形核、晶核长大的过程，也需要碳化物的溶解和奥氏体的均匀化。但与等温转变相比，尚有如下特征。

2.4.1　相变在一个温度范围内完成

钢在连续加热时，奥氏体形成在一个温度范围内完成。加热速度越大，各阶段转变温度范围均向高温推移、扩大。

在以一定的速度加热时，奥氏体形成的实际热分析曲线如图 2-27 所示，呈现马鞍型。如果加热供给试样的热量 Q 等于转变所需消耗的热量 q，则全部热量用于形成奥氏体，温度不再上升，转变在等温下进行。但是，若加热速度较快时，使 $Q>q$，则供给试样的热量除了用于转变外尚有富余，因而温度继续上升，但在临界点处由于吸收大量相变潜热，而使速度减慢，故偏离直线，如 aa_1 段；当奥氏体转变量最大时，短时间内吸收大量相变潜热，甚至升温 $q>Q$，温度则下降，出现 a_1c 段；之后，奥氏体转变量逐渐减少，致使 $Q>q$，温度复又升高。

快速加热时，aa_1 段向高温延伸，a_1c 段也向高温推移，变成图 2-28 的样子。加热曲线的斜率越大，则表示加热速度越快。图中水平阶梯只是标志着奥氏体大量形成的阶段。水平台阶随着加热速度的增大而上升，而且相变在一个温度范围内进行。加热速度越快，转变温度越高，转变速度越快，转变所需时间越短。

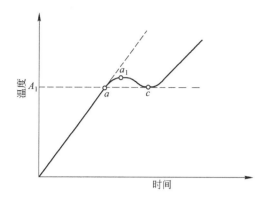

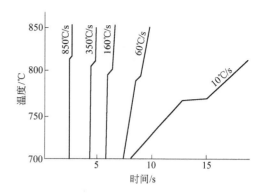

图 2-27　连续加热时奥氏体形成的热分析曲线　　图 2-28　0.85%C 钢在不同加热速度下的加热曲线

2.4.2　奥氏体成分不均匀性随加热速度增大而增大

在快速加热情况下，碳化物来不及充分溶解，碳和合金元素的原子来不及充分扩散，因而，造成奥氏体中碳、合金元素浓度分布很不均匀。图 2-29 示出加热速度和淬火温度对 0.4%C 钢奥氏体内高碳区最高碳含量的影响。可见，加热速度从 50℃/s 到 230℃/s，奥氏体中存在高达 1.4%~1.7%C 的富碳区，相对地必然存在低于平均含碳量的贫碳区，这对于奥氏体的冷却转变将产生重要影响，具有一定理论意义。

由图 2-29 可见，淬火温度一定时，随着加热速度增大，相变时间缩短，因而使奥氏体中的碳含量差别增大，剩余碳化物的数量也增多，导致奥氏体的平均碳含量降低。

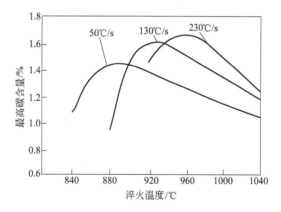

图 2-29　加热速度和淬火温度对 0.4%C 钢奥氏体中高碳区最高碳含量的影响

在实际生产中，可能因为加热速度快，保温时间短，而导致亚共析钢淬火后得到碳含量低于平均成分的马氏体。在共析钢、高碳钢中，可能出现碳含量低于共析成分的低碳马氏体、中碳马氏体及剩余碳化物等，这有助于淬火钢的韧化。

2.4.3　奥氏体起始晶粒随着加热速度增大而细化

快速加热时，相变过热度大，奥氏体形核率急剧增大，同时，加热时间又短，因而，奥氏体晶粒来不及长大，晶粒较细，甚至获得超细化的奥氏体晶粒。例如，采用超高频脉冲加热（时间为 10^{-8} s）淬火后，在 2 万倍的电子显微镜下也难以分辨奥氏体晶粒大小。

总之，在连续加热时，随着加热速度的增大，奥氏体化温度升高，可以细化奥氏体晶粒。同时，剩余碳化物的数量会增多，故奥氏体基体的平均碳含量较低。奥氏体中碳、合金元素浓度分布不均匀性增大。这些因素均影响过冷奥氏体的冷却转变，也可以使淬火马氏体获得强韧化，有利于提高淬火零件的韧性。

2.5　奥氏体晶粒长大

2.5.1　奥氏体晶粒长大现象

奥氏体化刚刚终了时，晶粒较细，随着加热温度升高，保温时间延长，奥氏体晶粒将长大。奥氏体晶粒长大在一定条件下是一个自发的过程。应用高温金相显微镜观察18Cr2Ni4WA 钢的奥氏体晶粒长大现象，将该钢分别真空加热到 950℃、1000℃、1100℃、1200℃并保温 10min，其暗场照片如图 2-30 所示。在 950℃奥氏体化，能够保持极细的奥氏体晶粒；高于 950℃奥氏体化，奥氏体晶粒越来越大，加热到 1200℃时，奥氏体晶粒已经粗化。

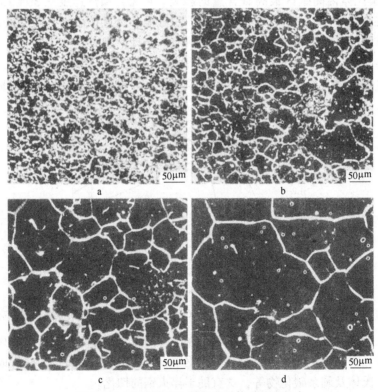

图 2-30　18Cr2Ni4WA 钢的奥氏体晶粒的长大
a—950℃；b—1000℃；c—1100℃；d—1200℃

奥氏体晶粒的长大动力学曲线一般按指数规律变化，分为三个阶段：加速长大期、急剧长大期和减速期。图 2-31 为奥氏体晶粒长大动力学曲线，可见，奥氏体晶粒的平均面积随着加热温度的升高而增大，当奥氏体化温度一定时，随着保温时间的延长奥氏体晶粒的平均面积增大。从图 2-31a 可见，各种钢随着温度的升高，长大倾向不同，20 钢 800℃以上，随着温度的升高，奥氏体晶粒不断长大；20CrMnMo、18Cr2Ni4WA 钢加热到 1000℃以上，奥氏体晶粒才明显长大。从图 2-31b 可见，20 钢随着保温时间的延长，奥氏体晶粒长大较快；而 20CrMnMo 钢长大较慢。各种钢在一定温度下，晶粒长大到一定大小时，则停止长大。每个加热温度都有一个晶粒长大期，奥氏体晶粒长大到一定大小后，长大趋势减缓直至停止长大。温度越高，奥氏体晶粒长大得越大。无论加热温度，还是保温时间，奥氏体晶粒长大到一定程度后则不再长大。

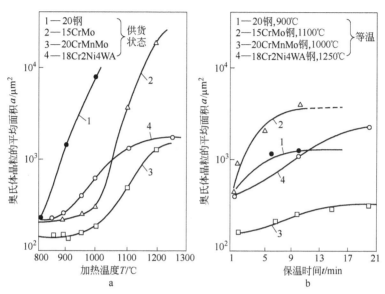

图 2-31　奥氏体晶粒长大动力学曲线
a—变温长大动力学曲线；b—恒温长大动力学曲线

　　奥氏体晶粒长大是大晶粒吞噬小晶粒的过程。在每一个等温温度，都有一个长大加速期，当晶粒长大到一定尺度，其长大过程将减慢，最后停止。等温时间的影响较小，而加热温度的影响较大。

　　每一个加热温度都有一个晶粒长大期，奥氏体晶粒长大到一定大小后，长大趋势减缓直至停止长大。温度越高，奥氏体晶粒长大得越大。无论加热温度，还是保温时间，奥氏体晶粒长大到一定程度后则不再长大，如图 2-32 所示。

　　加热时间一定时，奥氏体晶粒大小与温度之间的关系如图 2-33 所示，其中曲线 1 为不含铝的 C-Mn 钢的长大曲线，曲线 2 为含 Nb-N 钢的长大曲线。曲线 1 和曲线 2 在小于 1100℃时，随着加热温度升高，奥氏体晶粒不断长大，此称为正常长大。而曲线 2 中，当温度高于 1100℃，继续加热，晶粒急剧突然长大，此称异常长大，该温度称为奥氏体的晶粒粗化温度。

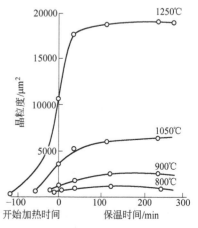

图 2-32　加热温度、加热时间对 0.48%C、0.82%Mn 钢奥氏体晶粒大小的影响

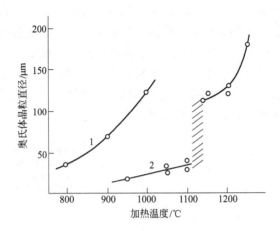

图 2-33　奥氏体晶粒直径与加热温度的关系
1—不含铝的 C-Mn 钢；2—含 Nb-N 钢

2.5.2　奥氏体晶粒长大机理

奥氏体晶粒长大是通过晶界的迁移进行的，晶界推移的驱动力来自奥氏体的晶界能。奥氏体的初始晶粒很细，界面积大，晶界能量高，晶粒长大将减少界面能，使系统能量降低，而趋于稳定。因此，在一定温度下，奥氏体晶粒会发生相互吞并的现象。总的趋势是大晶粒吃掉小晶粒。

根据第 1 章对晶界移动驱动力的推导，作用于晶界的驱动力为 P：

$$P = -\frac{\mathrm{d}G}{4\pi R^2 \mathrm{d}R} = -\frac{2\gamma}{R} \tag{2-4}$$

此式表明：由界面能提供的作用于单位面积晶界上的驱动力 P 与单位面积的界面能 γ 成正比而与界面曲率半径 R 成反比，其方向指向曲率中心。可以看出，界面能 γ 越大，驱动力越大。

2.5.3　硬相微粒对奥氏体晶界的钉扎作用

用铝脱氧的钢及含有 Nb、V、Ti 等元素的钢，钢中存在 AlN、NbC、VC、TiC 等微粒，这些析出相硬度很高，难以变形，存在于晶界上时，阻止奥氏体晶界移动，对晶界起到钉扎作用，在一定温度范围内保持奥氏体晶粒细小。

如果在奥氏体晶界上有一个硬相微粒，设为球形，半径为 r，如图 2-34 所示。那么它与奥氏体的相界面的面积为 $4\pi r^2$，总界面能为 $4\pi r^2\sigma$（σ 为单位面积界面能）。

由于晶界向前移动，如图 2-34 所示，晶界从 Ⅰ 位置移到 Ⅱ 位置，则造成晶界的弯曲、变长，而增加了相界面面积，设为 S，这时晶界能增加，界面能升高为 $S\sigma$（σ 为单位面积晶界能）。这是一个非自发的过程，所以使得晶界移动困难，即晶界移动受到了一定的阻力。

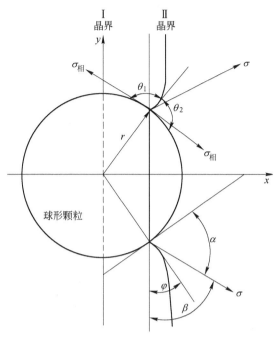

图 2-34　细小颗粒相与晶界之间交互作用示意图

晶界弯曲的几何证明如下。

在晶界与微粒的交点处，三个界面处于平衡状态时，则有：

$$\frac{\sigma_{相}}{\sin\theta_1} = \frac{\sigma_{相}}{\sin\theta_2} \tag{2-5}$$

因此，$\theta_1 = \theta_2$，即晶界与微粒相界面应当垂直，那么离开微粒的晶界必然弯曲。这使得奥氏体晶粒交界面面积增加，使能量升高，等于阻止晶界右移，相当于有一个阻力 G 作用于奥氏体晶界。

设晶界从 I 位置移到 II 位置，晶界暂停移动，处于平衡态，那么，阻力的大小必须等于界面总张力在水平方向上的分力，即与 σ 在水平方向的分力相平衡。

微粒与晶粒相接触的周界长度 $L = 2\pi r\cos\varphi$；

那么，总的线张力 $F_{总} = 2\pi r\cos\varphi\sigma'$；

则在水平方向上的分力 $F_{分} = 2\pi r\cos\varphi\sigma'\sin\beta$。

已知 $\beta = 90° + \varphi - \alpha$，所以

$$F_{分} = 2\pi r\cos\varphi\sigma'\cos(\alpha - \varphi) \tag{2-6}$$

式中　α ——常数，其值与相界能有关；

　　　φ ——变量，随晶界与微粒的相对位置不同而变化。

平衡时，阻力 $G = F_{分}$。

可见，$F_{分}$ 是 φ 的函数：$\varphi F_{分} = f(\varphi)$，可以求出 φ 变化时的最大阻力。

取 $\dfrac{\mathrm{d}F_{分}}{\mathrm{d}\varphi} = 0$，计算得 $\varphi = \dfrac{\alpha}{2}$ 时，阻力最大。即：

$$G_{\mathrm{m}} = F_{\max} = \pi r\sigma'(1 + \cos\alpha) \tag{2-7}$$

设单位体积中有 N 个半径为 r 的微粒，所占的体积分数为 f，则可以证明最大阻力：

$$G_m = \frac{3f\sigma'(1 + \cos\alpha)}{2r} \tag{2-8}$$

当 $\alpha = 90°$，$\varphi = 45°$ 时，最大阻力：

$$G_m = \frac{3f\sigma'}{2r} \tag{2-9}$$

从上式可见，如果是一个微粒，其半径越大，则阻力越大。但是，在钢中往往存在较多的硬相微粒，当其体积分数 f 一定时，微粒越细，半径 r 越小，微粒数量越多，则对于晶界移动的阻力越大。

2.5.4 影响奥氏体晶粒长大的因素

奥氏体晶粒长大是界面迁移的过程，实质上是原子扩散的过程。它必将受到加热温度、保温时间、加热速度、钢的成分和原始组织以及沉淀颗粒的性质、数量、大小、分布等因素的影响。

2.5.4.1 加热温度和保温时间的影响

晶粒长大和原子的扩散密切相关，温度升高或保温时间延长，有助于扩散进行，因此，奥氏体晶粒将变得粗大。上已叙及，加热温度越高，保温时间越长，奥氏体晶粒越粗大。每一个温度下，晶粒都有一个加速长大期，当晶粒长大到一定大小后，晶粒长大趋势变缓，最后停止长大。因此，为了获得较为细小的奥氏体晶粒，必须同时控制加热温度和保温时间。较低温度下保温时，时间因素影响较小。加热温度高时，保温时间的影响变大。因此，升高加热温度时，保温时间应当相应缩短。

2.5.4.2 加热速度的影响

加热速度越快，奥氏体的实际形成温度越高。由于随温度升高，奥氏体的形核率与长大速度之比增大，所以快速加热可以获得细小的起始晶粒度。但由于起始晶粒细小，转变温度较高，奥氏体晶粒很容易长大，因此保温时间不宜过长，否则奥氏体晶粒会更加粗大。因此，在保证奥氏体成分较为均匀的前提下，快速加热和短时间保温有利于获得细小的奥氏体晶粒。

2.5.4.3 化学成分的影响

钢中的碳含量增加时，碳原子在奥氏体中的扩散速度及铁的自扩散速度均增加，因而奥氏体晶粒长大倾向变大。在不含有过剩碳化物的情况下，奥氏体晶粒容易长大。

钢中含有特殊碳化物、氮化物形成元素时，如 Ti、V、Al、Nb 等，形成熔点高、稳定性强、不易聚集长大的碳化物、氮化物，颗粒细小，弥散分布，阻碍晶粒长大。合金元素 W、Mo、Cr 的碳化物较易溶解，但也有阻碍晶粒长大的作用。Mn、P 元素有增大奥氏体晶粒长大的作用。

在实际生产中，为了细化奥氏体晶粒，多用铝脱氧，生成大量 AlN，以阻碍奥氏体晶粒长大。加入微量的 Nb、V、Ti 等合金元素，形成弥散的 NbC、VC、TiC 等细小颗粒，也能阻碍奥氏体晶粒长大，达到细化晶粒的目的。图 2-35 所

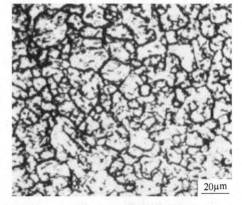

20μm

图 2-35 34CrNi₃MoV 钢奥氏体晶粒（OM）

示为 34CrNi$_3$MoV 钢淬火后的原奥氏体晶粒，由于钢中含有 Mo、V 等细化晶粒的元素，因而使奥氏体晶粒较为细小。

2.5.4.4 原始组织的影响

原始组织会影响起始晶粒度。通常，原始组织越细小，碳化物分散度越大，奥氏体的起始晶粒度会越细小。

2.6 非平衡组织加热及组织遗传

实际生产中，往往将贝氏体、回火马氏体等非平衡组织加热进行奥氏体化，这种生产工艺下，奥氏体的形成较为复杂，而且易产生组织遗传现象。

2.6.1 非平衡组织加热时奥氏体的形成

非平衡组织指淬火组织或回火不充分的组织，如马氏体、贝氏体、回火马氏体等。非平衡组织在加热时，奥氏体的转变过程不仅与原始组织有关，还与加热过程有关，使得非平衡组织的加热转变过程要复杂得多。

非平衡组织加热时，常可在奥氏体转变初期获得针形奥氏体和球形奥氏体。其形成与钢的成分、原始组织和加热条件等因素有关。试验证明，低、中碳合金钢以马氏体为原始组织在 $A_{c_1} \sim A_{c_3}$ 之间低温区加热时，在马氏体板条之间形成针形奥氏体，而在原始奥氏体晶界、马氏体群边界和夹杂物边界上形成球形奥氏体。通常钢中含有推迟铁素体再结晶的合金元素时，在一定加热条件下，容易产生针形奥氏体。针形奥氏体常常在板条状马氏体边界上形成，同时，还会在原奥氏体晶界、马氏体板条群之间产生球形奥氏体。

针形奥氏体形成的先决条件是原始组织中的马氏体板条未发生再结晶，也即仍然保持着板条状马氏体的原有的形貌，虽然马氏体中已经析出渗碳体，但是铁素体基体没有再结晶。针形奥氏体与基体 α 保持 K-S 关系。

试验证明，在原始奥氏体晶界、马氏体群边界，夹杂物界面上形成细小的球形奥氏体，同时伴随着渗碳体的溶解。球形奥氏体也是在铁素体和渗碳体的两相界面上形核，再通过碳的扩散逐渐向铁素体和碳化物中长大。

当加热到 A_{c_3} 以上时，在奥氏体形成以前，基体 α' 相板条已经再结晶，α' 相板条之间的晶体学位向关系不复存在，加之加热过程中析出的碳化物均匀细小，形成大量的铁素体和渗碳体界面，成为奥氏体形核的有利位置。这样，奥氏体则失去了优先在板条界面形核长大的条件。不再形成针形奥氏体，而是在铁素体-渗碳体界面上形成球形奥氏体。

对于非平衡组织，加热转变不仅与加热前的组织状态有关，而且与加热过程有关。因为非平衡组织在加热过程中，要发生从非平衡到平衡或准平衡组织状态的转变，而转变的程度又与钢件的化学成分以及加热速度等有关，这使非平衡态的加热转变过程变得复杂。

拓展阅读

2.6.2 粗大奥氏体晶粒的遗传性

研究钢的组织遗传性对于合金钢具有重要意义。合金钢构件在热处理时，往往出现由于锻、轧、铸、焊而形成的原始有序的粗晶组织。带有原始马氏体或贝氏体组织的钢，在加热时常出现这种现象。

将粗晶有序组织加热到高于 A_{c_3}，可能导致形成的奥氏体晶粒与原始晶粒具有相同的形状、大小和取向。这种现象称为钢的组织遗传。在原始奥氏体晶粒粗大的情况下，若钢以非平衡组织（如马氏体或贝氏体）加热奥氏体化，则在一定的加热条件下，新形成的奥氏体晶粒会继承和恢复原始粗大的奥氏体晶粒。图 2-36 所示为 34CrNi₃MoV 钢的粗大奥氏体晶粒，可见，在放大 100 倍的情况下，原奥氏体晶粒很粗大，测定为 1 级。晶粒内形成贝氏体组织也很粗大。

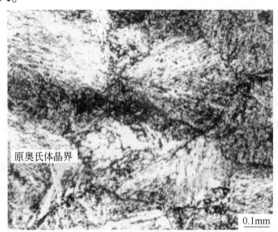

图 2-36   34CrNi₃MoV 钢粗大奥氏体晶粒（OM）

如果将这种粗晶有序组织继续加热，延长保温时间，还会使奥氏体晶粒异常长大，造成混晶现象。出现组织遗传或混晶时，降低钢的韧性。危害严重，应以重视。混晶即钢中金相组织中同时存在细晶粒和粗晶粒（1~4 级晶粒）的现象。如 34CrNi₃MoV 钢是特别容易混晶的钢种。该钢的钢锭经过锻造后需要去氢退火、重结晶正火、淬火等多种工艺操作。锻件调质后，检验晶粒度，经常出现混晶，有时 7 级晶粒占 70%，其余为 3~4 级粗大晶粒，有时奥氏体晶粒异常长大到 1~2 级。图 2-37 为 34CrNi₃MoV 钢锻件的混晶组织，可见既有粗大晶粒又有细晶粒。

拓展阅读

图 2-37   34CrNi₃MoV 钢的混晶组织

2.6.3 控制粗大奥氏体组织遗传的方法

调质处理之前,如果钢的原始组织为非平衡组织,如马氏体、回火马氏体、贝氏体、回火托氏体、魏氏组织等。这些组织中尚保留着明显的方向性,则容易出现组织遗传。合金化程度越高,加热速度越快,越容易出现组织遗传性。

2.6.3.1 组织遗传性的因素

A 原始组织的影响

原始组织是影响组织遗传的重要因素。同一种钢原始组织为贝氏体时比马氏体的遗传性强。原始组织为魏氏组织时也容易出现组织遗传。原始组织为铁素体-珠光体组织时,一般不发生组织遗传现象。对于原始组织为非平衡组织的合金钢,组织遗传是一个普遍的现象。

B 加热速度的影响

合金钢以非平衡组织加热时,采用慢速加热或者快速加热均容易出现组织遗传。只有采用中等速度加热时才有可能不发生组织遗传。加热速度可以试验确定,但在实际生产中由于炉型不同、钢件厚度不等,控制加热速度较为困难。

2.6.3.2 控制组织遗传的措施

一般情况下,导致粗大奥氏体晶粒遗传的主要因素是针形奥氏体的形成及其合并长大。在生产中可以采用以下措施加以控制。

(1) 采用退火或高温回火,消除非平衡组织,实现 α 相的再结晶,获得细小的碳化物颗粒和铁素体的整合组织,使针形奥氏体失去形成条件,可以避免组织遗传。采用等温退火比普通连续冷却退火好;采用高温回火时,多次回火为好,以便获得较为平衡的回火索氏体组织。

(2) 对于铁素体-珠光体组织的低合金钢,组织遗传倾向较小,可以正火校正过热组织,必要时采用多次正火,细化晶粒。

复习思考题

2-1 简述奥氏体的组织特征。

2-2 简述奥氏体的亚结构特点。

2-3 试计算含碳量 0.2% (质量分数) 的均匀奥氏体中,平均几个晶胞有 1 个碳原子?

2-4 钢加热时奥氏体的形核地点有哪些?

2-5 奥氏体化过程中能使奥氏体成分均匀吗?为什么?

2-6 试说明临界点 A_1、A_3、A_{cm} 与加热、冷却过程中的临界点之间有何关系?

2-7 何谓晶粒?晶粒为什么会长大?细化奥氏体晶粒的措施有哪些?

2-8 奥氏体晶粒异常长大的原因是什么?为什么会出现混晶?如何控制?

2-9 以共析钢为例,简述钢加热时奥氏体形成的基本过程。

2-10 共析钢的奥氏体形成过程中为什么铁素体先消失,渗碳体最后溶解完毕?

2-11 控制组织遗传的方法有哪些?

2-12 解释名词:奥氏体、混晶、组织遗传、相变孪晶。

珠光体与共析分解

数字资源

本章导读：学习本章主要掌握珠光体和共析分解的概念，珠光体的组织形貌、结构特征；熟悉珠光体转变形核、长大机制，粒状珠光体的形成机理；了解共析分解热力学；掌握共析分解动力学特征以及影响因素，退火用 TTT 图的应用；弄清钢中"相间沉淀"的本质；掌握珠光体的力学性能的本质及其变化规律。

过冷奥氏体冷却到 A_{r_1} 温度将发生珠光体分解，转变为珠光体组织。早在 1864 年，索拜（Sorby）首先在碳素钢中观察到这种转变产物，并建议称："珠光的组成物"（Pearly Constituent）。后来，定名为珠光体（Pearlite）。20 世纪上半叶对珠光体转变进行了大量的研究工作，但在下半叶研究不够活跃。实际上，共析转变的某些问题尚未真正搞清，如领先相问题，碳化物形态的变化规律，共析分解规律的演化等。在 20 世纪 60~80 年代，主要在马氏体和贝氏体相变等方面集中进行研究，而珠光体转变理论的研究缺乏迫切性；珠光体钢应用也有限，故研究受到冷落。80 年代以后，珠光体相变的研究又引起人们的兴趣，主要是由于珠光体钢和珠光体组织的应用有了新的发展，如重轨钢的索氏体组织及在线强化，非调质钢取代调质钢，高强度冷拔钢丝的研究开发等，这一切使共析转变的研究有了新的进展。

3.1 珠光体的定义和组织形貌

3.1.1 珠光体的定义

以往的文献资料中称珠光体为"铁素体与渗碳体的机械混合物"。此概念不正确：首先，由铁素体+渗碳体构成的组织不一定全部是珠光体，比如碳素钢中的上贝氏体也可以由铁素体与渗碳体两相组成。第二，珠光体组织不是机械的混合物，而是一个整合系统，并非混合系统。第三，钢中的珠光体是过冷奥氏体的共析分解产物，其相组成物是共析铁素体和共析渗碳体（或碳化物），是铁素体与碳化物以相界面有机结合，有序配合的。平衡状态下，铁素体及碳化物两相是成一定比例的，并有一定相对量。此外，两相以界面相结合，各相之间存在一定的位向关系，如珠光体中的铁素体与渗碳体之间存在 Bagayatski 关系：

$$(001)_{Fe_3C} // (211)_\alpha$$

$$[100]_{Fe_3C} // [01\bar{1}]_\alpha$$

$$[010]_{Fe_3C} // [1\bar{1}\bar{1}]_\alpha$$

总之，钢中的珠光体是共析铁素体和共析渗碳体（或碳化物）有机结合的整合组织。珠光体转变的定义为：过冷奥氏体在 A_{r_1} 温度同时析出铁素体和渗碳体或合金碳化物两相构成珠光体组织的扩散型一级相变，称为珠光体转变。

3.1.2 珠光体的组织形貌

在钢中，组成珠光体的相有铁素体、渗碳体、合金渗碳体以及各类合金碳化物，各相的形态与分布形形色色。珠光体的组织形貌有片状、细片状、极细片状的，点状、粒状、球状的，以及渗碳体不规则形态的类珠光体。此外，所谓"相间沉淀"也是珠光体的一种组织形态。

片状珠光体中，相邻两片渗碳体（或铁素体）中心之间的距离称为珠光体的片间距。按照片间距不同，片状珠光体可以分成珠光体、索氏体、托氏体三种。在光学显微镜下能够明显分辨出片层，片间距大于 150nm 的珠光体组织，称为珠光体；在光学显微镜下难以分辨片层，片间距为 80~150nm 的珠光体组织，称为索氏体；在更低温度下形成的片间距为 30~80nm 的珠光体，称托氏体（以往称屈氏体），只有在电子显微镜下才能观察到其片层结构。图 3-1 为片状珠光体组织。

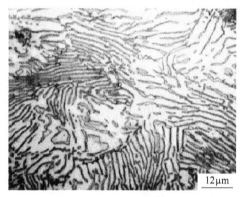

拓展阅读

图 3-1　片状珠光体的组织形貌（SEM）

温度是影响珠光体片间距大小的主要因素之一。随着冷却速度增加，奥氏体转变温度降低，也即过冷度不断增大，转变形成的珠光体片间距不断减小。原因是：（1）转变温度越低，碳原子扩散速度越小；（2）过冷度越大，形核率越高。这两个因素与温度的关系都是非线性的，所以珠光体的片间距与温度的关系也应当是非线性的。自然界大量存在的相互作用是非线性的，线性作用只不过是非线性作用在一定条件下的近似。

珠光体是钢中最重要的组织之一。在共析或过共析钢中，渗碳体的体积分数超过12%。从某种意义上说，珠光体是一种天然的超微细复合组织。如果能使其渗碳体片细化后再迅速球化，并控制其长大倾向，那么利用渗碳体颗粒对铁素体晶粒长大的抑制作用来获得超细晶粒组织是完全可能的，这对实现钢铁组织的超微细化是很有意义的。此外，研究表明，珠光体钢经过室温大应变拉拔变形后，其强度可达 5700MPa，是现今世界强度最高的结构材料之一。因此，片层结构的珠光体钢丝拉拔变形过程中的微观组织结构成为研究的热点。

　　当共析渗碳体（或碳化物）以颗粒状存在于铁素体基体时，称为粒状珠光体。图3-2 为 GrC15 钢粒状珠光体组织。粒状珠光体组织中碳化物颗粒大小不等，一般为数百纳米 到数千纳米。粒状珠光体较片状珠光体韧性好，硬度低，且淬火加热时不容易过热，是淬 火前良好的预备组织。

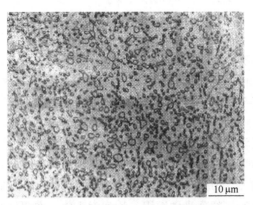

拓展阅读

图 3-2　GrC15 钢粒状珠光体组织（OM）

　　类珠光体也是共析分解产物，是共析铁素体和碳化物的整合组织。当转变温度较低， 或奥氏体成分不够均匀时，碳化物不能以整齐的片层状长大，杂乱曲折地分布于铁素体的 基体上，即为类珠光体。图3-3 为类珠光体的照片。可以看出，碳化物的形貌不规则，呈 弯折片状、颗粒状、短棒状，杂乱地分布在铁素体基体上。

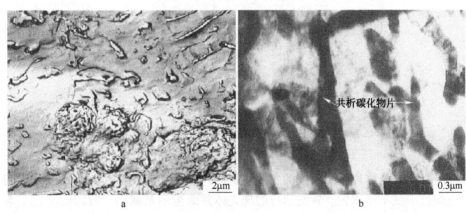

共析碳化物片

a 　　　　　　　　　　　　　　 b

图 3-3　X45CrNiMo4 钢的类珠光体组织（TEM）

a—二次复型；b—薄膜

　　图 3-4 为极细珠光体的各类电镜照片，可见，图3-4a、d 是片状珠光体，图 3-4b 中的 碳化物呈短棒状或断续片状，图 3-4c 中的碳化物呈颗粒状。

　　此外，有色金属及合金中也有共析分解，形成与钢中珠光体类似的组织。如铜合金、 Cu-Al、Cu-Sn、Cu-Be 系中均存在共析转变。对于铜-铝合金，如图 3-5a 所示，在富铜端， 于565℃存在一个共析转变。合金中的 α 相是以铜为基的固溶体，β 相是以电子化合物 Cu_3Al 为基的固溶体，含 11.8%Al 的铜合金在 565℃发生的共析反应为：

$$\beta_{(11.8)} \Longrightarrow \alpha_{(9.4)} + \gamma_{2(15.6)}$$

β 相具有体心立方结构，γ_2 相为面心立方结构。图 3-5b 为 Cu-11.8%Al 合金于 800℃固溶处理后炉冷得到的共析组织，共析组织中的白色基体为 α 固溶体，黑色片状或颗粒状的为 Cu-Al 合金的 γ_2 相，共析体的组织形态呈现片状和粒状，很像钢中的珠光体。实际上 γ_2 相的形状为棒状，在照片上的粒状为其横断面，片状为纵断面。

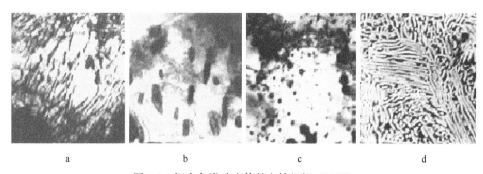

图 3-4　钢中各类珠光体的电镜组织（TEM）

a—托氏体（TEM）；b—渗碳体断续分布（TEM）；c—VC 呈颗粒状（TEM）；d—索氏体（SEM）

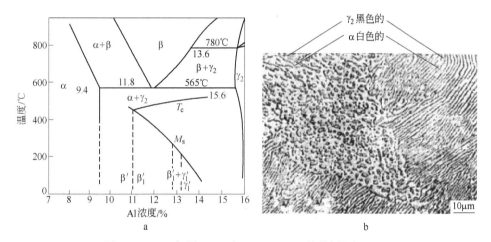

图 3-5　Cu-Al 相图（a）和 Cu-11.8%Al 的共析组织（b）

3.1.3　珠光体表面浮凸

以往认为珠光体转变不存在表面浮凸现象。2008 年刘宗昌等应用扫描电镜和扫描隧道显微镜研究共析钢过冷奥氏体在试样表面转变的情况时，发现表面珠光体、铁素体等产物存在表面浮凸现象。珠光体表面浮凸的发现具有重要理论价值。

将 T8 钢在真空热处理炉中加热到 1050℃奥氏体化，保温后炉冷。对光亮的真空退火后的试样，不进行任何处理，即不经硝酸酒精浸蚀，随即用扫描电镜直接进行观察，结果发现具有珠光体组织形貌的表面浮凸，如图 3-6 所示。可见，试样表面白亮的片条是渗碳体的凸起，灰暗色片条为铁素体片，晶界灰暗色的为先共析铁素体。

将真空热处理后的试样，再直接用扫描隧道显微镜观测，发现试样表面存在浮凸，其形貌与片状珠光体组织一致，接着测定了浮凸的尺度，如图 3-7 所示。图 3-7a 是片状珠光体的表面浮凸形貌，图 3-7b 是对应的图 3-7a 中的箭头所指位置处珠光体浮凸的高度剖面线。

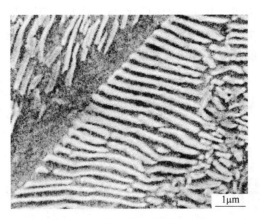

图 3-6　T8 钢片状珠光体表面浮凸（SEM）

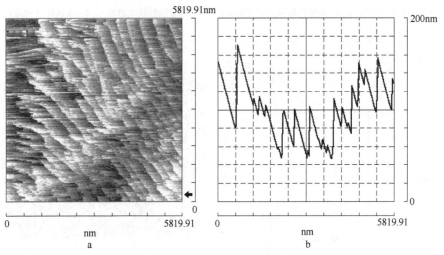

图 3-7　片状珠光体表面浮凸

a—STM 浮雕图像；b—图 a 中箭头所指位置的高度剖面线

研究表明珠光体表面浮凸是由各相比体积差引起的。过冷奥氏体的各类相变均为一级相变，即 $\left(\dfrac{\partial \mu^{\alpha}}{\partial p}\right)_T \neq \left(\dfrac{\partial \mu^{\beta}}{\partial p}\right)_T$，所以 $V^{\alpha} \neq V^{\beta}$，即新相和旧相体积不等。对于过冷奥氏体转变为马氏体、贝氏体、珠光体，体积都是膨胀的。过冷奥氏体在试样表面发生相变与在其内部转变具有不同的相变环境。因此，试样表面的奥氏体相变膨胀时，与试样内部不同，内部的奥氏体转变为珠光体时，相变膨胀受到三向压应力；而试样表面层的奥氏体转变时，试样表面上的两个方向，即 x、y 方向，新相长大受到 x 和 y 两个方向和 $-z$ 方向的压力或阻力，而垂直于表面的 $+z$ 方向上，可向空中自由膨胀，如图 3-8a 所示。从而，在表面层的奥氏体转变时，必然产生不均匀的体积膨胀。如果应变 $\varepsilon_x = 0$，$\varepsilon_y = 0$，则体积膨胀造成的应变将集中在 z 向，即 $\varepsilon_z > 0$，造成表面鼓起，即浮凸，如图 3-8b 所示。

应当指出，渗碳体片的膨胀凸起不是孤立的，它与两侧的铁素体片相连接，由于比体积不同，膨胀不协调，必然相互拉压而产生应变。形成复杂的表面畸变应力，从而引起表面畸变。各相之间的拉应力阻碍向表面的凸起，使得产生凸起部分和未凸起或凸起小的部分之间存在过渡区，由未凸起或凸起小的部分向凸起的峰值渐变，在高度剖面线上出现"山坡"，这样，渗碳体片应变而变成∧形，而铁素体应变成"∨"形，这就是珠光体浮凸高度剖面线上曲线峰形状的来源，如图3-8c所示。

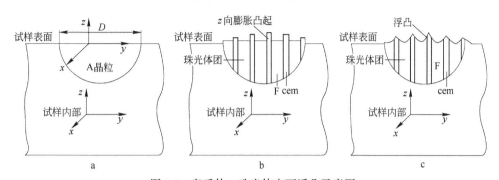

图3-8 奥氏体→珠光体表面浮凸示意图

a—直径为 D 的奥氏体晶粒被切于试样表面；b—一个珠光体团中渗碳体片和铁素体片
向 z 方向膨胀凸起分析图；c—珠光体组织浮凸形貌形成示意图

综上所述：

（1）实验发现，过冷奥氏体转变为片状珠光体时存在表面浮凸效应，试样表面浮雕形貌与片状珠光体形貌一致。

（2）共析分解时，铁素体的体积膨胀比渗碳体小，因此渗碳体片凸起较高，浮凸的宽度与珠光体片间距一致。以铁素体为谷底，浮凸峰高度不等，一般为数十纳米，最高可达90nm。浮凸呈"∧"型。

（3）珠光体表面浮凸的成因是：当奥氏体转变为珠光体（$F+Fe_3C$）时，渗碳体和铁素体均比奥氏体的比体积大，体积膨胀。试样表面层的奥氏体转变为片状珠光体时，在垂直于表面的方向，膨胀的自由度较大，膨胀不均匀，因而产生浮雕，即形成表面浮凸效应。

3.1.4 珠光体组织形貌的多样性与复杂性

相变过程是自组织的。将钢加热奥氏体化后，得到一定成分的奥氏体。当满足自组织条件（如环境、温度等）时，奥氏体系统进行自组织转变。如碳素钢，在高温区，由fcc结构的奥氏体改组为bcc结构的铁素体与正交晶系复杂结构的渗碳体的整合组织；在中温区，转变为贝氏体组织；在 M_s 点以下，fcc 的奥氏体转变为bcc、bct、hcp结构的马氏体。不同条件下，奥氏体会调动铁原子、碳原子或合金元素原子进行不同方式的位移，发生不同类型的固态相变。无论是扩散相变或无扩散相变，同一种固态相变，依据不同的外部条件和内在因素，系统会以自组织功能形成各种组织结构，具有各种形貌。

片状与粒状珠光体是常见的珠光体形貌，图3-9展示了少见的几种形貌。图3-9a中，照片的右边均为向同一方向排列的短棒状；图3-9b呈树林状，好像不同粗细的树干从地面上长出一样；图3-9c呈丛针状，就像从地面上长出来的丛针叶状的草。还有许多形形色色的形貌，不再赘述。

综上所述，奥氏体过冷到 A_1 以下共析分解为铁素体和碳化物，形成各种形貌的珠光体，是奥氏体系统自组织的结果。珠光体有片状、粒状、针状、柱状、棒状、类珠光体以

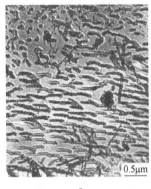

图 3-9　H13 钢的珠光体组织（TEM）

a—短棒状；b—树林状；c—丛针状

及"相间沉淀"等多种形貌，但其本质相同，共析分解机制相同，只是自组织过程和方式不同。系统根据不同的外部条件与内在因素，通过自组织，协调地分解为不同的组织形貌。譬如，在 A_1 稍下的较高温度，过冷奥氏体若为均匀的单相，必将分解为普通的片状珠光体；但是，若奥氏体中尚存剩余碳化物，或成分很不均匀，则可分解为粒状珠光体。若冷却速度稍快，则分解为细片状珠光体或点状珠光体；而在低碳含钒低合金钢中，奥氏体在冷却过程中则可分解为"相间沉淀"组织等。因此，所谓的片状珠光体、粒状珠光体是简化后的常见的典型形貌。

珠光体组织形貌的多样性、复杂性反映了自然事物自组织演化的复杂性、神奇性。

3.2　珠光体转变机理

3.2.1　珠光体转变热力学

过冷奥氏体在临界点 A_1 以下，将要发生珠光体的共析分解。由于珠光体分解温度较高，原子能够充分扩散，相变所需的自由能较小，因此，在较小的过冷度下就可以发生转变。

钢中奥氏体共析分解为铁素体和渗碳体，通过实验测得共析钢奥氏体转变为珠光体的热能，推导出各个温度下的珠光体与奥氏体的自由能之差，如图 3-10 所示。可见，自由能之差为负值时，过冷奥氏体分解为珠光体是自发的过程。

应用奥氏体、铁素体和渗碳体各相的自由能变化可以分析珠光体分解的温度条件和各相转化的途径。图 3-11 中有 3 条自由能曲线：α、γ、渗碳体 cem 三个相的自由能随成分变化的曲线，即 a 浓度的 α 相与 c 浓度的 γ 相结合的自由能曲线（公切线），a' 浓度的 α 相加 cem 相的自由能曲线，d 浓度的 γ 相加 cem 相的自由能曲线。可见，其中 a' 浓度的 α 相加 cem 相的自由能曲线（公切线）处于最低的位置，因此，铁素体+渗碳体是最终的转变产物。

从图 3-11 中可见，含碳量大于 c 的 γ 相，可以转变为 d 浓度的 γ 相加 cem 相，更可以转变为 a 浓度的 α 相加 cem 相。值得指出的是，具有共析成分的 γ 相，可以同时分解

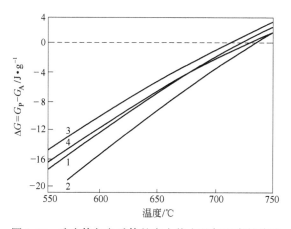

图 3-10 珠光体与奥氏体的自由能之差与温度的关系

1—碳素钢；2—1.9%Co 钢；3—1.8%Mn 钢；4—0.5%Mo 钢

为 α+γ、α+cem、γ+cem 三相共存。由于浓度接近平衡态的铁素体+渗碳体的整合组织的自由能最低，所以过冷奥氏体分解的产物就是铁素体+渗碳体两相组成的整合组织，即珠光体。

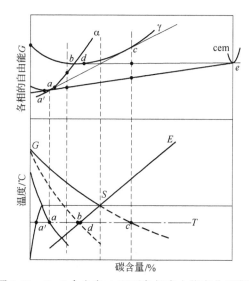

图 3-11　Fe-C 合金在 A_1 以下各相自由能变化示意图

3.2.2　珠光体的形核

3.2.2.1　以往的学说

许多文献中，在论述珠光体形成机理时，都要讲领先相问题，即："珠光体由两相组成，因此就有首先形成哪个相的晶核的问题，即领先相问题"。

以往关于领先相有各种说法：（1）一般认为渗碳体和铁素体均可成为相变的领先相。（2）过共析钢中通常以渗碳体为领先相，在亚共析钢中通常以铁素体为领先相。（3）在共析钢中两相都可以成为领先相；（4）过冷度小时，渗碳体是领先相；过冷度大时，铁素体是领先相。

说法不一，认识混乱。难道珠光体是由两相构成的就必然存在领先相吗？这些学说缺乏试验依据，是臆造，理论上不正确。

3.2.2.2　共析反应及珠光体的定义

过冷奥氏体远离平衡态，在 A_{r_1} 温度发生共析反应，如共析碳钢的珠光体共析反应式为：

$$A \longrightarrow P(F + Fe_3C)$$

珠光体（P）是过冷奥氏体共析分解的产物，由两相（F+Fe₃C）构成，是一个整体，作为一个反应的产物是同时同步生成的。因此，珠光体的定义为：钢中的珠光体是过冷奥氏体分解得到的共析铁素体和共析碳化物的整合组织。铁素体和渗碳体是有机结合、有序配合的，且有位向关系，在相对量上有一定比例关系。

3.2.2.3　贫碳区、富碳区及珠光体形核

过冷奥氏体中的贫碳区和富碳区是珠光体共析分解的一个必要条件。无论是高碳钢、中碳钢，还是低碳钢，在其奥氏体中本来就存在贫碳区和富碳区。碳原子在奥氏体中的分布是不均匀的，奥氏体均匀化是相对均匀，不均匀是绝对的。用统计理论进行计算的结果表明，在含 0.85%C 的奥氏体中可能存在大量的比平均碳浓度高 8 倍的微区，相当于渗碳体的含碳量了。这说明奥氏体中存在富碳区，相对地应当有贫碳区。又如，当加热速度从 50℃/s 到 230℃/s 对亚共析钢 40 钢进行奥氏体化时，奥氏体中存在高达 1.4%~1.7%C 的富碳区，相对地必然存在低于平均含碳量的贫碳区。

按照系统科学的自组织理论，系统远离平衡态，必出现随机涨落，奥氏体中必将出现贫碳区和富碳区的涨落。加上随机出现的结构涨落、能量涨落，一旦满足形核条件时，则在贫碳区建构铁素体的同时，在富碳区也建构渗碳体（或碳化物），两者是同时同步，共析共生，非线性相互作用，互为因果，形成一个珠光体的晶核（F+Fe₃C）。这种演化机制属于放大型的因果正反馈作用，它使微小的随机涨落经过连续的相互作用逐级增强，而使原系统（奥氏体）瓦解，形成一个珠光体的晶核（F+Fe₃C）。

按照固态相变的一般规律，奥氏体晶界上是珠光体优先形核的地点，因为奥氏体晶界能量高，碳原子偏聚多，扩散速度快，原子排列不规则。因此这些地方的能量涨落、浓度涨落、结构涨落是形核的有利条件。珠光体的晶核可以由一片铁素体和一片碳化物相间组成，也可能是几片铁素体和几片碳化物相间组成。只要大于其临界晶核尺寸，均可能长大为一个珠光体领域（或称珠光体团）。图 3-12 为片层状珠光体在晶界形核长大的情形，图中箭头示出晶界、珠光体团，其中 a、b 也表示了珠光体在晶界形核。

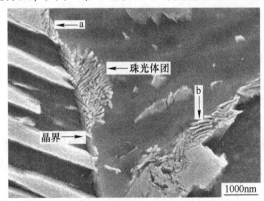

图 3-12　35CrMo 钢奥氏体晶界处形成珠光体晶核并长大（SEM）

珠光体形核与长大的示意图如图 3-13 所示。图 3-13a 为在奥氏体晶界上由于涨落而形成的贫碳区和富碳区。图 3-13b 为在贫碳区和富碳区中分别形成铁素体与碳化物，两者共析共生，长大为珠光体团。图 3-13c 中，珠光体晶核形成后，铁素体片和 Fe_3C 片将同时长大，其周围奥氏体中碳浓度必然发生变化：铁素体旁侧的奥氏体中，碳原子逐渐增加，不断富碳，有利于渗碳体的再形成；而渗碳体旁侧的奥氏体中，碳原子不断贫化，有利于铁素体的再形成。这样轮流出现，珠光体核不断长大，如图 3-13c～e 所示，逐渐形成一个珠光体领域。图 3-13e 是 42MnV 钢的珠光体晶核在奥氏体晶界形成并向一侧奥氏体晶内长大形成一个珠光体领域。

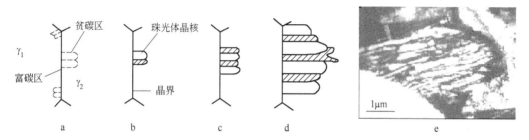

图 3-13 珠光体晶核 （F+Fe_3C） 的形成及长大示意图

a—在晶界处出现随机成分涨落；b—形成珠光体晶核 （F+Fe_3C）；

c，d—晶核长大，形成珠光体团；e—晶核在晶界形成并长大成珠光体团的 TEM 像

在以往的教科书中，珠光体的形核、长大往往以渗碳体为领先相，在两个奥氏体晶粒的界面上形成一个渗碳体晶核，然后在其旁侧由于贫碳再生成铁素体晶核，如图 3-14 所示。

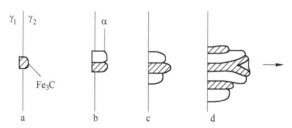

图 3-14 以往以渗碳体为领先相的形核、长大示意图

a—渗碳体在晶界形核；b—铁素体在 Fe_3C 一侧形核；c—重复形核、长大；d—分支长大

比较图 3-13 与图 3-14 可知，两者的形核机制有原则上的区别。图 3-14a 为在晶界上形成领先相渗碳体的"晶核"，需要指出的是，它不是珠光体的晶核，因珠光体的晶核必由两相组成，即 （F+Fe_3C）。晶界上形成一个渗碳体晶体不能说成是珠光体的晶核，理论上也不正确。

碳是内吸附元素，当奥氏体中的固溶碳含量增加时，奥氏体晶界处也将吸附较高的碳含量，这必将推迟贫碳区的形成，从而延缓珠光体的形核。因此，奥氏体中的碳含量增加时，过冷奥氏体分解为珠光体的孕育期延长，转变开始线右移，即奥氏体趋于稳定化。此外，若奥氏体中存在杂质颗粒时，则杂质相与奥氏体的相界面也可以作为珠光体的优先形核地点。

3.2.3 珠光体转变中的位向关系

研究观察指出，珠光体晶核在奥氏体晶界形成时，奥氏体与渗碳体之间、铁素体与奥氏体之间、铁素体与渗碳体之间均存在晶体学位向关系。表明珠光体形成时选择最省能的位向形核并长大，以减少应变能。

珠光体中的渗碳体与两个奥氏体晶粒 γ_1、γ_2 中的一个（譬如 γ_1）保持一定的晶体学位向关系，即：

$$(1\,0\,0)_{Fe_3C} // (1\,\bar{1}\,1)_{\gamma 1}$$

$$(0\,1\,0)_{Fe_3C} // (1\,1\,0)_{\gamma 1}$$

$$(1\,0\,1)_{Fe_3C} // (\bar{1}\,1\,2)_{\gamma 1}$$

珠光体中的铁素体与 γ_2 保持 K-S 关系：

$$(1\,1\,0)_{\alpha} // (1\,1\,1)_{\gamma}$$

$$[1\,\bar{1}\,1]_{\alpha} // [0\,\bar{1}\,1]_{\gamma}$$

在珠光体中，铁素体和渗碳体之间也有晶体学取向关系，一种是 Pitsch-Petch 关系：

$$(0\,0\,1)_{Fe_3C} // (5\,\bar{2}\,\bar{1})_{\alpha}$$

$$[1\,0\,0]_{Fe_3C} (2°\sim3°) // [1\,3\,\bar{1}]_{\alpha}$$

$$[0\,1\,0]_{Fe_3C} (2°\sim3°) // [1\,1\,3]_{\alpha}$$

另一种是 Bagayatski 关系：

$$(0\,0\,1)_{Fe_3C} // (2\,1\,1)_{\alpha}$$

$$[1\,0\,0]_{Fe_3C} // [0\,\bar{1}\,1]_{\alpha}$$

$$[0\,1\,0]_{Fe_3C} // [1\,\bar{1}\,\bar{1}]_{\alpha}$$

3.2.4 珠光体晶核的长大

3.2.4.1 端向长大

经典的长大理论认为：珠光体晶核的端向长大过程有赖于碳原子从铁素体片前的富碳奥氏体区向渗碳体前沿的贫碳奥氏体中扩散，铁素体片前沿的含碳量降低，有利于铁素体片长大；增碳的奥氏体则促使渗碳体片长大。这样，通过体扩散，实现珠光体领域的端向长大，如图 3-15 所示，在珠光体晶核长大前沿的奥氏体中，存在碳浓度梯度，表示进行了体扩散。

珠光体领域的端向长大依靠铁素体和渗碳体的协同长大进行，铁素体片与渗碳体片共析共生，两者互为因果，非线性作用，重复进行，迅速沿着晶界展宽，使珠光体领域长大。

Sundquist 指出，共析成分的碳素钢中珠光体的实测长大速度很快，约为 $50\mu m/s$，而按体扩散计算所得的铁素体片长大速度为 $0.16\mu m/s$，渗碳体片为 $0.064\mu m/s$，远小于珠光体长大的实测值，两者相差 $2\sim3$ 个数量级。这可能与铁素体与渗碳体的非线性相互作用有关，主要是通过界面扩散进行，而界面扩散速度要比体扩散快得多。因此，认为珠光

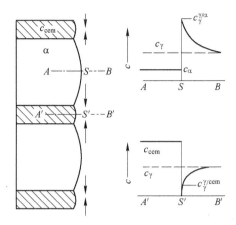

图 3-15 珠光体端向长大

体的长大主要是通过界面扩散进行的。以界面扩散为主导，则以溶质原子的界面扩散系数 D_b 代替体扩散系数 D_c^γ，此时，珠光体领域的长大速度写为：

$$v = kD_b(\Delta T)^2 \tag{3-1}$$

式中，k 为比例系数；ΔT 为过冷度。

3.2.4.2 台阶机制长大

台阶长大是珠光体转变机制研究在 20 世纪末的一个新进展。试验研究认为共析铁素体和共析渗碳体两相与母相奥氏体的相界面是由连续的长大台阶所耦合，两相依靠台阶长大共析共生、协同生长。图 3-16a 为一个珠光体晶核侧向长大和端向长大的示意图，图中的小箭头表示碳原子沿着 F/A 相界面的扩散方向。图 3-16b 表示铁素体和渗碳体两相的界面位置。铁素体长大时，排出碳原子，使 F/A 相界面处碳原子浓度增加，其"邻居"即渗碳体的长大正需要消耗碳原子，使 C/A 相界面处的碳原子浓度降低，此时在化学势作用下，碳原子迅速沿着相界面扩散到渗碳体前沿，协助渗碳体长大；而铁素体前沿的碳原子浓度降低则有利于铁素体的长大。铁素体长大需要铁原子的供应，渗碳体长大排出的铁原子则沿着相界面扩散到铁素体前沿，促进铁素体长大。这就是两相协同竞相长大机制。如果界面存在台阶，则促进协同长大过程。

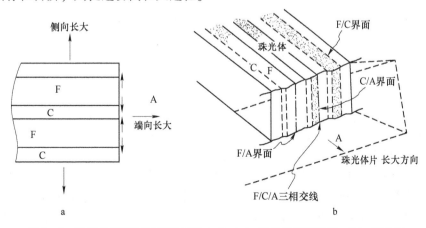

图 3-16 珠光体转变时碳原子扩散方向（a）和各相界面位置（b）示意图

根据珠光体长大的经典理论，F/A、C/A 相界面的端刃部应当具有非共格结构。但是，根据测定的位向关系，这两个相界面应具有半共格结构，否则珠光体的两个组成相与母相之间不会有任何晶体学取向关系，而实验测定结果表明存在晶体学取向关系。这就说明，经典的珠光体长大理论不够完善。许多实验结果表明，晶界、孪晶界可使珠光体长大停止或改变长大方向，晶界阻碍珠光体领域的发展，这表明以相界面非共格无序的长大机制不够正确。

S. A. Hackney 用高分辨率透射电子显微镜研究了 Fe-0.8C-12Mn 合金的珠光体转变，观察了 F/A、C/A 界面的结构及界面形成过程。发现在界面上存在平直的相界面、错配位错及台阶缺陷，台阶高度为 4~8nm，且台阶是可动的。认为珠光体长大时，界面迁移依赖台阶的横向运动。台阶模型如图 3-17 所示。图 3-17a 表示一组平行长大的台阶从右向左运动。长大台阶将不断通过 ABCD 平面，使 F/C 界面移动到 A'B'C'D' 上，如图 3-17c 所示。如果在长大过程中出现一个小干扰，将会在 "O" 点形成阶梯。连续形成阶梯，将使F/C 界面的形貌有明显的片层弯曲的痕迹，如图 3-17d 所示。

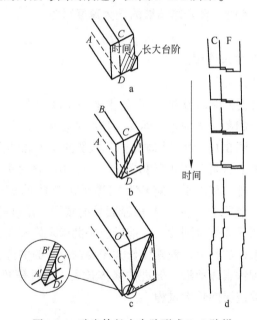

图 3-17　珠光体长大台阶形成 F/C 阶梯

3.2.5　魏氏组织的本质及形成机理

魏氏组织实际上是一种先共析转变的组织。亚共析钢的魏氏组织是先共析铁素体在奥氏体晶界形核呈方向性片状长大，即沿着母相奥氏体的 $\{111\}_\gamma$ 晶面（惯习面）析出。一般为过热组织，是过热的奥氏体组织在中温区的上部区转变为向晶内生长的条片状的铁素体和极细的片状珠光体（托氏体）的整合组织。

亚共析钢的魏氏组织铁素体（WF）是钢在较高温度下形成的一种片状产物。通常，WF 在等轴铁素体形成温度之下、贝氏体形成温度以上，当奥氏体晶粒较大，以较快速度冷却时形成的。如图 3-18 所示，45 钢经 1100℃加热，奥氏体晶粒长大，然后空冷，得到魏氏组织。可见，首先沿着原奥氏体晶界析出网状铁素体，然后析出片状铁素体向奥氏体晶内沿某一界面平行地长大，其余黑色区域为托氏体组织。

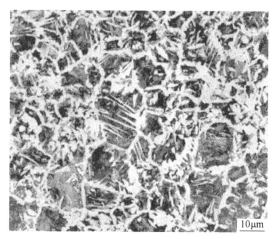

图 3-18　45 钢的魏氏组织（OM）

在过共析钢中，也存在魏氏组织，先共析渗碳体以针状和条片状析出，实际生产中比较少见。图 3-19 为含有 0.69%C、0.90%Mn 钢轨钢的魏氏组织，可见，首先在奥氏体晶界上析出渗碳体，然后从晶界渗碳体上再次形成渗碳体晶核，然后沿着有利的晶面向晶界一侧或两侧以片状渗碳体的形式向晶内长大。当冷却到 A_1 以下时，剩余的奥氏体则转变为片状珠光体组织。

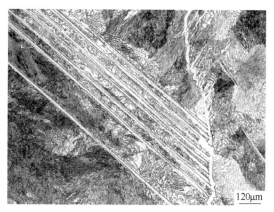

图 3-19　0.69%C、0.90%Mn 钢的魏氏组织（OM）

WF 形成温度较高，存在明显的碳原子扩散，符合扩散形核长大规律。WF 形成时也具有表面浮凸现象。魏氏组织新旧相具有晶体学关系（K-S 关系）。

魏氏组织的相变机制存在分歧，存在切变说和台阶-扩散之说。实际上魏氏组织是共析分解的产物。它兼有先共析转变和共析分解的特征，即为先共析铁素体+珠光体转变或先共析渗碳体+珠光体转变，是扩散性相变。

3.3　钢中粒状珠光体的形成

粒状珠光体在力学性能和工艺性能方面都有一定优越性，因此希望碳化物不是以片状而是以颗粒状存在，即得到粒状珠光体组织。

获得粒状珠光体组织的途径有两个：一是加热转变不充分，过冷奥氏体缓冷而得到；另一个是片状珠光体的低温退火球化而获得。

3.3.1　特定条件下过冷奥氏体的分解

若使过冷奥氏体分解为粒状珠光体，需要特定的加热和特定的冷却条件。首先将钢进行特定的奥氏体化，即奥氏体化温度降低，保温时间较短，加热转变没有充分完成，在奥氏体中尚存在许多未溶的剩余碳化物，或者奥氏体成分很不均匀，存在许多微小的富碳区。这些未溶的剩余碳化物将是过冷奥氏体分解时的非自发核心。在富碳区易于形成碳化物。这些为珠光体形核创造了有利条件。

其次，需要特定的冷却条件，即过冷奥氏体分解的温度要高。在 A_1 稍下，较小的过冷度下等温，即等温转变温度高，等温时间要足够长，或者冷却速度极慢。

满足上述两个特定条件，就可以获得粒状珠光体组织。在这种特定条件下，珠光体易于形核，以未溶的剩余碳化物为非自发核心，形成珠光体晶核（F+Fe₃C），其中渗碳体不是片状而是颗粒状，向四周长大，长大成颗粒状的碳化物。颗粒状的碳化物长大过程中其周围的铁素体也不断向奥氏体中生长。最后形成以铁素体为基体的，其上分布着颗粒状碳化物的粒状珠光体组织。

工业上，高碳工具钢的球化退火就采用这种方法和原理。

3.3.2　片状珠光体的低温退火

如果原始组织为片状珠光体，将其加热到 A_1 稍下的较高温度长时间保温，片状珠光体能够自发地变为颗粒状的珠光体。这是由于片状珠光体具有较高的表面能，转变为粒状珠光体后系统的能量（表面能）降低，是个自发的过程。

片状珠光体由渗碳体片和铁素体片构成。渗碳体片中有位错，形成亚晶界，铁素体与渗碳体的亚晶界接触处形成凹坑，在凹坑两侧的渗碳体与平面部分的渗碳体相比，具有较小的曲率半径，其周围铁素体中碳浓度较高，将引起碳在铁素体中扩散并以渗碳体的形式在附近平面渗碳体上析出，为了保持平衡，凹坑两侧的渗碳体尖角将逐渐被溶解，而使曲率半径增大。这样，破坏了此处的相界表面张力平衡，为了保持这一平衡，凹坑将因渗碳体继续溶解而加深。这样进行下去，渗碳体片将溶穿，溶断，然后再通过尖角溶解，平面处长大逐渐成为球状。

片状珠光体被加热到 A_{c_1} 以上时，在奥氏体形成过程中，尚未转变的片状渗碳体或网状渗碳体（或其他碳化物）也会按上述规律溶解、熔断，并聚集球化。

网状渗碳体在 $A_1 \sim A_{cm}$ 之间的两相区，不能溶入奥氏体中，但是，在加热保温过程中也能发生溶断和球化，使得连续的碳化物网断开。由于网状碳化物往往比片状珠光体中的渗碳体片粗，所以球化过程需时较长。生产中，GCr15 等轴承钢热轧后往往存在细渗碳体网，采用 800～820℃ 退火即可消除网状，不必加热到 A_{cm}（900℃）以上正火破网，即可实现球化，图 3-20 为退火球化得到的粒状珠光体组织。

粒状珠光体的组织形态也可以通过马氏体或贝氏体的高温回火来获得。马氏体和贝氏体在中温区回火得到回火托氏体组织，而高温区回火获得回火索氏体组织，进一步提高回

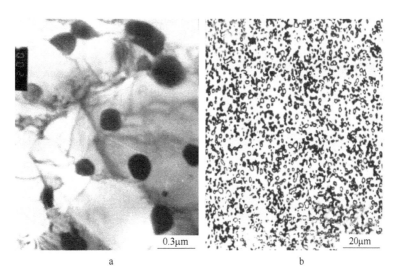

图 3-20　粒状珠光体

a—H13 钢球状珠光体（TEM）；b—轴承钢的粒状珠光体组织（OM）

火温度到 A_1 稍下保温，细小弥散的碳化物不断聚集粗化，最后可以得到较大颗粒状的碳化物，成为球状珠光体的组织形态。这在碳素钢中比较容易实现。

　　应当指出的是，许多合金结构钢、合金工具钢的淬火马氏体或贝氏体组织在高温回火时难以获得回火索氏体组织或粒状珠光体组织，因为基体 α 相再结晶十分困难。虽然回火时间较长，然而 α 相基体仍然保持着原来的条片状形貌，碳化物颗粒也很细小，这种组织形态仍然称为回火托氏体。如 718（瑞典钢号）塑料模具钢，淬火得到贝氏体组织，然后于 620℃回火 6h，仍然保持原来的条片状形貌，α 相没有再结晶，因此仍然称为回火托氏体组织，如图 3-21 所示。从图中仍然可以看到上贝氏体条片状铁素体形貌的痕迹。这类钢只有在更高的温度下回火更长的时间，使碳化物聚集长大成球状和颗粒状，铁素体再结晶，才能获得回火索氏体组织。

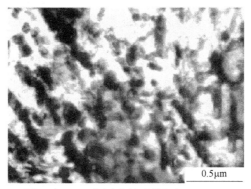

图 3-21　718 钢回火托氏体组织（TEM）

3.4　珠光体转变动力学

　　珠光体转变是通过形核-长大发生进行的。转变速度取决于形核率和线长大速度，因此，珠光体的等温形成过程也可以用 Johnson-Mehl 方程和 Avrami 方程来描述。本节将讨论过冷奥氏体转变的动力学曲线和动力学图。

3.4.1　珠光体形核率及长大速度

过冷奥氏体转变为珠光体的动力学参数，形核率（N）和长大速度（G）与转变温度的关系都具有极大值特征。图 3-22 为共析钢（0.78%C、0.63%Mn）的形核率 N、长大速度 G 与温度的关系图解。可见，形核率 N、长大速度 G 均随着过冷度的增加先增后减，在 550℃ 附近有极大值。

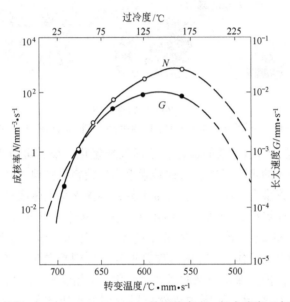

图 3-22　共析钢（0.78%C，0.63%Mn）的形核率 N、长大速度 G 与温度的关系

由于随着过冷度的增加，奥氏体和珠光体的自由能差增大，故使形核率 N、长大速度 G 增加。另外，随着过冷度的增加转变温度降低，将使奥氏体中的碳浓度梯度加大，珠光体片间距减小，扩散距离缩短，这些因素都促使形核率 N、长大速度 G 增加。随着过冷度的继续增大，分解温度越来越低，原子活动能力越来越小，因而转变速度逐渐变小。这样在形核率 N、长大速度 G 与温度的关系曲线上就出现了极大值。形核率 N 还与转变时间有关，随着时间的延长，晶界形核很快达到饱和故使形核率降低；长大速度 G 与等温时间无关。温度一定时，G 为定值。

3.4.2　过冷奥氏体等温转变动力学图

过冷奥氏体等温转变动力学图可以采用金相法、硬度法、膨胀法、磁性法和电阻法测定。现常用相变膨胀仪测定钢的临界点、等温转变动力学曲线和等温转变图。具体测定方法可参考有关手册。

图 3-23 为应用全自动相变膨胀仪测定的 P20（美国钢号）塑料模具钢的过冷奥氏体分解动力学曲线。图中绘出了不同等温温度下测定的转变量与时间的关系曲线，即动力学曲线。图中，每一条曲线都有转变开始时间——孕育期和转变终了时间。在转变量为

50%时，曲线的斜率最大，说明转变速度最快。这个动力学曲线比较复杂，它包括了珠光体分解和贝氏体转变，也测出来马氏体点，即 M_s 点。

如果将纵坐标换成转变温度，横坐标仍然为时间，将各个温度下的转变量、转变开始和转变终了的时间绘入图中，并且将各个温度下珠光体转变开始时间连接成一条曲线，转变终了时间连接成另一条曲线，即可得到珠光体转变动力学图，即 TTT 图（C 曲线）。它将转变温度、转变时间、转变量三者整合在一起。图 3-24 为 P20 钢的动力学曲线转换得到的 TTT 图，在高温区有珠光体转变 C 曲线，在中温区有贝氏体相变 C 曲线，在两条 C 曲线之间的温度区域是过冷奥氏体的亚稳区，一般称为"海湾区"。

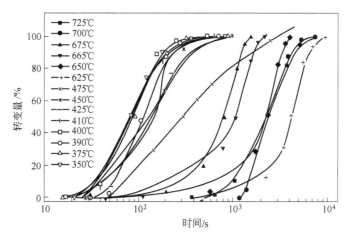

图 3-23 P20 钢的动力学曲线

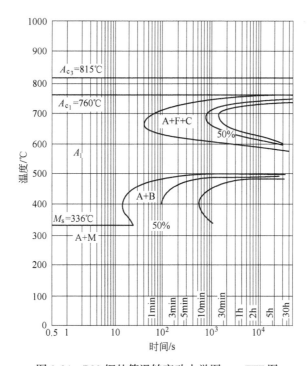

图 3-24 P20 钢的等温转变动力学图——TTT 图

　　碳素钢的 TTT 图较为简单，只有一条 C 曲线，共析分解和贝氏体相变在 550℃附近重叠、交叉，如共析碳素钢的动力学图，如图 3-25 所示。

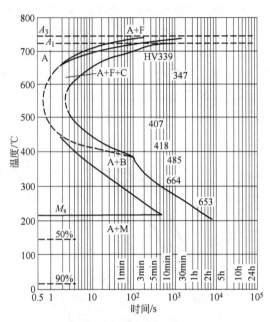

图 3-25 共析碳素钢的 TTT 图

从等温转变动力学图可以看出：

　　（1）珠光体（或贝氏体）形成初期有一个孕育期，它是指等温开始到发生转变的这段时间。

　　（2）等温温度从临界点 A_1 点逐渐降低时，相变的孕育期逐渐缩短，降低到某一温度时，孕育期最短，温度再降低，孕育期又逐渐变长。

　　（3）从整体上看，一般来说，随着时间的延长，转变速度逐渐变大，达到 50%的转变量时，转变速度最大，转变量超过 50%时，转变速度复又降低。

　　对于亚共析钢，在珠光体转变动力学图的左上方，有一条先共析铁素体的析出线，如碳素钢 45 钢的等温转变图，如图 3-26 所示。

　　对于过共析钢，如果奥氏体化温度在 A_{cm} 以上，则在珠光体转变动力学图的左上方，有一条先共析渗碳体的析出线，如 T11 钢的等温转变动力学图，如图 3-27 所示。

3.4.3 退火用 TTT 图

　　结构钢和工具钢的 TTT 图多提供为淬火使用，即测定 TTT 图时采用的奥氏体化温度较高，往往与零件的淬火温度相匹配。但是工模具钢在软化退火、球化退火时，奥氏体化温度较低，往往在 A_{c_1} 稍上的两相区加热，因此，这些动力学曲线不能作为软化退火的参数。为使工具钢轧锻材的退火工艺更加科学，达到有效软化的目的，需要测定其退火用 TTT 图。

　　图 3-28 是 H13 钢退火用 TTT 图。美国坩埚钢公司于 1850℉（1010℃）奥氏体化测得的 TTT 图如图 3-29 所示。从上述两图可见，在曲线形状上大体相似，但转变线的位置不

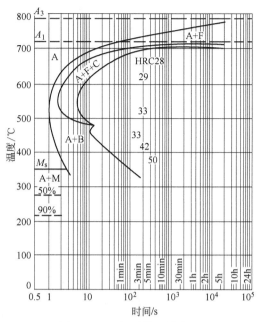

图 3-26　45 钢的等温转变图

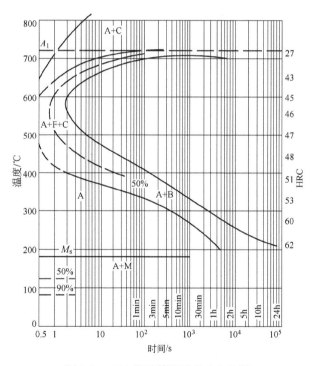

图 3-27　T11 钢的等温转变动力学图

同。于880℃奥氏体化所测的TTT图中，珠光体转变的"鼻子"温度约为750℃，珠光体转变的孕育期约为50s，转变终了时间约为4min。而1010℃奥氏体化测得的TTT图中珠光体转变线向右下方移动，"鼻子"温度降为715℃，珠光体转变的孕育期大为延长，约为20min，转变终了的时间更长，约为2.5h。贝氏体转变也被推迟了，而且看不见贝氏体转变终了线，原因是提高奥氏体化温度后，奥氏体中将溶解更多的碳含量，合金元素量也增加，从而使奥氏体稳定性增加，贝氏体相变被延迟。若用此 TTT 图来制订 H13 钢的等温退火工艺，无论加热温度和保温时间都不可取，那将使退火周期太长，硬度也不容易保证。

从退火用 TTT 图可见，铁素体-珠光体的转变终了线向左方移动，转变完成的时间缩短，因此可使退火工艺周期短，生产率高，在工程应用上有重要意义。

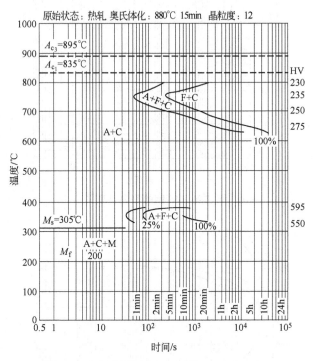

图 3-28　H13 钢退火用 TTT 图（A_T：880℃）

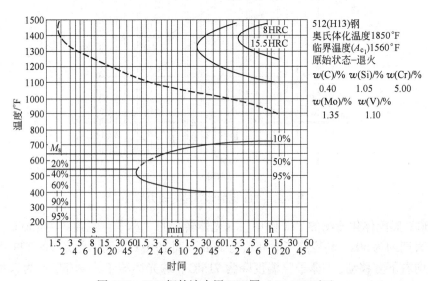

图 3-29　H13 钢的淬火用 TTT 图（$A_T = 1010$℃）

3.4.4 连续冷却转变动力学图——CCT 图

在实际生产中，大多数工艺是在连续冷却的情况下进行的。过冷奥氏体在连续冷却过程中发生各类相变。连续冷却转变既不同于等温转变，又与等温转变有密切的联系。连续冷却过程可以看成是无数个微小的等温过程。连续冷却转变就是在这些微小的等温过程中孕育、长大的。

连续冷却转变动力学图（即 CCT 图）与 TTT 图不同，图 3-30 为共析钢的 CCT 图与 TTT 图的比较。实线为 CCT 图，虚线为 TTT 图。主要区别在于：

（1）等温转变在整个转变温度范围内都能发生，只是孕育期有长短；但是连续冷却转变却有所谓不发生转变的温度范围，如图中转变中止线以下的 200~450℃。

（2）CCT 图比 TTT 图向右下方移动，说明连续冷却转变发生在更低的温度和需要更长的时间。

（3）共析碳素钢和过共析碳素钢在连续冷却转变中不出现贝氏体转变，只发生珠光体分解和贝氏体相变。

对于合金钢，在连续冷却转变中，一般有贝氏体转变发生，但是，由于贝氏体相变区与珠光体转变区往往分离。合金钢的 CCT 图更加复杂，但是 CCT 图总是位于其 TTT 图的右下方。

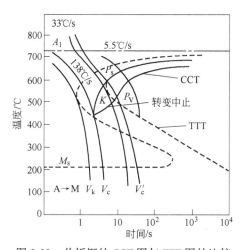

图 3-30 共析钢的 CCT 图与 TTT 图的比较

3.4.5 退火用 TTT 图、CCT 图在退火软化中的作用

研究表明，在 A_1 稍上加热，在 A_1 稍下等温，才能有效地软化。在 A_1 稍上奥氏体化，由于刚刚超过 A_{c_1}，碳化物溶解较少，溶入奥氏体中的碳及某些合金元素含量少，这样的奥氏体稳定性差，较易快速分解；同时，固溶体中碳化物形成元素少，固溶强化作用较小。在 A_1 稍下等温分解，过冷度小，形核率低，析出的碳化物颗粒数较少，而且，在此较高温度下，原子扩散速度快，容易聚集粗化，降低硬度。这些相变热力学和动力学因素对退火软化是有利的。

应用全自动相变膨胀仪可以测定退火用 TTT 图和 CCT 图，可以使退火温度与动力学曲线的奥氏体化温度相匹配，从而使轧锻材的退火软化工艺更加科学合理。如 H13 钢的淬火用 TTT 图是在 1010℃ 奥氏体化情况下测定的，如图 3-29 所示，它不能作为软化退火的工艺的指导参数。而新测定的退火用动力学图的奥氏体化温度为 880℃，如图 3-28 所示。而软化退火温度采用 860℃，工艺参数与 TTT 图正好相匹配。

拓展阅读

3.5　影响过冷奥氏体共析分解的内在机制

钢作为一个开放系统，其相变的发生取决于系统所处的内、外部条件。内在因素为过冷奥氏体的化学成分、组织结构状态，外部因素则包括加热温度、加热时间、冷却速度、应力及变形等。这里仅分析影响共析分解反应的内在因素。

3.5.1　奥氏体状态

奥氏体状态指奥氏体的晶粒度、成分不均匀性、晶界偏聚情况、剩余碳化物量等，这些因素会对奥氏体的共析分解产生重要影响。如在 $A_{c_1} \sim A_{c_{cm}}$ 之间加热时，存在剩余碳化物，成分也不均匀，具有促进珠光体形核及长大的作用，剩余碳化物颗粒可作为形核的非自发核心，因而使转变速度加快。

加热温度不同，奥氏体晶粒大小不等，则过冷奥氏体的稳定性不一样。细小的奥氏体晶粒，单位体积内的界面积大，珠光体形核位置多，也将促进珠光体转变。

奥氏体晶界上偏聚硼、稀土等元素时，将提高过冷奥氏体的稳定性，延缓珠光体的形核，使 C 曲线向右移，阻碍过冷奥氏体的共析分解。

3.5.2　奥氏体中固溶碳量的影响

只有将钢加热到奥氏体单相区，完全奥氏体化，奥氏体的碳含量才与钢中的碳含量相同。如果亚共析钢和过共析钢只加热到 A_1 稍上的两相区（$\alpha + \gamma$ 或 $\gamma + Fe_3C$），那么，其奥氏体的碳含量不等于钢中的碳含量，这样的奥氏体具有不同的分解动力学。

奥氏体中固溶的碳含量会影响奥氏体的共析分解。在亚共析钢中，随着碳含量的增高，先共析铁素体析出的孕育期增长，析出速度减慢，共析分解也变慢。这是由于在相同条件下，亚共析钢中碳含量增加时，先共析铁素体形核概率变小，铁素体长大所需扩散离去的碳量增大，因而，铁素体析出速度变慢，由此引发的珠光体形成速度也随之而减慢。

在过共析钢中，当奥氏体化温度为 $A_{c_{cm}}$ 以上时，碳元素完全溶入奥氏体中，这种情况下，碳含量越高，碳在奥氏体中的扩散系数增大，先共析渗碳体析出的孕育期缩短，析出速度增大。碳会降低铁原子的自扩散激活能，增大晶界铁原子的自扩散系数，则使珠光体形成的孕育期随之缩短，增加形成速度。

相对来说，对于共析碳素钢而言，完全奥氏体化后，过冷奥氏体的分解较慢，较为稳定。

3.5.3　合金元素的影响

合金元素溶入奥氏体中则形成合金奥氏体，随着合金元素数量和种类的增加，奥氏体变成了一个多组元构成的复杂的整合系统，合金元素对奥氏体分解行为以及铁素体和碳化物两相的形成均产生影响，并对共析分解过程从整体上产生影响。合金奥氏体共析分解而形成的珠光体是由合金铁素体和合金渗碳体（或特殊碳化物）两相构成的。从平衡状态来看，非碳化物形成元素（Ni、Cu、Si、Al、Co 等）与碳化物形成元素（Cr、W、Mo、V 等）在这两相中的分配是不同的。后者主要存在于碳化物中，而前者则主要分布在铁素体中。因此，为了完成珠光体转变，必定发生合金元素的重新分配。

3.5.3.1　对共析分解时碳化物形成的影响

奥氏体中含有 Nb、V、W、Mo、Ti 等强碳化物形成元素时，在奥氏体分解时，应形成特殊碳化物或合金渗碳体（Fe、M）$_3$C。过冷奥氏体共析分解将直接形成铁素体+特殊碳化物（或合金渗碳体）的有机结合体，而不是铁素体+渗碳体的共析体。这是由于铁素体+特殊碳化物构成的珠光体比铁素体+渗碳体构成的珠光体系统的自由能更低，更稳定。

钒钢中 VC 在 700~450℃ 范围生成，钨钢中 $Fe_{21}W_2C_6$ 在 700~590℃ 范围生成，钼钢中 $Fe_{21}Mo_2C_6$ 在 680~620℃ 范围生成，含中强碳化物形成元素铬的钢，当 Cr/C 比高时，共析分解时可直接生成特殊碳化物 Cr_7C_3 或 $Cr_{23}C_6$。当 Cr/C 比低时，可形成富铬的合金渗碳体，如 Cr/C = 2 时，在 650~600℃ 范围可直接生成含铬 8%~10%（质量分数）的合金渗碳体（Fe、Cr）$_3$C。含弱碳化物形成元素锰的钢中，珠光体转变时只直接形成富锰的合金渗碳体，其中锰含量可达钢中平均锰含量的 4 倍。

在碳钢中发生珠光体转变时，仅生成渗碳体，只需要碳原子的扩散和重新分布。在含有碳化物形成元素的钢中，共析分解生成含有特殊碳化物或合金渗碳体的珠光体组织。这不仅需要碳的扩散和重新分布，而且还需要碳化物形成元素在奥氏体中的扩散和重新分布。实验表明，间隙原子碳在奥氏体中的扩散激活能远小于代位原子钒、钨、钼、铬、锰的扩散激活能。在 650℃ 左右，碳在奥氏体中的扩散系数约为 10^{10} cm/s，而此时，碳化物形成元素在奥氏体中的扩散系数为 10^{-16} cm/s，后者比前者低 6 个数量级。由此可见，碳化物形成元素扩散慢是珠光体转变时的控制因素之一。含镍和钴的钢中只形成渗碳体，其中镍和钴的含量为钢中的平均含量，即渗碳体的形成不取决于镍和钴的扩散。含硅和铝的钢中，珠光体组织的渗碳体中不含硅或铝，即在形成渗碳体的区域，硅和铝原子必须扩散离去。这就是硅和铝提高过冷奥氏体稳定性的原因之一，也可以说明硅和铝在高碳钢中推迟珠光体转变的作用大于在低碳钢中的作用。

珠光体中碳化物形成的特点是：

（1）合金奥氏体转变为珠光体时，若该条件下的稳定相是特殊碳化物，则在转变初期就形成这种碳化物而不先形成渗碳体。

（2）若渗碳体稳定，则转变初期形成合金渗碳体，合金元素固溶于渗碳体中。

（3）若初期形成的是合金渗碳体，则随着保温时间的延长，亚稳相 Fe_3C 的量将逐渐减少，稳定的特殊碳化物会逐渐增多。

珠光体转变初期所形成的碳化物的结构，如表 3-1 所示。

3.5.3.2　对共析分解中 γ→α 转变的影响

过冷奥氏体的共析分解是扩散型相变，γ→α 转变是通过扩散方式进行的，其转变动力学曲线同样具有 C 曲线形状。铬、锰、镍强烈推迟 γ→α 转变，钨和硅也推迟 γ→α 转变。单独加入钼、钒、硅在低含量范围对 γ→α 转变无影响，而钴则加快 γ→α 转变。

表 3-1　奥氏体分解初期所形成的碳化物的类型

奥氏体中主要元素含量（质量分数）/%	分解温度/℃	碳化物类型
0.68C，0.65Mo	680~620 590 570~430	$(Fe, Mo)_{23}C_6$ $(Fe, Mo)_{23}C_6 + Fe_3C$ Fe_3C
0.4C，1.54W	650	$(Fe, W)_{23}C_6$
0.80C，1.86V	700~450	VC
0.33C，3.87Cr	700~600 400	$(Fe, Cr)_7C_3$ Fe_3C
0.20C，5.0Cr	705 425	$(Fe, Cr)_7C_3$ Fe_3C

几种合金元素同时加入对 $\gamma \rightarrow \alpha$ 转变的影响更大。除 Fe-Cr 合金中加镍和锰能阻碍 $\gamma \rightarrow \alpha$ 转变外，加入钨、钼甚至钴都能明显增长孕育期，减慢 $\gamma \rightarrow \alpha$ 转变速度。

合金元素对 $\gamma \rightarrow \alpha$ 转变的影响主要是提高 α 相的形核功或转变激活能。镍主要是增加 α 相的形核功。合金元素铬、钨、钼、硅都可提高 γ-Fe 原子自扩散激活能。若以 Cr-Ni、Cr-Ni-Mo 或 Cr-Ni-W 合金化时，可同时提高 α 相的形核功和 $\gamma \rightarrow \alpha$ 转变激活能，有效地提高过冷奥氏体的稳定性。钴的作用特殊，当单独加入时可使铁的自扩散系数增加，加快 $\gamma \rightarrow \alpha$ 转变；而钴和铬同时加入，则钴的作用正好相反，表明有铬存在时，钴能增加 γ 中原子间结合力，提高转变激活能。

硼的影响较为特殊，溶入奥氏体中的硼，偏聚于奥氏体晶界，若以 $Fe_{23}(B, C)_6$ 的形式析出，则与奥氏体形成低能量的共格界面，将奥氏体晶界遮盖起来，以低界面能的共格界面代替了原奥氏体的高能界面，从而使铁素体形核困难，强烈推迟了 $\gamma \rightarrow \alpha$ 转变。

3.5.3.3　对珠光体长大速度的影响

从元素的单独作用看，大部分合金元素推迟奥氏体的共析分解，尤其是 Ni、Mn、Mo 的作用更加显著。如 Mo 可降低珠光体的形核率 N_s，如图 3-31 所示。

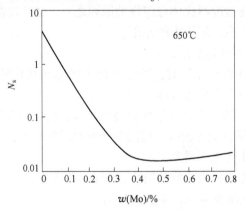

图 3-31　Mo 对 650℃珠光体形核率的影响

Mn 可以降低珠光体的长大速度 G，如图 3-32 所示，显然也是非线性关系。相反地，Co 可以增加碳在奥氏体中的扩散速度，增大珠光体形核率和长大速度，如图 3-33 所示。

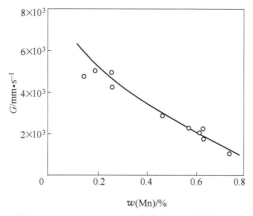

图 3-32　Mn 对 680℃ 珠光体长大速度的影响

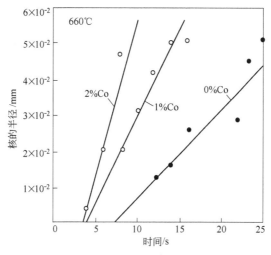

图 3-33　Co 对 660℃ 珠光体长大速度的影响

Ni、Cr、Mo 等合金元素提高了珠光体转变时 α 相的形核功和转变激活能，增加了奥氏体相中原子间的结合力，使得 γ→α 的转变激活能增加。Cr、W、Mo 等提高了 γ-Fe 的自扩散激活能，提高奥氏体的稳定性。合金元素综合加入时，多元整合作用更大。

如图 3-34 所示，Fe+Cr、Fe+Cr+Co、Fe+Cr+Ni 等合金系统表现了不同的作用。2.5% Ni 使 8.5%Cr 合金由 γ 向 α 转变的最短孕育期由 60s 增加到 20min，而 5%Co 使 8.5%Cr 合金的最短孕育期增加到 7min。显然均显著推迟了 γ→α 转变。

3.5.4　合金奥氏体系统的整合作用

过冷奥氏体共析分解的产物是珠光体，珠光体由铁素体和碳化物两相组成，是一个整体，铁素体和碳化物两相协同竞争长大，形成珠光体团。合金元素对珠光体转变的影响表现为对于转变整体上的影响。不是对 γ→α 转变和碳化物形成影响的简单的线性叠加。

在碳素钢中，奥氏体共析分解形成渗碳体时，只需碳原子的扩散和重新分布。但在合金钢中，形成合金渗碳体或特殊碳化物则需碳化物形成元素也扩散和重新分布。因此，碳化物形成元素在奥氏体中扩散速度缓慢是推迟共析转变极为重要的因素。

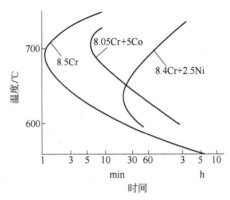

图 3-34　不同合金系对 γ → α 转变 5%的 TTT 的影响

对于非碳化物形成元素，铝、硅，它们可溶入奥氏体，但是不溶入渗碳体，只富集于铁素体中，这说明在共析转变时，Al、Si 原子必须从渗碳体形核处扩散离去，渗碳体才能形核、长大。这是 Al、Si 提高奥氏体稳定性，阻碍共析分解的重要原因。

稀土元素原子半径太大，难以固溶于奥氏体中，但它可以微量地溶于奥氏体的晶界等缺陷处，降低晶界能，从而影响奥氏体晶界的形核过程，降低形核率，也能提高奥氏体的稳定性，阻碍共析转变，并使 C 曲线向右移。在 42Mn2V 钢中加入稀土元素（RE），测得稀土固溶量为 0.027%，这些稀土元素吸附于奥氏体晶界上，降低相对晶界能，阻碍新相的形核过程，延长了孕育期，增加了过冷奥氏体的稳定性，因而推迟了共析分解，也推迟了贝氏体相变。图 3-35 是测得的 42Mn2V 钢的 CCT 图，图中实线部分表示加入稀土元素后使 C 曲线向右移的影响。

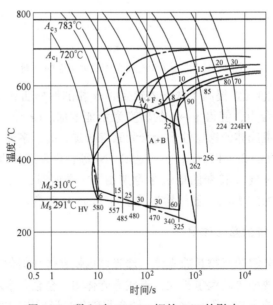

图 3-35　稀土对 42Mn2V 钢的 CCT 的影响

现将各类合金元素的作用总结如下：

（1）强碳化物形成元素 Ti、V、Nb 阻碍碳原子的扩散，主要是通过推迟共析分解时碳化物的形成来增加过冷奥氏体的稳定性，从而阻碍共析分解。

（2）中强碳化物形成元素 W、Mo、Cr 等，除了阻碍共析碳化物的形成外，还增加奥氏体原子间的结合力，降低铁的自扩散系数，这将阻碍 $\gamma \to \alpha$ 转变，从而推迟奥氏体向 $(\alpha+Fe_3C)$ 的分解，也即阻碍珠光体转变。

（3）弱碳化物形成元素 Mn 在钢中不形成自己的特殊碳化物，而是溶入渗碳体中，形成含 Mn 的合金渗碳体 $(Fe, Mn)_3C$，由于 Mn 的扩散速度慢，因而阻碍共析渗碳体的形核及长大，同时 Mn 又是扩大 γ 相区的元素，起稳定奥氏体并强烈推迟 $\gamma \to \alpha$ 转变的作用，因而阻碍珠光体转变。

拓展阅读

（4）非碳化物形成元素 Ni 和 Co 对珠光体转变中碳化物的形成影响小，主要表现在推迟 $\gamma \to \alpha$ 转变。Ni 是扩大 γ 相区，并稳定奥氏体的元素，增加 α 相的形核功，降低共析转变温度，强烈阻碍共析分解时 α 相的形成。Co 由于升高 A_3 点，可以提高 $\gamma \to \alpha$ 转变温度，提高珠光体的形核率和长大速度。

（5）非碳化物形成元素 Si 和 Al 由于不溶于渗碳体，在珠光体转变时，Si 和 Al 必须从渗碳体形成的区域扩散开去，是减慢珠光体转变的控制因素。Si 还增加铁原子间结合力，增高铁的自扩散激活能，推迟 $\gamma \to \alpha$ 转变。

（6）内吸附元素 B、P、稀土等，富集于奥氏体晶界，降低了奥氏体晶界能，阻碍珠光体的形核，降低了形核率，延长转变的孕育期，提高奥氏体稳定性，阻碍共析分解，使 C 曲线右移。

多种合金元素进行综合合金化时，合金元素的综合作用绝不是单个元素作用的简单之和，而是由于各个元素之间的非线性相互作用，相互加强，形成一个整合系统，将产生整体大于部分之总和的效果。在珠光体转变温度范围内，强碳化物形成元素、弱碳化物形成元素、非碳化物形成元素、内吸附元素等在奥氏体共析分解时所起的作用各不相同。将它们综合加入钢中，各个合金元素的整合作用对于提高奥氏体稳定性将产生极大的影响。

拓展阅读

3.6 共析分解的特殊形式——"相间沉淀"

20 世纪 60 年代，人们在研究热轧空冷非调质低碳微合金高强度钢时发现，在钢中加入微量的 Nb、V、Ti 等元素能有效提高强度。透射电镜观察表明，这种钢在轧后的冷却过程中析出了细小的特殊碳化物，而不是渗碳体。这种碳化物颗粒，呈不规则分布或点列状分布于铁素体基体上，认为是在奥氏体/铁素体相界面上析出的，因此称其为"相间沉淀"（interphase precipitation）。应当指出：所谓"相间沉淀"组织实质上就是过冷奥氏体共析分解的产物，属于珠光体转变，是共析分解的一种特殊形式。研究这种转变，不仅对非调质钢的强化有实际价值，而且对搞清珠光体和贝氏体转变机理也具有一定意义。

3.6.1 "相间沉淀"的热力学条件

低碳钢和低碳微合金钢经加热奥氏体化后缓慢冷却，在一个相当大的冷却速度范围内，将转变为先共析铁素体与珠光体。对于含 Nb、V、Ti 等强碳化物形成元素的低碳微合金钢，从奥氏体状态冷却时，除形成铁素体外，还将析出特殊碳化物（如 VC、NbC、TiC），即形成铁素体+特殊碳化物组成的整合组织。

图 3-36 为奥氏体（A）和珠光体（P）自由能与温度的关系，可见，当温度高于 T' 时，只有奥氏体是最稳定的；在温度 $T' \sim A_1$ 之间，奥氏体的自由能比（F+特殊碳化物）的高，只能分解为铁素体+特殊碳化物；当温度低于 A_1 时，（F+渗碳体）的自由能和（F+特殊碳化物）的自由能均低于奥氏体的自由能。这时，由于铁原子浓度比合金元素的浓度高得多，首先形成铁素体+渗碳体的共析体。如果在该温度经过一定时间保温，亚稳的渗碳体将最终转变为特殊碳化物，这是由于特殊碳化物比渗碳体更稳定，系统具有更低的自由能。这种碳化物颗粒很小，直径约为 5nm，呈不规则分布或点列状分布。此相变过程被称为"相间沉淀"。

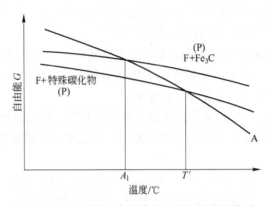

图 3-36 奥氏体和珠光体自由能与温度的关系

3.6.2 "相间沉淀"产物的形态

以往认为，"相间沉淀"是由于特殊碳化物在铁素体-奥氏体界面上呈周期性沉淀的结果。其实，所谓"相间沉淀"实质上属于过冷奥氏体进行的共析分解，即珠光体转变，是特殊成分、特定的冷却条件下的一种共析分解方式。其产物是在铁素体基体上分布着极为细小弥散的特殊碳化物颗粒，是珠光体组织的一种特殊形貌。其晶核同样是两相，即（F+MC），本质上是珠光体转变，它发生在珠光体转变温度的下部区域，过冷度较大，故奥氏体共析分解产物较细，是伪共析转变。

"相间沉淀"产物中的碳化物颗粒极为细小，在光学显微镜下难以观察到，只有借助电子显微镜才能进行观察，碳化物一般呈不规则分布，但有时呈现点列状规则分布。图 3-37 的电镜照片，是 35MnVN 钢经过锻热正火，得到 V_4C_3 颗粒在铁素体基体上点列状分布的情况。由于转变温度较低，原子扩散速度较慢，奥氏体中的 V、Nb 等元素含量微少，VC、NbC 的体积分数小，这些因素导致这些特殊碳化物难以形成片状，只形成不连续的颗粒分布状态。

对于含钒非调质钢的研究发现，VC（V_4C_3 是碳原子缺位的 VC）在铁素体基体上多呈细小颗粒状不规则分布，有时呈短棒状。图 3-38 为 0.29C、0.88V 钢试样经 1000℃加热后正火的 TEM 像，由图 3-38a 可以看出，VC 颗粒细小弥散在铁素体基体上，分布无规则，没有规律。图 3-38b 为其 TEM 的暗场像，白亮点为 VC（V_4C_3）颗粒。

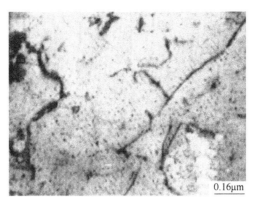

图 3-37 V_4C_3 颗粒在铁素体基体上点列状分布（TEM）

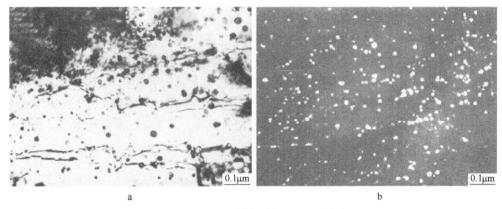

a   b

图 3-38 VC 颗粒在铁素体基体上不规则分布（TEM）

当碳含量增加，特殊碳化物元素量也增加时，特殊碳化物总量增加。冷却速度增大时，碳化物颗粒的尺寸与列间距均减小。非调质高强度钢利用碳化物颗粒的弥散析出来提高钢的强度，碳化物颗粒尺寸越小，越弥散，铁素体晶粒越细，钢的强度越高。

低碳钢在形变诱导情况下，渗碳体也可以发生"相间沉淀"。试验将 0.087%C、0.25%Si、0.51%Mn、0.017%Nb、0.35%Cu、0.021%RE 钢试样，采用 Gleeble2000 试验机，升温到1177℃，保温3min，然后，冷却到780℃，进行压缩变形，变形后立即水中淬火冷却。该试样进行电镜观察发现渗碳体（Fe_3C）颗粒析出，形成"相间沉淀"的形貌，如图 3-39 所示。从图可见，渗碳体颗粒成排析出，分布在铁素体基体上，这本质上就是珠光体组织，仅仅是渗碳体颗粒没有连接成片状而已。

3.6.3 "相间沉淀"机制

"相间沉淀"实质上就是奥氏体共析分解为珠光体的过程。在铁素体基体上分布着特殊碳化物，是铁素体+碳化物（VC、NbC 等）共析共生的过程。由于合金元素 V、Nb、Ti 含量低，原子扩散速度慢，扩散距离短，加之碳含量也低，单位体积中可能供给的合金元素、碳原子数量少，不能长大成较大的片状碳化物，而呈现细小颗粒或点列状分布。特殊碳化物与铁素体基体共析共生，不断向前生长。

以往的书籍中，对于"相间沉淀"过程的描述，把铁素体和碳化物的沉淀分成两步

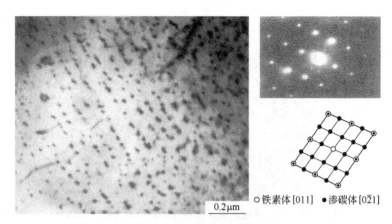

铁素体 [011] ●渗碳体 [0$\bar{2}$1]

图 3-39 渗碳体相间沉淀和衍射花样标定（TEM）

走。即奥氏体化后，迅速冷却到 A_1 以下，贝氏体形成温度以上，恒温保持，首先在奥氏体晶界上形成铁素体，然后在铁素体-奥氏体界面上奥氏体的这一侧，铁素体析出使得碳浓度升高，如图 3-40a 所示。由于 γ/α 相界处奥氏体碳浓度增高，铁素体的继续长大受到了抑制。这时，在碳浓度最高的 γ/α 相界处将析出碳化物，并使得奥氏体一侧的碳浓度降低，如图 3-40b 所示，图中的间断线代表析出的碳化物颗粒。由于碳化物析出增大了驱动力，使铁素体继续向奥氏体长大，界面向 γ 相中推移。图 3-40c 为铁素体继续长大，重新使 γ/α 相界处奥氏体碳浓度增高。

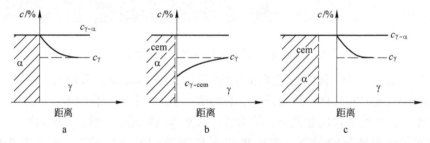

图 3-40 伴随碳化物析出，铁素体向奥氏体推进

a, c—铁素体析出后，奥氏体中碳浓度分布；b—碳化物析出后，奥氏体中碳浓度分布

此观点沿袭了传统的珠光体形核—长大机制，即铁素体为领先相，接着碳化物析出，这种观点是不正确的。上已叙及，珠光体转变不完全是体扩散，而是以界面扩散为主，尤其是发生在较低 A_{r_1} 温度，原子的扩散主要是界面扩散过程。

要发生"相间沉淀"，溶质原子在新相基体中（α 相）具有比旧相基体（γ 相）更大的扩散能力。相同温度下，一般的溶质原子在 α 相中的扩散系数比在 γ 相中的扩散系数约大 100 倍。所以，在 $\gamma \rightarrow \alpha$ 相变时，相界面处原基体相一侧的溶质原子浓度将高于 α 相中的溶质浓度，这时碳化物的长大促进了 α 相继续向 γ 相长大。这说明，"相间沉淀"是铁素体和碳化物共析共生的过程，同时受溶质原子在 α 相中的扩散过程控制。

在超低碳钢中，"相间沉淀"颗粒的尺寸以及沉淀列间距主要受溶质原子扩散和相变驱动力的控制，也即主要受相变温度或冷却速度的控制。相变温度越低，相变驱动力越大。相界停止运动后，较短的一段时间内就将又一次跃迁。相界面停止运动的时间短，原子扩散时间短，温度低，扩散距离短，因而沉淀颗粒小，沉淀列间距小。但是，当相变温度太低时，"相间沉淀"也会被抑制。

图 3-41 是按照共析分解机制形成"相间沉淀"产物的示意图。图 3-41a 表示在过冷奥氏体 γ_1/γ_2 的界面上由于涨落形成贫碳区和富碳区；图 3-41b 表示形成珠光体晶核（F+MC）；MC 的长大需要大量的合金元素原子，但是由于这类原子含量低，而且扩散慢，因此，不可能长大成片状，只能长大为细小的颗粒（如果条件允许，可能长成短棒状），而铁素体的相对量较大，故长大并且包围了 MC 颗粒，如图 3-41c 所示；最后转变为图 3-41d 所示的组织形貌。碳化物颗粒的分布状况要视转变温度、奥氏体中的化学成分而定，同时与电镜衍射观察角度有关。

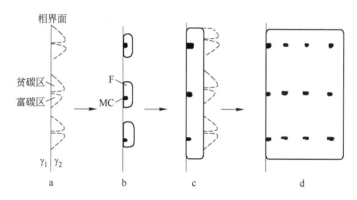

图 3-41　"相间沉淀"的共析分解示意图

总之，"相间沉淀"是珠光体转变的一个特例，其产物形貌与片状珠光体不同，但本质上就是珠光体组织的一种，因此，转变机制与共析分解理论是一致的，以往的所谓"相间沉淀"机理应于摒弃。

3.7　珠光体的力学性能

3.7.1　珠光体的力学性能

珠光体是共析铁素体和共析碳化物的整合组织。因此其力学性能与铁素体的成分、碳化物的类型以及铁素体和碳化物的形态有关。共析碳素钢在获得单一片状珠光体的情况下，其力学性能与珠光体的片间距、珠光体团的直径、珠光体中的铁素体片的亚晶粒尺寸、原始奥氏体晶粒大小等因素有关。

原始奥氏体晶粒细小，珠光体团直径变小，有利于提高钢的强度。

珠光体的片间距和珠光体团的直径对强度和塑性的影响，如图 3-42 和图 3-43 所示。可见，珠光体片间距和珠光体团直径越小，强度越高，塑性也越好。这主要是由于铁素体和渗碳体片层薄时，相界面增多，抵抗塑性变形的能力增大。片间距减小有利于提高塑性，这是因为渗碳体片很薄时，在外力作用下，比较容易滑移变形，也容易弯曲，致使塑性提高。

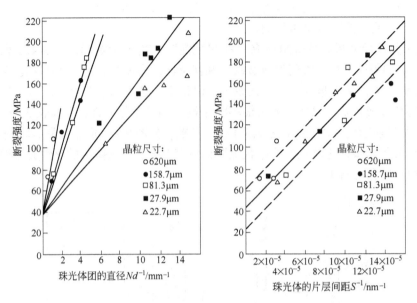

图 3-42 共析碳素钢的珠光体团直径和片间距对断裂强度的影响

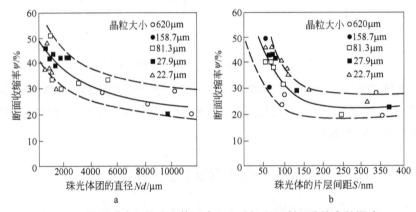

图 3-43 共析碳素钢的珠光体团直径和片间距对断面收缩率的影响

钢的化学成分相同时，在退火状态下，粒状珠光体组织比片状珠光体组织具有较小的相界面积，其硬度、强度较低，塑性较高。粒状珠光体的塑性较好是因为渗碳体对铁素体基体的割裂作用较片状珠光体明显地减弱，铁素体呈现较连续的分布状态，渗碳体呈现颗粒状分散在铁素体的基体上，对位错运动的阻力较小，使系统的总能量降低。此外，粒状珠光体淬火加热时碳在铁素体中的扩散为控制因素，因而奥氏体长大速度明显降低，加热形成的奥氏体晶粒不易粗化，钢加热时不易过热。所以，粒状珠光体常常是中高碳钢切削加工前所要求的组织形态。工具钢锻轧材的锻后退火，不仅要去氢，而且需要球化、软化，退火一般要求硬度值控制在 180~250HB 范围内，具有良好的加工性能。

在相同的强度条件下，粒状珠光体比片状珠光体具有更高的疲劳强度，如共析钢片状珠光体的弯曲疲劳强度（σ_{-1}）为 235MPa，而粒状珠光体的弯曲疲劳强度（σ_{-1}）则为 286MPa。这主要是因为在交变载荷的作用下，由于粒状珠光体中碳化物对铁素体基体的割裂作用较小，因而不易在工件表面和内部产生显微疲劳裂纹，即使产生了疲劳裂纹，由于粒状珠光体中的位错易于滑移导致的塑性变形使裂纹尖端的能量得到有效的释放，使裂纹的扩展速度大大地降低，因而减轻和推迟了疲劳破坏过程。

在连续冷却和等温冷却条件下获得的珠光体的性能有所不同，等温冷却获得的珠光体片间距或碳化物颗粒大小均匀，而连续冷却由于转变温度的不同导致珠光体片间距大小不同，造成了钢的性能不均匀，因此，同种钢在等温冷却条件下获得的珠光体具有更好的拉伸性能和更高的疲劳性能。

3.7.2 铁素体-珠光体的力学性能

亚共析钢经珠光体转变后得到先共析铁素体和珠光体的整合组织。钢的成分一定时，随着冷却速度的增加，转变温度越来越低，先共析铁素体数量减少，珠光体（伪珠光体）数量增多，并且珠光体的含碳量下降。这种铁素体+珠光体的整合组织，其力学性能是非线性的。与铁素体的晶粒大小、珠光体片间距以及化学成分等因素有关。

如铁素体-珠光体钢的屈服强度（MN/m²）为：

$$\sigma_Y = 15.4 \left\{ f_\alpha^{\frac{1}{3}} \left[2.3 + 3.8w(\mathrm{Mn}) + 1.13d^{-\frac{1}{2}} \right] + (1 - f_\alpha^{\frac{1}{3}})(11.6 + 0.25S_0^{-\frac{1}{2}}) + 4.1w(\mathrm{Si}) + 27.6\sqrt{N} \right\}$$

式中　f_α——铁素体的体积分数；

　　　d——铁素体晶粒的平均直径，mm；

　　　S_0——珠光体平均片间距，mm；

　　　N——铁素体的晶粒度。

式中的指数 $\frac{1}{3}$ 表明屈服强度同铁素体量之间呈非线性关系，与珠光体片间距、晶粒度呈现非线性关系。如果将珠光体定义为"铁素体和渗碳体的机械混合物"，那么其力学性能将与两相的相对量呈线性关系，而实际上是非线性关系。

铁素体+珠光体组织随着珠光体相对量的增加，塑性下降，随着铁素体晶粒的细化，塑性、韧性升高。冷脆转折温度随着珠光体相对量的增加而升高。

复习思考题

3-1 何谓珠光体？新定义与过时的概念有何重要区别？

3-2 试述片状珠光体的形成过程。

3-3 共析钢的 CCT 曲线与 TTT 曲线相比，有哪些主要区别？

3-4 试述影响珠光体转变动力学的因素。

3-5 分析珠光体转变时为什么不存在领先相？

3-6 过冷奥氏体在什么条件下形成片状珠光体，什么条件下形成粒状珠光体？

3-7 试述钢中"相间沉淀"的本质，其转变机制应当是怎样的？

3-8 将热轧空冷的 20 钢再重新加热到 A_{c_1} 温度稍上，然后炉冷，试问所得的组织有何变化？

3-9 珠光体表面浮凸是怎样形成的？

3-10 试分析影响片状珠光体强度的因素。

4 马氏体相变与马氏体

数字资源

+---+

本章导读： 学习本章，重点掌握钢中马氏体组织的基本特征、组织形貌、晶体结构和亚结构特点，弄清马氏体和马氏体相变的概念；熟悉马氏体相变热力学、马氏体点的物理意义以及影响马氏体点的因素；了解马氏体形成动力学特征；认识马氏体相变的形核机制，了解切变机制的由来、现状及存在的问题；了解马氏体相变晶体学经典模型及其优缺点；弄清马氏体表面浮凸的本质及其成因；掌握马氏体力学性能的本质及其变化规律。

+---+

马氏体相变是材料科学中的一个分支学科，是固态相变中的重要转变之一，其研究具有重要的理论意义和实际工程价值。一个世纪以来，马氏体组织结构、材料、工艺技术等方面的研究取得了巨大进步，在马氏体组织学、马氏体性能学、马氏体开发应用等各方面的研究均获得了显著的成就。本章将全面阐释马氏体的组织结构，转变机制等方面的新发现、新理论等问题。

拓展阅读——马氏体相变研究进展简介

4.1 马氏体相变的特征和定义

马氏体相变相对于高温区的共析分解、中温区的贝氏体相变来说，是在较低温度下进行的无扩散相变，因此，马氏体相变与贝氏体相变存在某种联系，也具有一系列的特征。

4.1.1 马氏体相变的基本特征

4.1.1.1 马氏体相变的无扩散性

在较低的温度下（M_s 点以下），碳原子和合金元素的原子均已扩散困难。这时，系统自组织功能使其进行无需扩散的马氏体相变。马氏体相变与扩散型相变不同之处在于晶格改组过程中，所有原子热激活地集体协同位移，每个原子的相对位移量远远小于 1 个原子间距。相变后成分不变，即无扩散。

高碳马氏体转变速度极快，1 片马氏体形成速度约为 1100m/s。在 80~250K 温度范围内，长大速度为 10^3/s 数量级。在此低温下，原子不可能做超过一个原子间距的扩散迁移。Fe-Ni 合金，在−196℃，一片马氏体的形成仅需 $5×10^{-7}$ ~ $5×10^{-5}$ s。在如此极低的温度下，转变已经不可能以扩散方式进行。将高碳钢淬火后获得马氏体和残留奥氏体两相，测定两相的点阵常数的变化，得出两相的碳含量相同，说明碳原子没有扩散，合金元素的原子半径较大，更不能扩散位移。因此试验表明马氏体相变中所有原子的无扩散特征，即马氏体相变时无成分变化，仅仅是晶格改组。

4.1.1.2 位向关系和惯习面

马氏体相变的晶体学特点是新相和母相之间存在着一定的位向关系。如上所述，马氏体相变时，原子不需要扩散，只做有规则的很小距离的移动，新相和母相界面始终保持着共格或半共格连接。因此，相变完成后，两相之间的位向关系仍然保持着，如 K-S 关系、G-T 关系、西山关系等。

（1）K-S 关系。Курдюмов 和 Sachs 用 X 射线测出 1.4%C 钢马氏体和奥氏体之间的位向关系是：

$$\{011\}_{\alpha'} // \{111\}_{\gamma}$$
$$\langle 111 \rangle_{\alpha'} // \langle 101 \rangle_{\gamma}$$

（2）西山关系。西山在 30%Ni 的 Fe-Ni 合金单晶中，发现在室温以上具有 K-S 关系，而在−70℃以下形成的马氏体具有下列关系，称为西山关系：

$$\{011\}_{\alpha'} // \{111\}_{\gamma}$$
$$\langle 211 \rangle_{\gamma} // \langle 110 \rangle_{\alpha'}$$

（3）G-T 关系。Grenniger 和 Troiaon 精确地测定了 Fe-0.8C-22%Ni 合金奥氏体单晶中马氏体的位向，结果发现 K-S 关系中的平行晶面和平行晶向实际上略有偏差，得位向关系为：

$\{011\}_{\alpha'} // \{111\}_{\gamma}$，差 1°
$\langle 111 \rangle_{\alpha'} // \langle 101 \rangle_{\gamma}$，差 2°

此称 G-T 关系。笔者曾经就马氏体与残留奥氏体的位向关系，做了大量实验检测，发现均为 K-S 关系，但均偏差 1~3℃，因此认为：所谓 G-T 关系实际上就是 K-S 关系，以 G-T 关系设计的切变模型和计算都值得商榷。

马氏体转变时，不仅新相和母相保持一定的位向关系，而且马氏体在母相的一定晶面上形成，此晶面称为惯习面。惯习面通常以母相的晶面指数表示。钢中马氏体的惯习面随含碳量和形成温度不同而异，有 $(557)_{\gamma}$、$(225)_{\gamma}$、$(259)_{\gamma}$。在 20 世纪 30~40 年代，测定 0.5%~1.4%C 的 Fe-C 合金马氏体的惯习面为 $(225)_{\gamma}$，1.5%~1.8%C 的 Fe-C 合金马氏体的惯习面为 $(259)_{\gamma}$，低碳 Fe-Ni-C 合金马氏体的惯习面近于 $(111)_{\gamma}$，低碳 Fe-C 合金及 Fe-24Ni-2Mn 合金马氏体的惯习面为 $(557)_{\gamma}$。

有色合金中，马氏体的惯习面为高指数面，如 Cu-Al 合金的 β_1' 马氏体的惯习面偏离 $\{113\}_{\beta_1}$ 2°。Cu-Zn 合金马氏体的惯习面为 $\{2\ 11\ 12\}_{\beta}$。

4.1.1.3 马氏体的精细亚结构

马氏体是单相组织，在组织内部出现的精细结构称为亚结构。低碳马氏体内存在极高密度的位错（可达 $10^{12}/cm^2$）。近年来发现板条状马氏体中存在层错亚结构。在高碳马氏体中主要以大量精细孪晶（孪晶片间距可达 30nm）作为亚结构，也存在高密度位错；有的马氏体中亚结构主要是层错。有色合金马氏体的亚结构是高密度的层错、位错和精细孪晶。

可见，马氏体从形核到长大，伴生大量亚结构，如精细孪晶，极高密度位错或层错等亚结构。图 4-1 为马氏体中的亚结构照片。

图 4-1　马氏体片中亚结构（TEM）
a—缠结位错；b—孪晶；c—层错

4.1.1.4　相变的可逆性（即新旧相界面可逆向移动）

有色金属和合金中的马氏体相变多具有可逆性，包括部分铁基合金。这些合金在冷却时，母相开始形成马氏体的温度称为马氏体点（M_s），转变终了的温度标以 M_f；之后加热，在 A_s 温度逆转变形成高温相，逆相变完成的温度标以 A_f。如 Fe-Ni 合金的高温相为面心立方的 γ 相，淬火时转变为体心立方的 α′ 马氏体，加热时，直接转变为高温相 γ。相界面在加热和冷却过程中，可以逆方向移动，原子集体协同地位移（向前或向后）。这是马氏体相变的一个特点。

图 4-2 所示为 Cu-Al-Ni 合金的热弹性马氏体的相变过程。此合金未经形变时的马氏体点 M_s 为 -38℃。当试样随着温度的下降，马氏体变粗并且增多，如从 -28.5℃ 冷却到 -41℃ 时，马氏体量增加；当加热时从 -29℃ 升温到 -17℃，出现逆转变，马氏体收缩，随着温度升高，逐渐减少。

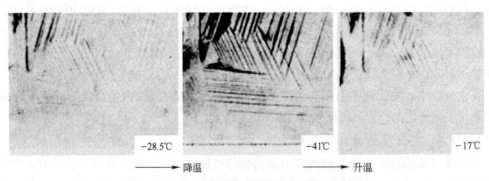

图 4-2　Cu-Al-Ni 合金的热弹性马氏体的可逆转变

但是，在钢中，淬火马氏体中的碳原子扩散较快，一般淬火到室温，碳原子立即发生扩散偏聚，形成碳原子偏聚团，如 Corierl 气团，100℃以上即可析出碳化物。这样，当马氏体加热到高温过程中，马氏体将分解，则不能再逆相变为奥氏体。因此钢中的马氏体一般不发生逆转变。如果迅速冷却得到新鲜马氏体，之后立即迅速加热，使马氏体来不及回火析出，也会发生逆转变。据报道，0.8%C 钢马氏体，以 5000℃/s 速度加热时，在 590～600℃之间发生了逆相变。因此认为一般含碳的工业用钢，其淬火马氏体在加热时发生脱溶或析出碳化物而阻碍了可逆转变。因此，Fe-C-M 系马氏体相变时不发生可逆转变是个特例。

除了以上主要特征外，马氏体相变还有表面浮凸、非恒温性等现象。马氏体转变也有恒温形成的，即等温马氏体。表面浮凸是过冷奥氏体转变时在试样表面上发生的应变现象，是相变时体积膨胀的普遍现象。因此不宜将表面浮凸、非恒温性等现象作为马氏体相变的特征。

综上所述，马氏体相变的主要特征归纳如下：

（1）无（需）扩散性；

（2）具有位向关系，以非简单指数晶面为惯习面；

（3）相变伴生大量亚结构，即极高密度的晶体缺陷，如极高密度位错、精细孪晶、细密的层错等；

（4）马氏体相变具有可逆性，新旧相界面可正反两个方向移动。

这 4 条可作为马氏体相变的判据，均可试验观察测定，凡是符合这些相变特征的可判定为马氏体相变。

第（1）条，无（需）扩散性，是指马氏体相变不需要碳和替换原子的扩散就能完成晶格改组，故称"无需"扩散，一般称无扩散，因此"无扩散性"是区别于共析分解、贝氏体相变的一个最重要的特征。

第（3）条，马氏体的亚结构，极高密度的晶体缺陷：位错、孪晶、层错。现已发现贝氏体中的位错密度也较高，但是不如马氏体中的位错密度高，所以称其为"极高"密度的位错，这是其他相变不能比拟的。

至于第（2）条，即位向关系和惯习面现象，在其他相变中有时也不同程度地存在这种现象，如块状转变、贝氏体相变等。

关于表面浮凸现象，以往的书刊中，将浮凸作为马氏体相变的独有的特征来叙述。但是近年来研究发现，表面浮凸是过冷奥氏体转变的普遍现象，珠光体转变、贝氏体相变、马氏体相变过程中均存在表面浮凸现象，而且浮凸均为帐篷形，马氏体浮凸与其他相变浮凸无特殊之处，不具备切变特征。各种表面浮凸主要是由相变体积膨胀所致。因此将浮凸作为马氏体相变的独有特征的观点已经过时。

4.1.2　马氏体和马氏体相变的定义

关于马氏体的定义，以往许多文献中的定义是不成功的，具体如下。

定义 1：马氏体是碳在 α-Fe 中的过饱和固溶体（产生于 20 世纪 20 年代）。

在钢和合金中，许多马氏体中不含碳，有时不仅是体心立方晶格，还有密排六方、有序正交、有序面心立方、有序正方等晶体结构。因此，该定义过时。

定义 2：在冷却过程中所发生的马氏体转变的产物统称为马氏体（20 世纪 50 年代提出）。

20 世纪 80 年代某些学者将其修改如下。

定义 3：母相无扩散的，以惯习面为不变平面的切变共格的相变产物，统称为马氏体。

定义 2 和定义 3 均不妥当。它仅指出了马氏体相变的特征，只是马氏体相变过程规律性的概括，而不是马氏体本身的物理实质的说明。作为马氏体的定义应当是马氏体自身的物理本质的科学抽象，即指出马氏体自身的属性，而不是马氏体相变过程的属性，不宜用过程的属性代替产物的属性。因此，该定义不可取。

马氏体的新定义：马氏体是经无（需）扩散的、原子集体协同位移的晶格改组过程，得到具有严格晶体学关系和惯习面，并伴生极高密度位错或层错或精细孪晶等亚结构的整合组织。该定义描述了马氏体自身的物理本质，也指出了马氏体相变过程的属性。

依据马氏体相变的特征，概括抽象出马氏体相变的新定义：原子经无需扩散的集体协同位移进行晶格改组，得到的相变产物具有严格晶体学位向关系和惯习面，并伴生极高密度位错或层错或精细孪晶等亚结构，这种形核—长大的一级相变，称为马氏体相变。

4.2　马氏体相变的分类及动力学特征

马氏体相变可按相变驱动力的大小分类，也可按马氏体相变动力学特征分类。

4.2.1　按相变驱动力分类

马氏体相变驱动力：在马氏体点（M_s）温度以下，马氏体和母相自由能之差小于零，即：$\Delta G^{A \to M} < 0$ 时，这时母相将转变为马氏体。这个自由能差值称为马氏体相变驱动力。相变驱动力是负值，一般所说的相变驱动力大小是指其绝对值。

按相变驱动力大小可将马氏体相变分为两类。

（1）相变驱动力大的马氏体相变。相变驱动力较大，达几百焦耳/摩尔，钢、铁基合金，面心立方的相（奥氏体）转变为体心立方（正方）马氏体属于此类。

（2）相变驱动力小的马氏体相变。这种相变的驱动力很小，只有几焦耳/摩尔到几十焦耳/摩尔。如面心立方的母相转变为六方相马氏体以及热弹性马氏体等。

4.2.2　按马氏体相变动力学特征分类

按马氏体相变动力学特征可分为四类：变温式、等温式、爆发式和热弹性马氏体相变。

4.2.2.1　变温马氏体相变

大多数合金系具有变温马氏体相变特征。如图 4-3 所示，成分为 C_1、C_2 合金的马氏体点分别为 M_{s_1}、M_{s_2}，在冷却过程中，温度降低到 M_s 以下发生相变，不断降温，不断转变，转变量取决于冷却到达的温度 T_q。可见，具有不同碳含量（C_1、C_2）的碳素钢其奥氏体冷却到马氏体点（M_{s_1}、M_{s_2}）时，开始形成马氏体，其转变量 f 随着温度的降低而不断增加，到达马氏体转变终了点（M_f）温度时，并没有得到100%的马氏体，而是尚有残余，余下未转变的奥氏体称为残留奥氏体。

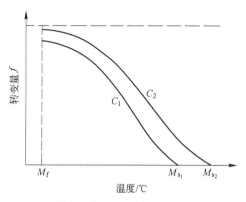

图4-3 碳素钢变温马氏体相变动力学曲线

若以未转变的体积分数（$1-f$）表示转变情况，则与（M_s-T_q）值呈指数关系：

$$1 - f = \exp\left[\alpha(M_s - T_q)\right] \tag{4-1}$$

式中，α 为常数，决定于钢的成分，对于小于 1.1%C 的碳素钢 $\alpha=-0.011$，用半对数坐标制图得图4-4。对于其他钢，尚需具体测定。各种钢的 α 值不等，马氏体点也不等，则转变动力学曲线不同。

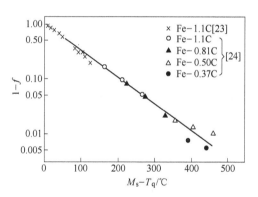

图4-4 碳素钢变温马氏体动力学指数方程曲线

降温时马氏体体积分数的增加靠不断产生新的马氏体片，而不是靠原有马氏体片的长大。这意味着在任一过冷度下，转变量是有限的，生长速度又是极快的。

多数钢经变温形成马氏体，因此钢经淬火至室温时的残留奥氏体量由马氏体点 M_s、M_f 来决定。当马氏体点低时，M_f 在室温以下时，将有较多的残留奥氏体，如图4-5所示。

4.2.2.2 等温马氏体相变

一般的碳素钢、合金钢都是降温形成马氏体，但是某些高碳钢、高合金钢，如GCr15、W18Cr4V，虽然它们主要是以降温形成马氏体，但在一定条件下，也能等温形成马氏体。对轴承钢（1.4C-1.4Cr），奥氏体化后油中淬火到室温，再经100℃等温（$M_s \sim$ 112℃），发现等温马氏体形成有三种方式：（1）原有马氏体片的继续长大；（2）重新形核长大；（3）在原有马氏体边上形成。图4-6所示的等温马氏体（灰白色）是轴承钢淬

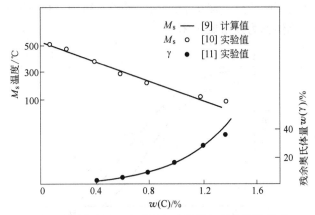

图 4-5　碳钢的 M_s 和残留奥氏体量与含碳量的关系

火后于 100℃等温 10h 得到的马氏体组织，其中黑色马氏体片是变温马氏体，在等温过程中发生了回火转变。

图 4-6　轴承钢中的等温马氏体

　　某些 Fe-Ni-Mn、Fe-Ni-Cr 合金或某些高合金钢，在一定条件下恒温保持，经过一段孕育期也会产生马氏体，并随着时间的延长，马氏体量增加，此称为马氏体的等温形成。

　　马氏体的等温形成具有类似于钢的共析分解的动力学特征。图 4-7 为典型的 Fe-Ni-Mn 合金等温马氏体转变动力学曲线，呈 C 曲线特征，可见，在 140℃附近转变速度最快。

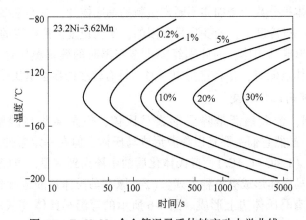

图 4-7　Fe-Ni-Mn 合金等温马氏体转变动力学曲线

等温马氏体相变时每一片马氏体的长大速度仍然极快，恒温下马氏体量的增加依靠晶核不断形成，不同温度下转变速度的差异受形核率控制。等温马氏体和变温马氏体的主要区别是形核总量不受过冷度约束。

马氏体的等温转变一般不能进行到底，转变到一定量后就停止了。随着等温转变的进行，马氏体转变引起的体积膨胀导致未相变的奥氏体受到胁迫而应变，增大了应变能，即马氏体相变阻力增大。因此，必须增大过冷度，增加相变驱动力，才能使相变继续进行。

马氏体的等温形成、形核需要孕育期，但是长大速度仍然极快。

4.2.2.3 爆发型马氏体相变

马氏体点低于室温的某些合金，当冷却到一定温度 $M_B(M_B < M_s)$ 时，在瞬间形成大量马氏体，在 T-f 曲线的开始阶段呈垂直上升的势态，此称爆发型马氏体相变。爆发量与 M_s 温度高低有关。爆发后继续降低温度，将呈现变温马氏体的转变动力学特征。图 4-8 所示为 Fe-Ni-C 合金马氏体转变的情况。可见，在-100℃左右时，爆发量最大，达到总体积的 60%~70%，这么多的马氏体在一瞬间形成，将伴有声音和释放大量相变潜热，会使试样温度上升。

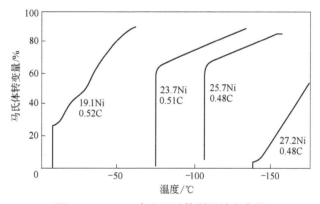

图 4-8 Fe-Ni-C 合金马氏体爆发转变曲线

爆发量与 M_B 温度高低有关。图 4-8 中，M_B 温度约为-150℃的含 27.2Ni-0.48C 的合金，爆发量很少。若合金的 M_B 温度高于 0℃ 时，爆发转变也可能不发生了。可见，爆发量随着温度的降低具有极大值。爆发型马氏体相变是一种具有特殊自促发形核机制的相变，在相变初始阶段，促发速度极快。

4.2.2.4 热弹性马氏体相变

热弹性马氏体相变是指马氏体与母相的界面可以发生双向可逆移动。其形成特点是：冷却到略低于 T_0 温度开始形成马氏体，加热时又立刻进行逆转变，相变热滞很小。相变热滞的比较如图 4-9 所示。可见，Fe-Ni 合金马氏体相变的热滞大。冷却时，冷却到 $M_s = -30℃$，发生马氏体相变；加热时，温度升到 $A_s = 390℃$，马氏体逆转变为奥氏体。而 Au-Cd 马氏体相变的热滞小得多。

上已叙及，并非任何变温马氏体都具有可逆性。如含碳的工业钢可获得变温马氏体，但由于其热滞太大，马氏体受热而迅速被回火，脱溶或析出碳化物，故不能发生逆转变。

热弹性马氏体形成的本质性特征是：马氏体和母相的界面在温度降低及升高时，做正

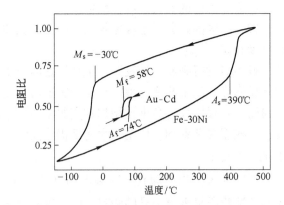

图4-9　Fe-Ni 和 Au-Cd 马氏体相变的热滞

向和反向移动，并可以多次反复。从 M_s 降到 M_f，再升温到 A_s、A_f，每一片马氏体都可以观察到形核—长大—停止—缩小—消失这样一个完整的消长过程。

图 4-10 所示为 Cu-Al 合金的热弹性马氏体的相变过程。可见，冷却时，如图 4-10a～c 所示，马氏体片逐渐长大，而在加热时，如图 4-10d～f 所示，马氏体片又逐渐缩小。

马氏体相变为热弹性的重要条件是：在相变的全过程中，新相和母相必须始终维持共格，同时，相变应当是完全可逆的。具有热弹性马氏体相变的合金已经发现的有 Cu-Al-Ni、Au-Cd、Cu-Al-Mn、Cu-Zn-Al、Ni-Ti 等。

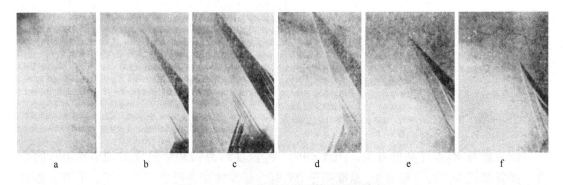

图4-10　Cu-Al 热弹性马氏体的可逆转变

4.3　马氏体相变热力学

研究马氏体相变热力学的目的在于以热力学的统一计算预测马氏体相变的开始及终止。按相变特点，可将马氏体相变热力学分为 3 类：（1）由面心立方母相转变为体心立方（正方）马氏体的热力学，主要以铁基合金为代表，其中，Fe-C 合金进行了较多的工作。对马氏体点 M_s 能直接由热力学处理中求得，确定相变驱动力均在 1180J/mol。（2）由面心立方转变为六方 ε-马氏体的热力学，如钴、钴合金、Fe-Ni-Cr 不锈钢等，其相变驱动力较小，仅为几焦尔/摩尔。（3）热弹性马氏体热力学，相变驱动力很小，热滞小。本节只介绍 Fe-C 合金马氏体相变热力学。

4.3.1 Fe-C 合金马氏体相变热力学条件

按照固态相变的一般规律，马氏体相变的驱动力是新相马氏体与母相奥氏体的自由能差。如图 4-11 所示，T_0 为某成分的 Fe-C 合金马氏体与奥氏体自由能相等的温度。当温度低于 T_0 时，马氏体的自由能低于奥氏体的自由能，应由奥氏体转变为相同成分的马氏体。但实际上，并不是温度低于 T_0 就能发生这一转变，而是只有温度低于 T_0 以下的某一特定值（M_s）时，马氏体转变才能发生。即需要一个过冷度 $\Delta T = T_0 - M_s$，这一过冷度的大小随合金成分而不同。

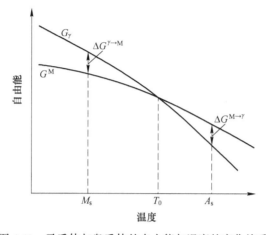

图 4-11　马氏体与奥氏体的自由能与温度的变化关系

为什么马氏体相变需要这么大的过冷度？

马氏体相变的驱动力包括：（1）马氏体与奥氏体的自由能差（ΔG_V），过冷度 ΔT 越大，ΔG_V 越大；（2）母相奥氏体晶体缺陷提供的能量（ΔG_D）也贡献给驱动力。

马氏体相变阻力包括界面能，畸变能，伴生大量位错、孪晶等亚结构而升高的能量，其他相变阻力。马氏体相变的阻力为正值。

只有相变驱动力的绝对值大于阻力时，相变才能自发地进行。相变阻力大时，则需要较大的相变驱动力。当温度达到 M_s 时，$\Delta G_V + \Delta G_D$ 等于马氏体转变的阻力之和，系统自由能变化等于零。

由于马氏体相变时需要增加的能量较多，故阻力较大，转变必须在较大的过冷度下才能进行。

4.3.2 钢中的马氏体点

4.3.2.1 马氏体点的物理意义

M_s 点是马氏体相变的开始温度，是奥氏体和马氏体的两相自由能之差达到相变所需要的最小驱动力时的温度。奥氏体和马氏体两相自由能相等的温度是平衡温度，表示为 T_0，马氏体相变需在 T_0 以下某一温度开始，这个温度即为 M_s 点。$T_0 - M_s$ 的值表示了相变的滞后程度，也表示了相变所需驱动力的大小。$T_0 - M_s$ 的值越大，则相变驱动力越大。

马氏体变温转变基本上结束的温度为 M_f，称为马氏体转变停止点。实际上，淬火冷

却到 M_f 温度时，尚存在没有转变的奥氏体，这些奥氏体将残留下来，称为残留奥氏体。

M_f 点难以实际测定，缺乏具体的实际意义。从理论上讲，M_f 点应当是马氏体相变完全终止的温度，但是，由于大量马氏体的形成，体积膨胀，奥氏体受胁迫而产生应变，这些奥氏体难以继续转变为马氏体而残留下来，即马氏体相变难以真正结束。

4.3.2.2　马氏体点与化学成分的关系

钢中的马氏体点与奥氏体的成分密切相关，因为奥氏体的自由能是随着碳含量和合金元素含量而改变的。试验表明，随着奥氏体含碳量的增加，马氏体点降低。马氏体点与钢中的化学成分实际上为非线性关系。图 4-12a 所示为实际测得的不同碳浓度的 Fe-C 合金的马氏体点，可见 M_s、M_f 与含碳量呈现非线性关系。各种合金元素对马氏体点的影响也是非线性的，如图 4-12b 所示。可见，Co、Al 两个元素有提高马氏体点的作用，Si 对马氏体点的影响不大，其他元素降低马氏体点。所有元素的影响均随着含量而呈现非线性关系。

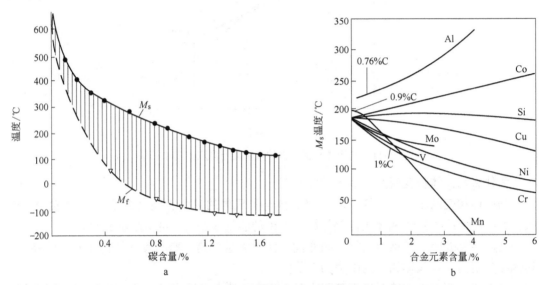

图 4-12　碳和合金元素对 M_s 点的影响

为了简化，不少计算马氏体点（℃）的方程式是按线性关系处理的，如举一例：

$$M_s = 550 - 361w(C) - 39w(Mn) - 35w(V) - 20w(Cr) - 17w(Ni) -$$
$$10w(Cu) - 5w(Mo + W) + 15w(Co) + 30w(Al)$$

上式成立的条件是完全奥氏体化，并且不适用于高碳钢和高合金钢。

从上式可见，马氏体点 M_s 与合金元素的含量（质量分数，%）成比例，把合金元素对马氏体点的影响看成了各个合金元素作用的简单线性叠加，这些计算是近似的，不够准确，仅供参考。实际生产和科研中主要是采用试验方法测定 M_s 点。查阅钢的临界点数据表，应用起来也比较方便。

加热温度和时间对 M_s 点影响较复杂。在完全奥氏体化，母相化学成分不改变的情况下，奥氏体的晶粒大小和强度对马氏体点有一定影响。研究认为：奥氏体化温度越高，晶粒越粗大，M_s 点越高，图 4-13 和图 4-14 分别为晶粒大小和奥氏体化温度对 M_s 点的影响。

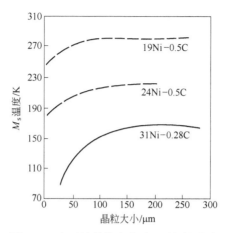

图 4-13 奥氏体晶粒大小对 M_s 点的影响

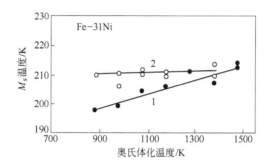

图 4-14 奥氏体化温度对 M_s 点的影响

1—— 一次奥氏体化处理；2—先 1473K 退火 1h，再在不同温度淬火

影响 M_s 点的因素还有形变和应力、淬火冷却速率、磁场等。将奥氏体冷到 M_s 点以上某一温度进行塑性变形，会引起 M_s 点升高，产生形变马氏体，而形变温度高于某一温度时，塑性变形不引起马氏体转变，这个温度为 M_d 点。塑性形变提供了有利于马氏体形核的晶体缺陷，促使马氏体的形成。

一般工业上钢件淬火速率较小，对 M_s 点基本上没有影响。外加磁场可使 M_s 点稍有升高。

4.3.2.3 马氏体点的应用

马氏体点的应用如下：

(1) 马氏体点是制定热处理工艺的依据。在制订淬火工艺、分析和控制热处理质量时需要参考 M_s 温度。

(2) M_s 点的高、低决定了钢淬火后残余奥氏体量的多少。残留奥氏体量影响淬火钢的硬度和精密零件的尺寸稳定性等。

(3) 马氏体的力学性能与马氏体的形态和亚结构有密切的关系。板条状马氏体形成温度较高，韧性较好。而在较低温度下形成的片状马氏体等，韧性较差。因此调整马氏体点，不仅能减少变形开裂，而且可望获得较好的韧性。这对结构钢和工具钢均有重要意义。

（4）对于奥氏体-马氏体沉淀硬化不锈钢，可利用碳化物析出控制奥氏体中的实际溶碳量，来调节钢的马氏体点。将 M_s 点调整到室温以下，得到奥氏体组织，以便冷加工。

4.4 马氏体的组织形貌及物理本质

4.4.1 钢中马氏体的物理本质

虽然马氏体是单相组织，但其组织形貌和亚结构极为复杂。1 个多世纪以来进行了大量的观测和研究，取得了丰硕的成果。钢中的马氏体发现最早、应用最广，其组织形态和精细亚结构较为复杂。低碳钢、中碳钢、高碳钢淬火得到的马氏体组织结构不同；晶粒粗细不同、成分均匀性不同的奥氏体转变为马氏体，组织也不同；碳素钢、合金钢、有色金属及合金的马氏体，在晶体结构、亚结构、组织形态、与母相的晶体学关系等方面均不尽相同。表 4-1 列出了钢中马氏体的形态和晶体学特征。

表 4-1 钢中马氏体的形态和晶体学特征

钢种及成分（质量分数）	晶体结构	惯习面	亚结构	组织形态
低碳钢，<0.2%C	体心立方	$\{557\}_\gamma$	位错	板条状
中碳钢，0.2%~0.6%C	体心正方	$\{557\}_\gamma$、$\{225\}_\gamma$	位错、孪晶	板条状及片状
高碳钢，0.6%~1.0%C	体心正方	$\{225\}_\gamma$	位错、孪晶	板条状及片状
高碳钢，1.0%~1.4%C	体心正方	$\{225\}_\gamma$、$\{259\}_\gamma$	孪晶、位错	片状、凸透镜状
超高碳钢，≥1.5%C	体心正方	$\{259\}_\gamma$	孪晶、位错	凸透镜状
18-8 不锈钢	hcp（ε'）	$\{111\}_\gamma$	层错	—
马氏体沉淀硬化不锈钢	bcc（α'）	$\{225\}_\gamma$	位错及孪晶	板条状及片状
高锰钢，Fe-Mn（13%~25%Mn）	hcp（ε'）	$\{111\}_\gamma$	层错	薄片状

从表 4-1 中可见钢中马氏体物理本质的差异和组织形貌的复杂性，表现为：

（1）晶体结构有 bcc、bct、hcp 三种。

（2）马氏体组织形貌各异，除了表中所列的以外，钢中有时也发现蝶状马氏体，还有所谓隐晶马氏体等形态。

（3）不同成分的马氏体其惯习面有所不同。

（4）马氏体中的位错缠结密度极高，且有大量而精细的孪晶亚结构。含碳量低的马氏体以高密度位错亚结构为主；高碳马氏体的亚结构以孪晶为主，但也有高密度的位错和层错。

近年来的研究表明，板条状马氏体中除了高密度位错以外，还有精细的层错，位错和层错是伴生的，在高碳马氏体中也有层错。

4.4.2 体心立方的低碳马氏体（小于 0.2%C）

小于 0.2%C 的低碳钢和超低碳钢，其淬火马氏体具有体心立方结构。低碳板条状马氏体中具有极高密度的位错亚结构（密度约 $0.3\times10^{12}\sim0.9\times10^{12}\ cm^{-2}$）。一般认为碳原子

不在马氏体晶格 c 轴中间的间隙位置上，而是被高密度位错所吸纳或禁锢，故不呈现正方度。

低碳板条状马氏体的惯习面原为 $\{111\}_\gamma$，20 世纪 60 年代测定修改为 $\{557\}_\gamma$，与母相的位向关系为 K-S 关系。

低碳马氏体组织形貌呈板条状，马氏体条的宽度不等，相邻的马氏体板条晶大致平行，位向差较小，平行的马氏体条组成一个马氏体板条领域。领域与领域之间的位向差较大。一个原始的奥氏体晶粒内，可以形成几个马氏体板条领域。将 10Mn2NiMoVB 钢在热模拟机上加热到 1300℃，然后以 40℃/s 冷却速度淬火到室温，得到板条状马氏体组织，如图 4-15a 所示。可见，原奥氏体晶界清晰，一个奥氏体晶粒内转变为几个板条马氏体领域，领域内的板条晶平行排列，薄厚不等，长短不一。板条状马氏体组织特征示意图如图 4-15b 所示，A 区是由平行排列的板条状马氏体束组成的较大的区域，称板条群。一个原始奥氏体晶粒可以包含几个板条群，一般为 3~5 个。在一个板条群内又可分成几个平行的区域，着色浸蚀时，可在板条群内呈现黑白色调，同一色调区是由许多位向相同的马氏体板条所组成，称板条束。一个马氏体板条束内只可能按两组可能位向转变，因此，一个马氏体束由两组同向板条束交错组成，如图中 B 区所示。有时一个马氏体板条群只由一个同位向束构成，如图中 C 区所示。D 区是一个同位向束内的组成情况，由平行排列的板条晶组成，板条晶之间以小角度晶界相间。

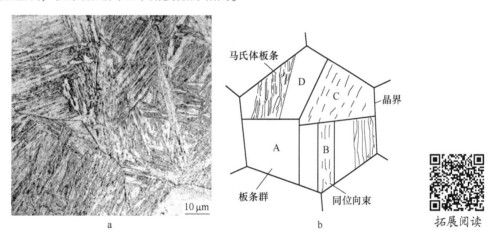

图 4-15　10Mn2NiMoVB 钢板条状马氏体组织 OM（a）和板条状马氏体组织特征示意图（b）

工业用钢板条马氏体的板条宽度相差不大，在 0.1~2μm 之间，宽度出现的概率最大者为 0.15~0.2μm。随含碳量增高，板条宽度变小。在正常淬火温度下，马氏体条也较细小，在光学显微镜下观察，马氏体板条不甚明显，板条短小（宽度变化不大），方向也较为混乱，难以辨认板条群和板条束。

图 4-16 为 12Cr1MoV 钢于 950℃加热后水冷淬火得到的板条状马氏体组织，板条宽度可达 0.1~1μm。从图 4-16b 可以观察到，板条内部为极高密度的缠结位错。低碳板条马氏体的亚结构主要是高密度位错。近年来高分辨电镜观察发现，板条状马氏体中还存在微细的层错。在超高强度马氏体时效不锈钢中，发现板条状马氏体中存在堆垛层错，如图 4-17 所示。

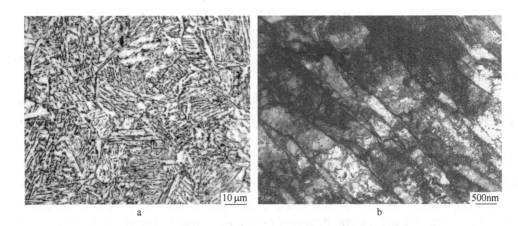

图 4-16 12Cr1MoV 钢的淬火马氏体组织
a—OM；b—TEM

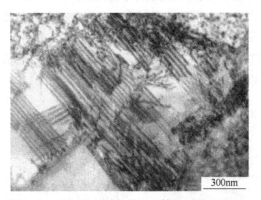

图 4-17 不锈钢中板条状马氏体的层错（TEM）

4.4.3 体心正方马氏体 （0.2%~1.9%C）

钢中马氏体含碳量大于 0.2% 时，晶体结构变为体心正方晶格。在刚刚形成的"新鲜"马氏体中，虽然所处温度较低，但碳原子仍然能够长程扩散，碳原子扩散较快，于是部分碳原子很快扩散并被位错所吸纳，形成柯垂尔气团。当碳含量超过马氏体中位错可能吸纳的极限时，碳原子位于晶格间隙处，形成碳原子偏聚状态，这时马氏体出现正方度。

随着碳含量的提高，存在下面三种过渡：

（1）惯习面指数逐渐演化：$\{111\}_\gamma$（$\{557\}_\gamma$）→ $\{225\}_\gamma$ → $\{259\}_\gamma$。

（2）亚结构由以高密度位错为主、孪晶及层错为辅，逐渐过渡到以孪晶为主。

（3）马氏体组织的金相二维形貌，从低碳钢的板条状→中碳的板条状+片状有机结合→高碳钢的片状形貌→透镜片状形貌演化。

钢中片状马氏体的亚结构主要是精细孪晶+高密度的位错。相变孪晶的存在是片状马氏体的重要特征。孪晶片间距多为 5~50nm 不等，超高碳马氏体片中的孪晶在光学显微镜下即清晰可见。

4.4.3.1 中碳马氏体组织

一般将含 0.3%~0.5%C 的钢称为中碳钢。图 4-18 所示为 45 钢的马氏体组织，其形貌似乎介于板条状和片状之间，图 4-18a 为金相照片，图 4-18b 为透射电镜照片。测定其条片尺寸，结果为：条片宽度平均为 0.4~0.6μm，最小的为 0.05μm，最宽的可达 1~2μm。试验表明，其长度与淬火加热时的奥氏体化温度有关，温度越高，奥氏体晶粒越粗大，成分也趋于均匀，因而马氏体板条越长。

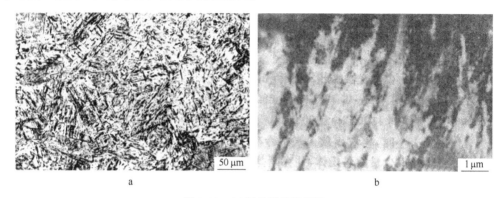

图 4-18　45 钢的马氏体组织
a—OM；b—TEM

工业上常用的 40Cr 钢，马氏体点为 355℃。其正常淬火组织，马氏体组织较为细小，不易观察。将其加热到 1200℃后淬火，得到的马氏体组织如图 4-19 所示。可见，以板条状为主要特征，板条内部存在高密度位错，同时可见存在少量孪晶亚结构，如图 4-19b 中箭头所示。

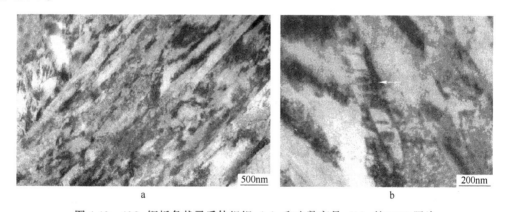

图 4-19　40Cr 钢板条状马氏体组织（a）和少数孪晶（b）的 TEM 照片

在高分辨电镜下观察发现在板条状马氏体片中不仅存在高密度位错，还有微细层错，如图 4-20 所示。图 4-20a 为 35CrMo 钢的马氏体组织，图 4-20b 中的微细条纹为板条状马氏体内的微细层错亚结构，图右上角是层错处的衍射花样，表明是单一的 α 相，不是孪晶。

应当指出：以往文献中没有记载钢中的淬火马氏体组织中存在层错，因此这是一个新发现，这具有重要理论意义。钢中马氏体的层错亚结构不能用切变机制来解释。

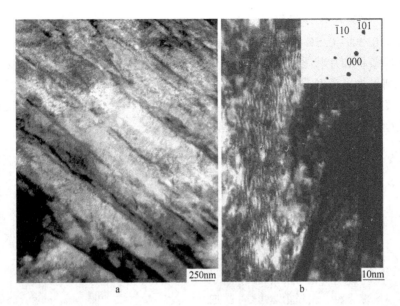

图 4-20　35CrMo 钢的马氏体组织（a）和板条内的微细层错（b）的 TEM 照片

4.4.3.2　高碳马氏体组织

为了清楚地观察高碳马氏体片的形貌，采用特殊热处理工艺：加热到 1200℃ 奥氏体化，得到粗大的奥氏体晶粒，然后于 NaCl 水溶液中淬至发黑，立即转入温度在 M_s 点稍下的硝盐浴中等温 1h，取出淬火冷却到室温。这样处理后，在 M_s 稍下等温时，少量的变温马氏体片被回火，析出碳化物，容易被硝酸酒精浸蚀，在显微镜下观察呈黑色。而等温后的淬火马氏体组织为灰白色。这样就能够清晰地观察到马氏体条片的形貌。图 4-21a 为 Fe-1.22C 合金高碳马氏体形貌的金相照片，可见高碳马氏体呈片状，而且马氏体片以一定角度相交，相交后构成蝴蝶状马氏体形貌，如图 4-21b 所示。蝶状马氏体的形态特点为蝶翼（或蝶尾）张角通常为 120°～140°，各蝶翼之间常互相平行或成补角，蝶翼片的立体形态为薄片状，有时出现中脊。

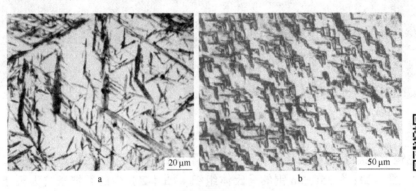

图 4-21　高碳蝶状马氏体形貌（OM）

高碳钢马氏体组织中存在精细孪晶亚结构，图 4-22 显示了高碳工具钢 CrWMn 钢马氏体片内的孪晶和位错。

当高碳马氏体片交角相遇时，瞬时体积膨胀，造成局部巨大的内应力，会产生所谓

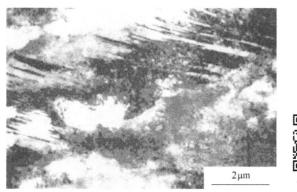

拓展阅读

图 4-22 CrWMn 钢马氏体片内的孪晶和位错（TEM）

"撞击"裂纹。CrWMn 钢经 1100℃ 加热后淬火，得到粗大片状马氏体组织，马氏体片交角相遇，产生显微裂纹，如图 4-23 所示。

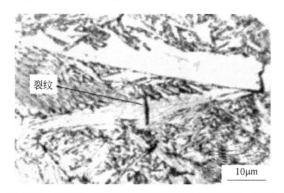

图 4-23 CrWMn 钢淬火马氏体组织及显微裂纹（OM）

4.4.3.3 超高碳马氏体组织

碳含量在 1.3%C 以上的钢称为超高碳钢，工业上应用不多。超高碳马氏体一般为透镜片状，其形态特征是片状，中间厚、两端尖细，有时呈闪电状。在马氏体片中间还可以看到中脊。图 4-24 为 Fe-1.9%C 合金的片状马氏体形貌。超高碳马氏体的亚结构主要是孪晶+高密度位错。

4.4.3.4 隐晶马氏体组织

高碳钢不完全淬火得到所谓"隐晶"马氏体组织，它是在马氏体的基体上分布着剩余碳化物的整合组织。由于这类钢一般在 $A_{c_1} \sim A_{c_{cm}}$ 温度之间加热，处于奥氏体+未溶碳化物两相区，奥氏体晶粒细小，碳原子和合金元素分布不均匀，以至于在淬火时马氏体片难以长大，经硝酸酒精浸蚀后，在光学显微镜下看不到马氏体片条，故得其名。

将 W6Mo5Cr4V2 高速钢加热到 1230℃，保温后油中淬火，得隐晶马氏体组织，抛光后 4%硝酸酒精浸蚀，观察淬火组织形貌，如图 4-25 所示。从图 4-25a 可见，奥氏体晶界清晰，在晶内和晶界上分布着未溶碳化物颗粒，晶粒内的基体是隐晶马氏体，显然看不到马氏体片的具体形貌。从图 4-25b 左上角可见存在精细孪晶。

所谓"隐晶"马氏体并非真正隐晶，在电镜下观察实际上也是片状马氏体，当深浸蚀或在电子显微镜下仍然可观察到它的形貌特征，是片状马氏体，马氏体片尺寸不等，方

图 4-24　Fe-1.9%C 合金马氏体（OM）

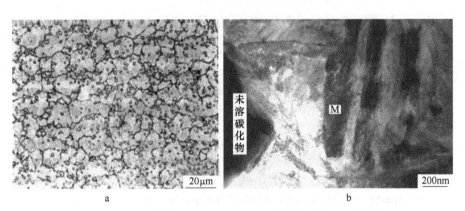

拓展阅读

a　　　　　　　　　　　　　　　　　　b

图 4-25　W6Mo5Cr4V2 钢的隐晶马氏体组织

a—OM；b—TEM

向不一。"隐晶"马氏体的亚结构为高密度位错和孪晶。

　　工具钢加热时，奥氏体中的碳含量往往低于共析成分，甚至处于中碳范围，因此淬火后，得到一定数量的板条状马氏体，是板条状＋片状马氏体的整合组织。

4.4.4　Fe-M 系合金马氏体

　　含有大量合金元素的 Fe-M 系合金，如 Fe-Ni、Fe-Mn、Fe-Ni-Cr、Fe-Ni-C 合金，马氏体点较低，具有以片状为主的马氏体形貌，表 4-2 列举了几种合金马氏体的晶体学参数及形貌。

表 4-2　Fe-M 系合金马氏体的晶体学参数、亚结构及形貌

合金系	马氏体晶体结构	位向关系	惯习面	亚结构	组织形貌
Fe-Ni	bcc（α′）	N 关系： $(111)_\gamma // (110)_{\alpha'}$ $\langle 211 \rangle_\gamma // \langle 110 \rangle_{\alpha'}$	$\{225\}_\gamma$　$\{259\}_\gamma$ $\{225\}_\gamma$	位错 孪晶 孪晶	蝶状 片状 薄片状

续表 4-2

合金系	马氏体晶体结构	位向关系	惯习面	亚结构	组织形貌
Fe-Ni-C （Ni24%~35%， C1.0%）	bcc（α′）	K-S 关系： $(111)_\gamma$ // $(110)_{\alpha'}$ $[10\bar1]_\gamma$ // $[11\bar1]_{\alpha'}$	$\{111\}_\gamma$	位错	板条状
	bct（α′）		$\{225\}_\gamma$ $\{225\}_\gamma$ $\{259\}_\gamma$ $\{259\}_\gamma$	位错 孪晶 孪晶 孪晶	蝶状 片状 片状 薄片状
Fe-Mn （13%~25%Mn）	hcp（ε′）	$(111)_\gamma$ // $(0001)_\varepsilon$ $[1\bar10]_\gamma$ // $[11\bar20]_\varepsilon$	$\{111\}_\gamma$	层错	薄片状
Fe-Ni-Cr	bcc（α′）	$(111)_\gamma$ // $(110)_{\alpha'}$ $[10\bar1]_\gamma$ // $[11\bar1]_{\alpha'}$	$\{225\}_\gamma$	位错-孪晶	板条状-片状

4.4.4.1 Fe-Ni、Fe-Ni-C 合金马氏体

Fe-Ni、Fe-Ni-C 合金经淬火得马氏体组织，其形貌因形成温度不同而有三种类型：

（1）蝶状马氏体，在较高温度形成，如-30℃。

（2）片状马氏体，在较低温度下形成，如-20~-150℃。

（3）薄片状马氏体，在极低温度下形成，如<-150℃。

蝶状马氏体为位错型马氏体，惯习面不是 $\{111\}_\gamma$，而是 $\{225\}_\gamma$。

图 4-26 为 Fe-29.8Ni 片状马氏体，可见具有中脊，并显示只在中脊区有孪晶。

图 4-27 为 Fe-31Ni-0.28C 合金（$M_s = -171℃$）冷却到-196℃所形成的薄片状马氏体。其惯习面和亚结构与钢中 $\{259\}_\gamma$ 马氏体相同，但孪晶亚结构非常完整，如图 4-28 所示。

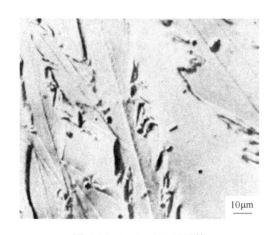

图 4-26　Fe-29.8Ni 马氏体

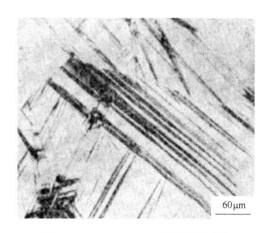

图 4-27　Fe-31Ni-0.28C 薄片状马氏体

Fe-Ni-C（Ni 24%~35%）合金马氏体的形貌与形成温度、成分的关系如图 4-29 所示。它表示了各类马氏体形成的温度范围。例如，0.4%CFe-Ni-C 合金，转变温度高时，形成板条状马氏体，随着温度的下降，形貌不断改变，依次形成板条状+凸透镜片状，蝶状，薄片状马氏体。

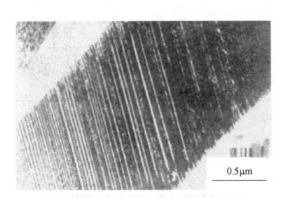

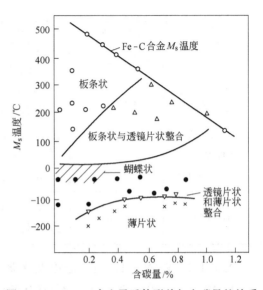

图 4-28 Fe-29.7Ni-0.42C 合金马氏体孪晶

图 4-29 Fe-Ni-C 合金马氏体形貌与含碳量的关系

4.4.4.2 Fe-Cr-Ni、Fe-Mn 合金马氏体

低碳或无碳的 Fe-Cr-Ni 合金, 可形成两种马氏体。工业 18-8 不锈钢在室温或更低的温度经形变诱发可形成六方马氏体ε′。超低碳马氏体时效钢可形成 $\{225\}_\gamma$ 立方马氏体。这与 Fe-C 马氏体不同, 此外, 亚结构是以位错为主的位错-孪晶型。形貌属于板条状。

Fe-Mn 合金也可以形成六方马氏体ε′, 这是由于高锰钢具有较低的层错能, 因而其亚结构是层错。形貌呈极薄的板片, 如图 4-30 所示。

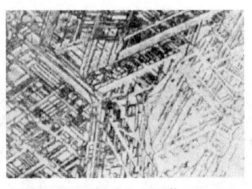

图 4-30 Fe-19Mn 中的ε′马氏体（1000×）

4.4.5 有色合金马氏体

许多有色合金中也存在马氏体相变。其研究极大地丰富了马氏体相变机制和本质的认识, 尤其是形状记忆合金的研究和应用。

4.4.5.1 晶体学特征

有色合金马氏体的亚结构大多是层错和孪晶, 极少有位错。惯习面指数多为较高指数面, 也较复杂。具有代表性的有色合金马氏体的晶体学特征列于表 4-3。

表4-3 有色合金马氏体的晶体学特征

合金系	成分(摩尔分数)/%	晶体结构(母相→马氏体)	惯习面	亚结构	备注
Cu-Zn	39.5Zn	有序体心立方→有序正交	$(2, 11, 12)_\beta$ $(155)_\beta$	层错	弹性
Cu-Al	20~22.5Al 22.5~26.5Al	体心立方→六方 有序体心立方→有序正交	$\{133\}_\beta$ $\{122\}_\beta$	层错 层错	弹性
Cu-Al-Ni	14.2Al,4.3Ni	有序体心立方→有序正交 有序体心立方→有序正交	$(\bar{1}55)_\beta$、$(\bar{1}55)_\beta$ 和$(33\bar{2})_\beta$之间	层错(18R) 层错(2H)	弹性
Co		面心立方→密排六方	$\{111\}_\gamma$	层错	
Au-Cd	33~35Cd	有序面心立方→有序正交	$\{133\}_\gamma$	孪晶	弹性
Ti		体心立方→密排六方	$\{8, 8, 11\}_\beta$	孪晶	
Ti-Mo	5Mo	体心立方→密排六方 体心立方→密排六方 体心立方→面心立方	$\{344\}_\beta$ $\{344\}_\beta$ $\{100\}_\beta$	无 孪晶 孪晶	

注:有人认为纯Ti的α′马氏体中无孪晶。

4.4.5.2 铜合金中的马氏体

Cu-M系合金(M代表Zn、Al、Ni等元素)中马氏体相变的母相是中间相,如CuZn、Cu_5Zn、Cu_3Al等,统称β相,为体心立方晶格。图4-31为Cu-Al相图及形成马氏体的成分范围及层错能,可见,在20%~26.5%Al(摩尔分数)范围,有序或无序的β相经快速淬冷时有可能发生马氏体相变。另外可见,在低层错能的合金中形成马氏体。这种马氏体相变有一定强化作用,但是少量的强化相对合金的力学性能无显著作用。因而,铜合金作为结构材料应用时,马氏体相变未能引起人们的关注。

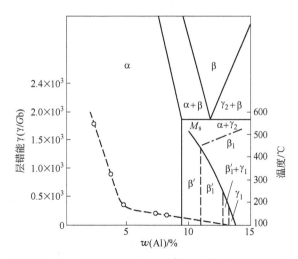

图4-31 Cu-Al相图及形成马氏体的成分范围及层错能

但是,一定成分的Cu-Zn、Cu-Al-Ni合金具有热弹性马氏体相变,且具有形状记忆效应。铜合金的马氏体相变受到重视，得到了实际应用。

有色合金马氏体微晶体的外形基本上仍属于条片状，但金相形貌与铁基马氏体有较大区别。图 4-32 所示为 Cu-11.42Al-0.35Be-0.18B 合金的 β_1' 马氏体的金相组织。图 4-33 为 β_1' 马氏体的透射电子显微镜照片，显示层状的层错形貌，层错可贯穿整个马氏体片。图 4-34 所示为 Cu-Al 合金马氏体片中的层错和位错，该图是高分辨像，可见到晶面原子列，图中有许多刃型位错，圆圈中可看到层错排列的形貌，可见位错和层错往往是共生的。

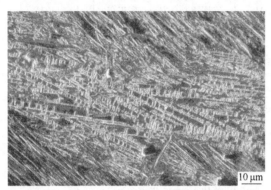

图 4-32　Cu-11.42Al-0.35Be-0.18B 合金的马氏体组织（OM）

图 4-33　Cu-11.42Al-0.35Be-0.18B 合金马氏体形貌及其中的层错（TEM）

成分和温度均影响马氏体的晶体结构。Cu-Zn 合金中，随着 Zn 含量的增加，β 相的转变产物的结构为：

大约 38Zn——面心立方；

38~41Zn——正交；

39~41Zn——面心立方；

44~52Zn——密排六方。

亚结构一律为层错。同一成分的合金，在不同温度下可以形成不同的晶体结构的马氏体。如表 4-3 中的 Cu-39.5Zn 合金，从马氏体点（$M_s = -100℃$）降低到液体空气（-190℃）的过程中，依次形成正交、单斜、三斜马氏体。

4.4.5.3　Ti 及其合金中的马氏体

表 4-3 中列举了 Co、Ti 及其合金中的马氏体。纯金属 Co、Ti、Zr、U、La、Li、Hf 等金属中均发现马氏体相变，也是以快速冷却造成巨大的过冷度，从而导致无扩散相变。

钛及钛基合金马氏体相变的高温相为体心立方，低温相多为密排六方。纯钛的块状马氏体具有高密度位错，但是在个别马氏体片中具有孪晶。

在钛合金中形成 α′和 ω 两类马氏体。含 18%～22%（at）Nb 的 Ti-Nb 合金淬火时，由体心立方的 β 转变为复杂体心立方结构的 ω 马氏体。在 Ti-15Mo 合金中也发现 ω 马氏体。和一般马氏体形成不同，ω 马氏体形核能垒小，并且长大速率慢。

钛合金中的马氏体相变具有工业应用价值。以 Ti-5Mo 为例，成分与结构相同的母相形成三种马氏体：（1）密排六方 $\{344\}_\beta$，无亚结构；（2）密排六方 $\{344\}_\beta$，孪晶亚结构；（3）面心立方 $\{100\}_\beta$，孪晶亚结构。无亚结构的马氏体是马氏体相变领域中少见的。具有工业实用性的 Ti-Al-Mo-V 合金淬火时也得到两种马氏体：密排六方和面心立方。

图 4-34 Cu-Al 合金马氏体片中的层错和位错（HRTEM）

拓展阅读

4.4.6 表面马氏体

在金属表面上形成马氏体时与材料内部的马氏体相变有所不同，马氏体的比体积跟母相不同，如钢中奥氏体的比体积小，而马氏体的比体积较大。因此，在材料内部形成的马氏体受三向压应力作用，使马氏体难以形成。但是表面马氏体则不受三向压应力的阻碍，比较容易转变。在稍高于 M_s 点的温度下等温，往往会在表面出现马氏体组织，称为表面马氏体。表面马氏体的惯习面不是 $\{225\}_\gamma$，而是 $\{112\}_\gamma$。具有西山关系，形貌为条片状。图 4-35 所示为 18CrNiWA 钢的表面马氏体组织。

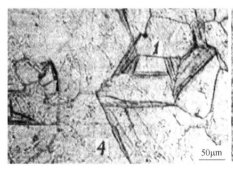

拓展阅读

a   b

图 4-35 18CrNiWA 钢的表面马氏体的变温转变
a—冷却到 345℃，6min，8%马氏体；b—冷却到 330℃，6min，50%马氏体

4.5　马氏体表面浮凸

马氏体表面浮凸自 1924 年被发现以来，这种试验现象备受重视，观察研究较多，并且将其与马氏体相变机制紧密地联系在一起。

作为马氏体相变的切变"理论"，马氏体表面浮凸在其中占据了重要位置。认为马氏体的表面浮凸是切变造成的，将表面浮凸形貌描绘为 N 型，并且作为马氏体相变切变机制的重要试验依据。

到目前为止，已经发现珠光体、贝氏体、马氏体、魏氏组织中均存在表面浮凸现象。表面浮凸已经成为试样表面的过冷奥氏体转变的一种普遍现象。而且浮凸形状普遍为帐篷形（∧）。马氏体表面浮凸跟珠光体、魏氏组织、贝氏体各转变产物的浮凸比较，没有发现特殊之处，所有板条状马氏体表面浮凸均为帐篷形（∧），Fe-Ni-C 合金中的 $\{259\}_f$ 型片状马氏体的表面浮凸也为帐篷形（∧）。

21 世纪以来，表面浮凸的实验研究和理论分析，认为表面浮凸是由相变体积膨胀所致，这就从根本上否定了切变机制，动摇了 20 世纪马氏体相变切变理论的根基。

4.5.1　马氏体表面浮凸的试验观察

将 2Cr13 不锈钢试样，抛光表面，然后在真空热处理炉中加热到 1000℃，迅速冷却到室温，得到板条状马氏体组织，不经浸蚀直接在扫描隧道显微镜下观测，其浮凸形貌如图 4-36a 所示，可见具有板条状马氏体的形态。浮凸的尺寸（对应箭头所指处）如图 4-36b 所示，浮凸高度不等，最高处约 35nm，形状呈帐篷形（∧）。

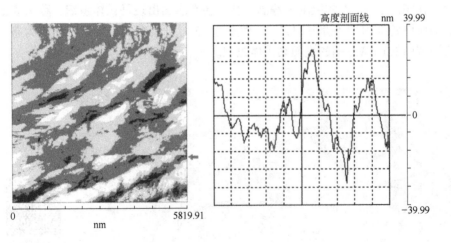

拓展阅读

a　　　　　　　　　　　　　b

图 4-36　2Cr13 钢的板条状马氏体浮凸（STM）
a—浮凸形貌；b—图 a 中箭头所示位置的高度剖面线

方鸿生等采用 STM 观察 Fe-0.2C-14Cr 等钢的板条状马氏体的表面浮凸形貌，也发现所有板条状马氏体的浮凸均呈帐篷形（∧），并且认为帐篷形浮凸不具备切变特征。

Fe-Ni-C 合金马氏体是典型的片状马氏体，M_s 点可以调整到室温以下，便于观察马氏体组织转变。采用 Fe-29.17Ni-0.39C（质量分数,%）合金，在密封的石英管中，经过退火和淬火等一系列处理后，得马氏体的表面浮凸，如图 4-37 所示。利用原子力显微镜（AFM）观察表明浮凸。由于 AFM 具有优异的纵向分辨率，可定量测定浮凸的高度，如图 4-38 所示。

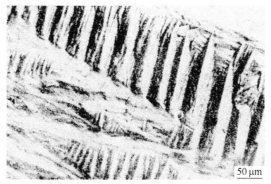

拓展阅读

图 4-37 Fe-Ni-C 合金马氏体表面浮雕形貌

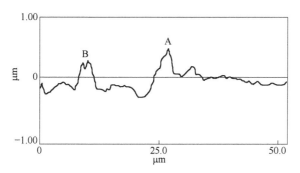

拓展阅读

图 4-38 Fe-Ni-C 合金马氏体的表面浮凸的 AFM 观察

所有测得的浮凸的形状，均为帐篷形（∧）。近年来，不同研究者的观测结果是一致的。应用扫描隧道显微镜（STM）、原子力显微镜（AFM）精确测定了浮凸的尺寸和形貌，发现马氏体表面浮凸与贝氏体、珠光体表面浮凸相比没有特别之处，均呈现帐篷形（∧），不具备切变特征。

4.5.2 马氏体表面浮凸形成机理

自从马氏体表面浮凸这一试验现象被发现以来，学者们一直认为马氏体表面浮凸是切变造成的，并且将它作为马氏体相变切变机制的实验依据。直到 2008 年，刘宗昌等人发现珠光体转变也出现表面浮凸现象。众所周知，珠光体转变是过冷奥氏体的扩散型相变，这说明扩散型相变也产生表面浮凸现象，因而需重新认识表面浮凸的产生机理及其在马氏体相变机制中的位置。

试样表面上的过冷奥氏体转变为珠光体时，表面浮凸主要是由各相比体积不同，马氏体片形成有先后，相变体积不均匀膨胀造成的。

　　当试样表面上的奥氏体转变为贝氏体或马氏体时，也同样发生不均匀的体积膨胀，而且形成复杂的表面畸变应力，从而引起表面畸变。先形成的新相，必然突出于试样表面，因而产生与组织形貌相适应的浮雕，即产生浮凸。

　　根据实测珠光体团尺寸、贝氏体铁素体片条尺寸、马氏体片尺寸，代入奥氏体→珠光体、奥氏体→贝氏体、奥氏体→马氏体时的线膨胀率，计算膨胀值为 20~300nm，与 STM 实测浮凸值相吻合，说明是新相体积膨胀的结果。所有的一级相变均存在体积膨胀效应，这一点是不能忽略的。

　　马氏体表面浮凸的产生同珠光体表面浮凸、贝氏体表面浮凸的产生类似，也是由相变产物比体积增大，马氏体片形成有先后，相变过程中出现体积膨胀不均匀、不协调造成的。另外，马氏体的比体积比母相奥氏体的比体积大得多，而且相变温度较低，马氏体形成时长大速度极快，在试样表面会形成复杂的应力和应变，引起复杂的表面塑性变形和弹性变形，进而影响表面浮凸的形貌。图 4-39 为马氏体表面浮凸形成的膨胀示意图。

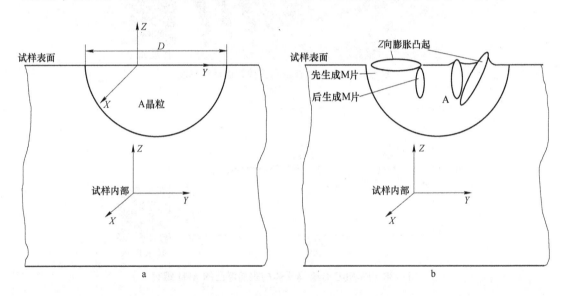

图 4-39　马氏体表面浮凸形成体积膨胀示意图

　　需要指出，如果试样表面层的奥氏体转变为马氏体时，沿 X、Y、Z 三个方向均匀地膨胀，则在试样表面就不会观测到浮凸。实际上，发生马氏体相变时，试样表面层的过冷奥氏体与试样内部的过冷奥氏体的相变环境不同，内部的奥氏体转变为马氏体时，体积膨胀受到三向压应力的约束，而试样表面层的奥氏体转变为马氏体时，在平行于试样表面的两个方向上体积膨胀受压应力，阻碍膨胀，而在垂直于试样表面的外部方向上，即 Z 方向，表面层的奥氏体转变为马氏体时，必然产生不均匀的体积膨胀。当体积膨胀造成的应变集中在自由膨胀的方向上时，就造成表面鼓起，会产生表面浮凸。

　　浮凸是马氏体在表面层不均匀膨胀造成起伏的结果，马氏体片条在试样表面的存在方位多种多样，厚薄程度都不相同，而浮凸的高度与试样表层马氏体片厚度有直接关系，马氏体片越厚膨胀量越大，浮凸越高。

由于马氏体片条形成的先后次序不同，先形成的马氏体片向 Z 方向膨胀时，会受到周围奥氏体相反的拉力，阻碍马氏体片的 Z 方向膨胀应变，而后形成的马氏体片，除了受到奥氏体的拉力外，还要受到先转变的马氏体片的压力，使后转变的马氏体片向 Z 方向膨胀更为困难。又因为马氏体片条在试样表面的存在方位不同，马氏体片条的厚薄程度也有差别。因而，在表面上的奥氏体向马氏体转变时，必然产生不均匀的体积膨胀，使得试样表面产生的形貌不同，即为表面浮凸的形貌。

同时，由于各马氏体片条形成的先后次序不同，先形成的马氏体片尺寸较大，后形成的越来越小，其膨胀量也不相等，所以试样表面会产生高度不等的浮凸。另外，由于新旧相比体积不同，再加上相变过程中膨胀不协调，因而相互拉压会形成复杂的表面畸变应力，从而引起表面畸变；晶格之间的拉应力也会阻碍表面凸起的产生。因此出现由未凸起或凸起小的部分向凸起的峰值的渐变，在高度剖面线上出现"山坡"，从谷值到峰值之间，存在有斜率的曲线。

4.6 马氏体相变的形核

马氏体相变与其他相变过程一样，是一个形核和晶核长大的过程。同样，涨落是相变的诱因，形核是相变的开始，长大是相变的延续。

4.6.1 马氏体相变的形核模型

20 世纪前半叶的实验表明，马氏体形核位置不是任意的。形核位置与母相中存在的缺陷有关，当时认为这些缺陷是位错、层错等晶粒内部的缺陷。

1949 年 Cohen 首先设想马氏体在位错处形核；1956 年提出了 K-D 位错圈形核模型；1958 年从位错圈的能量出发，发展为 K-C 模型；1972 年又进一步精练为 R-C 模型。这些模型均假定在母相中预先存在核胚，由位错组成。但是迄今未得到实验证明。理论上也难以成立，因为在高温下的母相中，如在奥氏体中不存在如模型中所说的那么高的位错密度。

20 世纪 50 年代提出层错形核和极轴机制，用以描述面心立方的母相转变为密排六方晶格马氏体以及面心立方→体心立方、体心立方→面心立方等马氏体相变，也均未能得到实验证实。

20 世纪 60 年代提出了应变核胚模型，指出在母相的应变区域形成的马氏体核胚与母相的界面是位错。该模型也未被实验证明，而且在平衡加热的高温下，奥氏体中一般不存在应变场，也没有那样高的密度位错。

20 世纪 60~70 年代还提出软模、局域软模、激活缺陷分布的非均匀形核模型，其核心是在不大的驱动力下呈现非均匀形核。

4.6.2 马氏体相变形核的新观察

以往认为马氏体在奥氏体晶粒内部形核。近年来，应用金相显微镜、透射电镜、扫描电镜试验观察了马氏体的形核—长大情况，发现马氏体可在晶界、孪晶面、表面、相界面、位错等各种晶体缺陷处形核，符合固态相变形核的一般规律。

4.6.2.1　在晶界上形核

实验观察表明，马氏体可在奥氏体晶界上形核。将 60Si2CrV 钢于 950℃奥氏体化后，在 260℃等温淬火 10min，获得少量马氏体组织，如图 4-40 所示。可见，马氏体片优先在晶界形核并且沿着晶界长大，也向晶内长大。

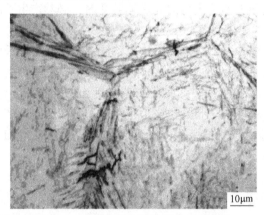

图 4-40　60Si2CrV 钢马氏体沿着晶界形核长大（OM）

4.6.2.2　在孪晶界上形核

将 Fe-30.8Ni 合金在 0℃应变 10%，发现马氏体在界面和孪晶界形核。该合金在 −20℃应变 20%，马氏体在孪晶界形核并且沿着滑移面长大，如图 4-41 所示，表明孪晶界面有利于马氏体的形核。

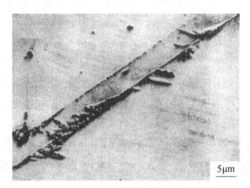

图 4-41　Fe-30.8Ni 合金马氏体在孪晶界形核（SEM）

4.6.2.3　在相界面上形核

将球墨铸铁试样加热到 950℃，然后在水中淬火，发现马氏体形貌为透镜片状，马氏体片在石墨-奥氏体相界面（石墨表面）上形核，然后向四周的奥氏体中长大，如图 4-42 所示。

4.6.2.4　在晶界和晶内形核

将 Fe-1.2C 合金加热到 1200℃，保温使奥氏体晶粒长大，然后在 M_s 点稍下等温，形成少量变温马氏体，在等温过程中被回火，再淬火至室温。试样经硝酸酒精溶液浸蚀，等温过程中形成马氏体被回火而容易受浸蚀，在金相显微镜下观察呈现黑色，如图 4-43 所示。可见，马氏体在奥氏体大晶粒内部形核长大，同时在晶界上也有马氏体形成。奥氏体

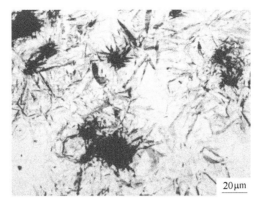

图 4-42 马氏体片在石墨-奥氏体相界面上形核（OM）

晶粒内部首先形成的马氏体片尺寸较大，后形成的马氏体片逐渐变小。

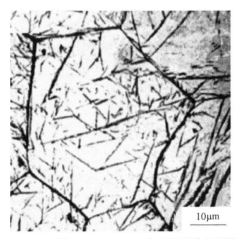

拓展阅读

图 4-43 Fe-1.2C 合金马氏体的形核（OM）

图 4-44 是 20Cr2Ni4 钢淬火马氏体形核长大的扫描电镜照片，可见马氏体也可在晶界和界棱处形核长大。

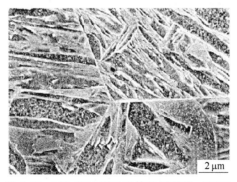

图 4-44 20Cr2Ni4 钢马氏体组织形貌（SEM）

4.6.2.5 在试样表面上形核

马氏体可在试样表面上形成。将 18CrNiW 钢高温金相试样加热到 1250℃，再降温到

850℃，然后炉冷到不同温度，观察试样表面上板条状马氏体的形成过程，如图4-35所示。这表明，在奥氏体与真空接触的界面上（即奥氏体表面上）也能形成马氏体晶核，并且在表面上长大。

4.6.2.6　激发形核

马氏体也可激发产生，即在已形成的马氏体片旁侧产生。图4-45为轴承钢淬火后在100℃等温10h形成的马氏体，其中白色片状为等温马氏体（箭头所示），黑色马氏体片是在等温过程中被回火，故浸蚀后为黑色。可见，马氏体旁侧产生了一些小马氏体片，是激发形核的结果。这种形核方式是在已产生的马氏体片与奥氏体相界面处形成的，由于马氏体与奥氏体相界面处积累了应变能，有促进形核的作用。

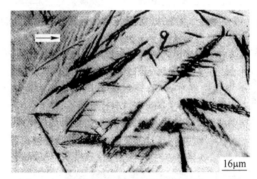

图4-45　轴承钢中马氏体的激发形核（OM）

4.6.2.7　隐晶马氏体的形核

将GCr15轴承钢试样加热到850℃，保温后在150℃的油中淬火5min，然后取出冷却到室温。抛光后采用4%硝酸酒精浸蚀，观察隐晶马氏体组织，如图4-46所示。可见，隐晶马氏体（M1，黑色）在大颗粒的未溶渗碳体周边形核并长大，即在A/Fe$_3$C相界面处形成。

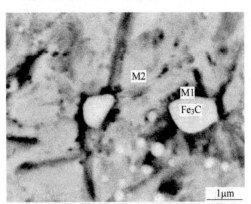

图4-46　GCr15钢的隐晶马氏体在相界面上形核（SEM）

大量试验观察表明，马氏体优先在晶界、相界、表面等界面上形核，即可在奥氏体晶界上形核，在孪晶界上形核，在石墨-奥氏体界面上形核，在试样表面上形核，在碳化物-奥氏体相界面上形核等，即在晶体缺陷处形核。

过共析钢淬火加热，是在$A_{c_1} \sim A_{cm}$温度之间奥氏体化，此温度处于奥氏体+碳化物两相区，保温后在奥氏体基体上分布着颗粒状碳化物或者是碳含量分布极不均匀的奥氏体，这种组织淬火冷却到马氏体点以下时，在 A/Fe₃C 相界面处是形核的最佳地点。根据 Gibbs-Thomson 定律，碳化物颗粒周围的奥氏体中碳原子分布是不均匀的。因此各微区的马氏体点有微小的偏差，故形成的马氏体片细小，在光学显微镜下难以分辨，称其为隐晶马氏体。

4.6.3 关于马氏体形核机制

奥氏体过冷到 M_s 点时，在奥氏体的晶体缺陷处出现随机涨落，由于过冷度大，温度低，原子难以扩散。马氏体相变无成分变化，因此不需要浓度涨落，但需要在晶体缺陷处产生结构涨落和能量涨落。结构涨落、能量涨落两者非线性的正反馈相互作用把微小的随机性涨落迅速放大，使得原结构失稳，建构一种新结构，即马氏体晶体结构。以晶体缺陷为起点出现结构上的涨落，在能量涨落的配合下形成马氏体晶核。因此，马氏体的形核即为以缺陷促进形核，实现母相到新相晶体结构改组的过程，此形核过程符合相变形核的一般规律。

图 4-47a 所示为 Fe-15Ni-0.6C 合金马氏体组织，可见，在原奥氏体的三角晶界处（界棱）形成了马氏体晶核并且沿着奥氏体晶界长大。图 4-47b 为 a 中三角晶界处的示意图，表明该马氏体片在界棱处形核，沿着奥氏体晶界向奥氏体 A1 长大。由于 A1、A2、A3 三个晶粒位向不同，马氏体片只向 A1 晶内长大。马氏体片若与 A1 晶粒保持共格或半共格，则与 A2、A3 两个晶粒没有共格关系，那么该马氏体片是怎么形核—长大的呢？切变学说认为："马氏体与奥氏体共格切变长大，共格破坏时就不再长大"。那么，该晶核与 A2、A3 两个晶粒没有共格关系，怎么长大呢？显然与切变机制相矛盾，也即切变机制不能解释马氏体片沿着晶界形核长大的问题。刘宗昌等认为：马氏体形核长大不是切变过程，切变机制不能解释马氏体在晶界、孪晶界、相界面上的形核长大过程，也不符合省能原则。

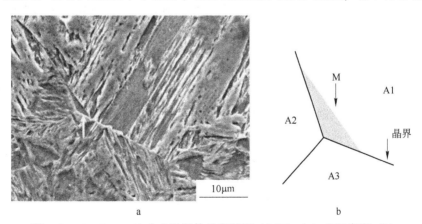

图 4-47 Fe-15Ni-0.6C 合金马氏体晶界形核（SEM）（a）和示意图（b）

图 4-48 描绘了马氏体晶核在界面上的形成示意图，图 4-48a 为晶界、晶内位错处出现结构涨落和能量涨落的微区示意图，图 4-48b 表示在晶界上形成马氏体晶核，图 4-48c 为马氏体晶核结构示意图。由于奥氏体和马氏体晶格常数不等，存在错配度，这将在 γ/M 相界面上产生位错，以形成半共格界面，如图 4-48c 所示。两相保持 K-S 关系，为减少应变能，晶核呈片状。在晶内位错等缺陷处也可以通过涨落形核。

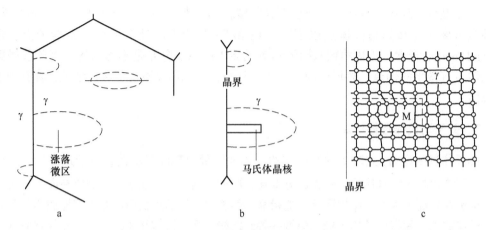

图 4-48 马氏体在晶界形核示意图

4.7 马氏体相变机制及晶核长大

自然科学哲学指出：自然事物的演化具有竞争性、择优性。演化是在一定环境、一定条件下进行的，遵循适者生存，物竞天择的竞争法则。从而演化必选择阻力最小、最省能的途径进行。

固态相变过程也不例外。过冷奥氏体转变为马氏体，就是一个晶格改组、重构的过程。此过程以什么方式进行，是以扩散方式，还是以集体协同热激活跃迁方式实现晶格改组，是系统自组织功能主导的过程，系统必选择省能的、便捷的途径完成新相的重构。

20 世纪认为马氏体相变是以切变方式进行的，耗能极大，忽视了热力学可能性。21 世纪以来，大量实验和理论研究证明切变机制是不符合实际的，是错误的学说。本节首先简述马氏体相变切变机制的误区，然后再阐述马氏体相变新机制。

4.7.1 马氏体相变切变机制的误区

马氏体相变的切变机制，或者说切变学说，自 20 世纪 30 年代提出以来已近 80 年，从专著到教科书，广为流传，似乎已经是成熟的理论。21 世纪以来，刘宗昌等人从热力学、晶体学、组织学、表面浮凸等多方面逐一对切变机制进行了实践检验和理论检验，多角度、多方面地指出了马氏体相变的切变机制存在重重误区。

4.7.1.1 误区一：切变过程缺乏热力学可能性

A   晶格切变过程消耗的功

提出 K-S 模型（1930 年）、西山模型（1934 年）时，只应用光学显微镜观察金相组织，既没有发现位错，更不知道存在孪晶。1934 年泰勒·奥罗万（E. Orowan）等提出晶体中存在位错的假设。到 1956 年鲍曼（Bollmann）等人才在不锈钢、铝中应用透射电镜直接观察到位错。至于金属中的孪晶发现得更晚。因此 K-S 模型、西山模型等均没有考虑晶体中的缺陷，只设计了无晶体缺陷的切变模型。

已知使晶体切变所需的切应力 τ，用式 $\tau = G\beta$ 表示。式中，G 为切变弹性模量，对于铁，$G=81.6×10^3 MN/m^2$；$β$ 为切应变，单位是 rad。

按照 K-S 模型，$γ$ Fe$→α$ 马氏体（0%C）时（下列均以此转变计算），第一切变角为 19°28′，折合 0.34rad。则计算切应力 $τ=Gβ=27.8×10^3 MN/m^2$。计算切变消耗的功 $N_{1q}=35×10^3 J/mol$。此即为按照 K-S 模型第一切变需要的切变能量。K-S 模型的第二切变是切变 10°32′，需要切变能量 $N_{2q}=9.9×10^3 J/mol$。两次切变耗能相加，即切变总能量 $N_k = N_{1q} + N_{2q} = 44.9 × 10^3 J/mol^{-1}$。

西山切变模型，只进行第一切变，并且与 K-S 模型的第一切变相同，因此切变耗能 $N_x = N_{1q} = 35×10^3 J/mol$。

1949 年提出的 G-T 模型，计算消耗切变能 $N_{G1} = 10.8×10^3 J/mol$。G-T 模型的第二切变耗能 $N_{G2} = 14.5×10^3 J/mol$。两次切变共耗能 $N_G = N_{G1}+N_{G2} = 25.3×10^3 J/mol$。

上述各切变模型，在完成 1~2 次切变后，显然消耗了极大的能量。遗憾的是切变后均没有得到实际的马氏体晶格（变形不改变晶格类型），还需进行晶格参数调整，这实际上还需要原子再移动，再耗能，在上述计算的切变能量基础上还需要追加晶格参数调整的能量。这些切变模型只是考虑将面心立方变成体心结构（并非体心立方），而没有考虑相变阻力的大小和热力学可能性。

B 马氏体相变驱动力不足以完成切变过程

从文献得知 Fe-C 合金马氏体的相变驱动力，纯铁马氏体相变的临界驱动力约为 $1.18×10^3 J/mol$，0.4%~1.2%C 的 Fe-C 合金的相变驱动力为 $(1.337~1.714)×10^3 J/mol$。

K-S 切变使 $γ$ Fe$→α$ 马氏体（0%C）时，共需切变能量为 $N_k = 44.9×10^3 J/mol$；西山切变模型，需切变能量 $N_x = N_{1q} = 35×10^3 J/mol$；G-T 切变模型，共需切变能量 $N_G = 25.3 × 10^3 J/mol$。将这些与相变驱动力比较，惊奇地发现马氏体相变驱动力远远不能支持切变过程的进行。切变过程不符合省能原则，缺乏热力学可能性，不可能发生。而且切变过程不能改变母相的晶格类型，没有得到符合实际的真正的马氏体晶格，却消耗了大量的能量。切变模型没有说明晶格参数调整时原子的位移方式，原子位移就需要驱动力，需要消耗能量，这些模型均没有交代。

总之，马氏体相变的切变机制需要极大的切变能量，切变阻力太大，相变驱动力不足以完成切变过程。切变也没有完成晶格改组。自然事物演化的原则，旧相到新相的转变原则是省能原则，切变机制耗能太大，系统自组织功能不会选择这种方式，而选择省能途径。

4.7.1.2 误区二：马氏体相变晶体学模型与实际不符

20 世纪 20 年代提出了 Bain 应变模型。30~70 年代提出 8 个切变模型，如 K-S 模型（1930）、西山模型（1934）、G-T 模型（1949）、表象学假说（1953~1954）、K-N-V 模型（1961）、B-B 双切变模型（1964）、ЛЫСАК 模型（1966）、藤田模型（1976）。这些模型的致命缺点是与实际不符。

1930 年设计的 K-S 切变模型、1934 年设计的西山切变模型，两个模型都使奥氏体变成体心结构，并满足其位向关系。但按照这些模型，惯习面应为 $\{111\}_γ$，而实际上钢中马氏体的惯习面为 $\{557\}_γ$、$\{225\}_γ$、$\{259\}_γ$；该成分的 Fe-Ni 合金马氏体的惯习面也是 $\{259\}_γ$。惯习面与实际不符，此外这些模型均不能产生高密度位错和精细孪晶。经过 1~

2次切变后，晶格参数并非实际的马氏体晶格，还要通过原子的位移来调整。因此 K-S 模型、西山模型均与实际不符。

A. B. Greninger, A. R. Troiano 于1949年设计的 G-T 切变模型，经两次切变后，并没有得到相符合的马氏体晶体，仍需做晶格参数的调整。惯习面也不相符，也与小于1.4% C 钢中马氏体的惯习面不符。

20世纪50年代，提出的两个马氏体相变的表象学假说，一个称为 W-L-R 理论；另一个称为 B-M 理论。该学说将 Bain 模型和切变模型组合起来，并以矩阵式 $F = RBS$ 描述。现研究表明表面浮凸是新旧相比体积差所致；上述切变模型，即简单切变均不能获得真正的马氏体晶格；因此，将形状应变（表面浮凸）F 用 R、B、S 三因素的组合来描述，这个计算式的物理模型不符合实际，因而其计算结果与绝大多数合金和钢的相变不相符合是必然的。

学者们根据发现的马氏体与奥氏体的位向关系设计的一系列切变模型，试图满足各自的位向关系，但是难以解释更多的试验现象。到20世纪70年代，科学工作者不断提出或改进切变模型，诸如 Bogers-Burgers 双切变模型、范性协作模型等模型。除了 Bain 应变模型外，其余均为切变模型或以切变模型为基础的改进型模型。遗憾的是所有的切变模型均不能与实际完全符合。所有的切变模型不仅与实际不符，而且不能解释马氏体组织形貌和高密度的缠结位错、精细孪晶、层错等亚结构的成因，对这些切变模型数十年的改进，仍然无能为力。因此，按照科学技术哲学理论，与实际不符的假说或未被试验证实的观点不能称为理论，实践是检验真理的唯一标准。因此切变机制是脱离马氏体相变实际的，是虚拟的，是错误的学说，应当摒弃。

4.7.1.3 误区三：切变机制缺乏试验依据

20世纪初发现马氏体相变表面浮凸现象，认为是切变造成的，并且将表面浮凸形貌描绘为 N 型，作为马氏体相变切变机制的主要试验依据。对表面浮凸的错误认识是导致切变机制误区的根源。

到目前为止，已经发现珠光体、贝氏体、马氏体、魏氏组织中均存在表面浮凸现象，而且浮凸形状普遍为帐篷形（∧）。浮凸实际上是试样表面的过冷奥氏体转变产物的一种普遍表征，是比体积增大引起的表面应变。

A 表面浮凸均呈帐篷形

试验发现马氏体表面浮凸跟珠光体、魏氏组织、贝氏体等转变产物的浮凸比较，没有特殊之处，所有板条状马氏体表面浮凸均为帐篷形（∧），帐篷形浮凸不具备切变特征。研究发现 Fe-Ni-C 合金 {259} f 型片状马氏体的表面浮凸也为帐篷形（∧）。在4.5节中已经阐述了马氏体表面浮凸。

20世纪前半叶，扫描隧道显微镜（STM）、原子力显微镜（AFM）尚未问世，只能使用光学显微镜观察表面浮凸形貌。图4-49a 就是一个用光学显微镜观察浮凸的例子。将高碳钢高温加热后淬火，得到粗大片状马氏体，试样经垂直的两面抛光，浸蚀，在光学显微镜下观察，得到马氏体片与表面相交的浮凸形貌。

为了清晰地观察浮凸形貌，刘宗昌等人利用计算机画图工具在该照片上沿着试样表面画了一条水平线，并且标注了字符。从图4-49a 中易见，形成马氏体片的部位，只有鼓出，没有下陷，马氏体片（M）夹着残留奥氏体（A）一起鼓出了试样表面，这足以证明是体积膨胀的结果，该浮凸显然是帐篷形（∧）形貌，并非 N 型。如是 N 型切变，像图 4-49b 那样，则鼓出量和下陷量应当相等。必须指出 G. Krauss 等人的金相试验是成功的，该照片是珍贵的，但是将此试验结果处理为 N 型（图 4-49b、c）是对试验数据的歪曲，是为了迎合切变机制而绘制的。理论要求真，试验要求实，实事求是才是科学工作者应坚持的作风和品格。

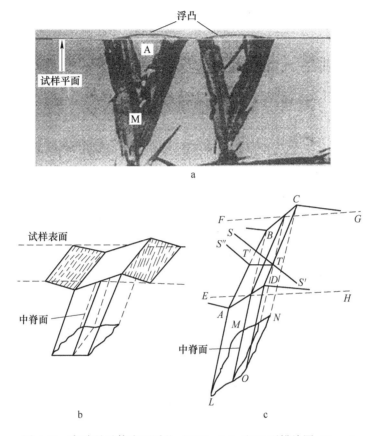

图 4-49　高碳马氏体表面浮凸（OM）（a）和 N 型描绘图（b、c）

B　N 型浮凸不符合实际

切变机制认为切变过程导致 N 型浮凸，并设想在试样表面刻一条划痕 STS'（图 4-49c），马氏体转变后，该划痕变成折线 $S'T'TS'$，折线应当连续，不间断。应当指出图 4-49b、c 在以往的书刊文献中没有找到实验支持。为了检验图 4-49b、c 的真实性，特取 Fe-Ni-C 合金试样，抛光（刻意留有划痕），进行光亮的真空热处理，热处理后的试样，不进行任何表面处理，即不浸蚀，随即用扫描电镜直接进行观察，发现马氏体表面浮雕（浮凸），马氏体表面浮凸的形貌与马氏体片的组织形貌相对应，为条片状。由于加热温度较高，表面存在一些热蚀坑，原奥氏体晶界形成热蚀沟，但是试样表面上的原有划痕仍然清晰可见。

图 4-50 为表面浮凸的形貌和划痕的变化，从箭头所指处可见划痕变弯曲，箭头 1~3 所指位置（图 4-50a），划痕变成曲线，箭头 4~6 所指位置（图 4-50b）划痕有间断，不连续现象，说明由于条片状表面马氏体的形成而使直线划痕变成了曲线，且断裂，不连续。

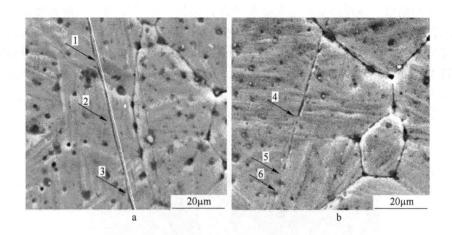

图 4-50 Fe-15Ni-0.6C 合金马氏体表面浮凸的形貌及划痕的变化（SEM）

应用扫描电镜大量观察表明，试样表面的直线划痕由于马氏体表面浮凸的形成而出现多种变化，如变成曲线，间断、不连续或基本上不变等现象。这说明马氏体表面浮凸是表面马氏体体积膨胀、不均匀应变的结果，并非切变所致，也不呈 N 形。因此将浮凸形貌曲解为 N 形是导致马氏体切变机制误区的源头。

表面浮凸现象是试样表面上过冷奥氏体转变为新相时引起的表面畸变，本质上属于一种淬火变形，不能作为某一种相变的独有特征，也不能作为马氏体相变切变机制的所谓试验证据。因此根据浮凸现象设计马氏体切变模型是失误，必然导致与实际不符。

总之：（1）切变机制不能满足相变热力学条件，切变耗能太大，相变驱动力不足以完成切变过程。（2）长期以来，所有的晶体学切变模型均不符合实际，不能解释试验现象，仅以位向关系来设计切变模型不妥，必导致不能解释试验现象。（3）表面浮凸是试样表面的过冷奥氏体转变的一种普遍现象，马氏体表面浮凸均呈帐篷形（∧），不具备切变特征。所谓浮凸呈 N 形缺乏试验依据，是臆想的。（4）切变机制不能解释马氏体组织形貌的演化规律，不能解释马氏体复杂的亚结构，不能解释马氏体形核长大规律等一系列试验现象。

切变学说是与实际马氏体相变无关的学说，是虚拟的、脱离实际的，应予以摈弃。

4.7.2　纯铁 γ→α 马氏体相变机制

γ-Fe 在高速冷却的情况下可得 α 马氏体组织。该马氏体为板条状马氏体，体心立方晶格（bcc），亚结构主要是高密度位错。惯习面为 $(557)_\gamma$。这种马氏体实际上是 fcc→bcc 的晶格改组过程，但不同于扩散型的 γ-Fe→α-Fe 的同素异构转变，也不同于中温区的块状相变，而是无扩散的 γ→α 马氏体相变。

4.7.2.1　纯铁 α 马氏体的产生

纯铁经不同速度冷却，发生不同的转变，得到不同的组织，随着冷却速度的急剧增加，分别转变为等轴状铁素体、块状组织、马氏体组织。纯铁中加入少量 RE、Mn 等元素，可提高 γ 相的稳定性，在不同冷却速度下获得相应的组织。将 3mm 厚的试样在 1100℃加热后空冷得到等轴状铁素体，如图 4-51a 所示；冰盐水淬火得到的块状铁素体组织如图 4-51b 所示，具有板条状特征；图 4-51c 为 0.06C-1.6Mn 钢的板条状马氏体组织。这些转变的产物均为超低碳的 α 相，是体心立方晶格，仅仅组织形貌和亚结构不同。

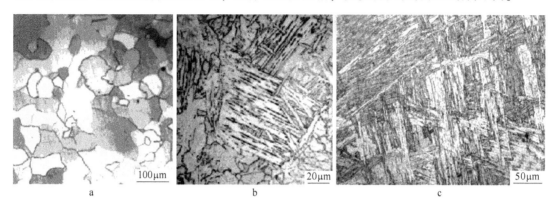

图 4-51　纯铁在不同冷却速度下得到的组织
a—等轴状铁素体；b—块状铁素体；c—板条状马氏体

它们的转变机制不同，高温区是扩散型相变；中温区是块状转变，是界面控制的原子热激活跃迁的相变；低温区是马氏体型相变，是无需扩散就能完成的相变。从高温到低温的相变是一个逐渐演化的过程。

4.7.2.2　γ-Fe→α 马氏体的形核长大

马氏体相变是原子无扩散的集体协同的热激活跃迁机制。所谓集体是指包括碳原子在内的所有原子，即碳原子、铁原子、替换原子等；所谓协同是指所有原子协作性地移动。这一机制是贝氏体相变非协同热激活跃迁机制的进一步演化。贝氏体相变时，碳原子是扩散位移，铁原子和替换原子是非协同热激活跃迁位移。

涨落同样是马氏体相变的诱因。在远离临界点 A_1 的情况下，首先产生结构涨落、能量涨落。以晶界、位错等缺陷为起点出现结构上的涨落，在能量涨落的配合下形成马氏体晶核。母相 γ 晶胞与 α 马氏体晶胞按照 K-S 关系位向排列，如图 4-52 所示。

γ-Fe 的晶胞中平均有 4 个铁原子，而一个 α 马氏体晶胞中平均有 2 个铁原子，这就是说，γ 晶胞改组为 α 马氏体晶胞时，一个 γ-Fe 晶胞相当于转变为 2 个 α 马氏体晶胞。

按照图 4-52，γ-Fe 晶格上的原子以不同的位移矢量转移到 α 马氏体晶格上，位移距离均远远小于一个原子间距，就变成了实际的马氏体晶格。这些原子的跃迁是集体的、协同的、不可逆的，一次性完成 γ→α 晶格重建，即一次性转变为体心结构的马氏体，满足并获得马氏体实际的晶格参数。

为了实现此 γ→α 晶格重建，位错、层错、界面等处的缺陷能，可辅助形核功，同时晶体缺陷易于产生 γ→α 的结构涨落，协助建构体心核胚，即晶体缺陷为形核的结构涨落和能量涨落提供了补充而又必要的条件。

在相变驱动力作用下，这种原子位移在热力学上是必然的，可使每个原子的自由能降低，如图 4-53 所示。马氏体晶格上的原子比 γ-Fe 晶格上的原子具有低的自由能，因此 γ-Fe 晶格上的原子转变到马氏体晶格上是个自发过程，图中 ΔG_V 是相变驱动力，在此相变驱动力作用下，γ 相中的原子热激活越过一个能垒 Q 转移到 α 相中，即成为马氏体晶格上的原子。

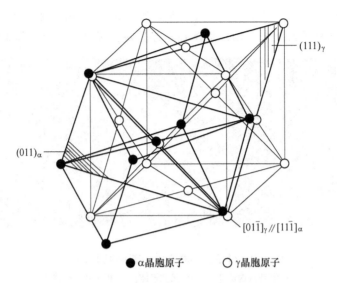

● α晶胞原子   ○ γ晶胞原子

图 4-52   γ-Fe 晶胞向 α 马氏体晶胞的转变示意图

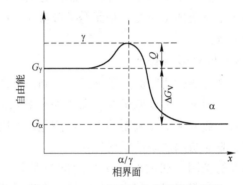

图 4-53   γ→α 相变自由能变化示意图

图 4-54 所示为 γ-Fe 转变为 α 马氏体时铁原子的位移图解。图 4-54a 为面心立方的 γ-Fe 晶格中的 $\{111\}_\gamma$ 的一个菱形，标出了菱形的高和边的尺寸。图 4-54b 为体心立方的 α 马氏体晶格中的 $\{110\}_\alpha$ 的一个菱形，也标出了菱形的高和边的尺寸。以两相保持 K-S 关系为例，$\{111\}_\gamma // \{110\}_\alpha$，即 γ-Fe 转变 α 马氏体时，$\{111\}_\gamma$ 将转变为 $\{110\}_\alpha$。将图 4-54a 和图 4-54b 重叠起来，绘制为图 4-54c，可见，菱形的角、高和边均不等，相变时必进行晶格参数调整。

图 4-54a 中的 γ-Fe 晶格点阵上的原子 a_1、a_2、a_3、a_4 要转移到 α 马氏体晶格中的 $\{110\}_\alpha$ 上去，从图 4-54c 可以看出，各原子的位移矢量不等，即位移的距离和方向不同。a_1 原子迁移到 b_1，a_2 原子迁移到 b_2，a_3 原子迁移到 b_3，a_4 原子迁移到 b_4。可见，各个原子移动的距离均远远小于 1 个原子间距，这些原子集体协同地位移，完成 γ→α 马氏体的转变。可见，各原子的位移矢量不等，显然，这不是切变位移。

γ-Fe→α 马氏体的转变是一级相变，存在潜热的释放和比体积的变化。马氏体的比体积较 γ-Fe 大，因此马氏体晶核长大时会使体积膨胀。膨胀引起弹性应变，产生畸变能，是马氏体相变的阻力。从 fcc→bcc（bct）转变，存在体积效应，新相的长大伴随着体积

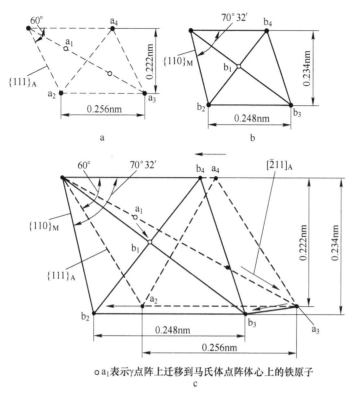

○a₁表示γ点阵上迁移到马氏体点阵体心上的铁原子

c

图 4-54　γ-Fe 转变 α 马氏体晶胞时铁原子的位移图解

膨胀，在母相中引起畸变能，该畸变能与弹性模量 E 成正比。因此晶核长大将选择弹性模量较小的晶向进行，以便减少畸变能。

马氏体片长大方向应选择应变能较小的晶向。立方金属在 $\langle 111 \rangle$ 晶向上的弹性模量（E）最大，而在 $\langle 100 \rangle$ 晶向上 E 值最小，其他晶向上的弹性模量值介于两者之间。在奥氏体的 $\langle 110 \rangle_\gamma$ 上 E 值较小，并且原子排列密度最大；而马氏体的 $\langle 111 \rangle_\alpha$ 上原子排列密度也较大。在 K-S 关系中，奥氏体的 $\langle 110 \rangle_\gamma // \langle 111 \rangle_\alpha$。在最密排晶向上原子的位移距离特别小。计算得碳含量为 0 的 γ-Fe 转变为马氏体 α 时，γ-Fe 最密晶向上的 Fe 原子位移距离仅为 -0.0095nm，即缩短 -3.69%，就可以变成马氏体 α 的 $\langle 111 \rangle_\alpha$ 上的原子，在 $\langle 110 \rangle_\gamma$ 晶向上的原子转变为马氏体晶格 α 的 $\langle 111 \rangle_\alpha$ 上的原子时，错配很小，仅 0.012，则两相在此晶向上可共格连接，造成的畸变能极小，这是保持这一位向关系的重要原因。这种位向在空间有 24 种不同的取向排列。但是在其他晶向上，马氏体晶格 α 的涨缩尺寸较大，如在 $(111)_\gamma$ 上的 $[\bar{2}11]_\gamma$ 晶向原子移动缩短，计算得 -0.0288nm，相当于收缩 -6.64%；但是在 $(111)_\gamma$ 上的 $[11\bar{2}]_\gamma$ 晶向上原子移动距离较大，为 2×0.0164nm $= 0.0328$nm，即膨胀了 7.55%。因此，马氏体片沿着 $[11\bar{2}]_\gamma$ 晶向上长大是困难的，因为要产生极大的应变能。

马氏体晶核沿着 $\langle 110 \rangle_\gamma$ 晶向长大时，E 值较小，原子排列密度最大。在这个方向上引起的体积畸变能 $U \approx \dfrac{3}{2} E \delta^2$，由此式可见，弹性模量 E 值小，错配 δ 也小时，则畸变能

U 小。因此沿着 $\langle 110 \rangle_\gamma$ 晶向长大阻力小，是长大的有利方向。而沿着 $[\bar{2}11]_\gamma$ 晶向长大情况正好相反，此晶向的 E 值较大，原子移动距离较大，错配大，则畸变能 U 值较大，也即长大阻力大，因此沿着 $[\bar{2}11]_\gamma$ 晶向长大较为困难。这样，马氏体晶核将优先沿着 $\langle 110 \rangle_\gamma$ 晶向长大，即形成板条状的马氏体。

γ-Fe 的 $\langle 110 \rangle_\gamma$ 晶向转变为马氏体的 $\langle 111 \rangle_\alpha$，$\langle 110 \rangle_\gamma$ 晶向原子间距为 $\frac{\sqrt{2}}{2}\alpha_f =$ 0.2509nm，$\langle 111 \rangle_\alpha$ 晶向原子间距为 $\frac{\sqrt{3}}{2}\alpha_\alpha = 0.2478$nm。$\gamma$-Fe 最密排晶向铁原子间距收缩 0.0031nm，变为 0.2478nm，即铁原子位移远远小于 1 个原子间距。由于 $\langle 110 \rangle_\gamma$ 和 $\langle 111 \rangle_\alpha$ 两个最密排晶向存在错配度，要维持共格关系，就会形成位错，这就是相变位错，如图 4-55 所示。计算表明，每移动约 26 个原子就形成一个位错。而形成半共格界面。

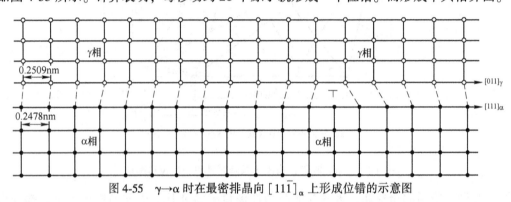

图 4-55　$\gamma \rightarrow \alpha$ 时在最密排晶向 $[11\bar{1}]_\alpha$ 上形成位错的示意图

$\langle 111 \rangle_\alpha$ 有 4 组不同的位向，位错线不能中断于晶内，因而组成位错网。这就是马氏体中缠结位错的来源。计算得位错密度为 $4.46 \times 10^{12}/cm^2$。20 世纪前叶采用电阻法测得马氏体中位错密度为 $(0.3 \sim 0.9) \times 10^{12}/cm^2$。应用 X 射线测定点阵应变得贝氏体铁素体的位错密度（300℃时）为 $10^{11} \sim 10^{12}/cm^2$。可见，此计算值与实测值 $(0.3 \sim 0.9) \times 10^{12}/cm^2$ 大体上吻合。马氏体晶核界面上由相变位错构成，晶核的界面向外推移的过程就是马氏体晶核的长大过程。

$\gamma \rightarrow \alpha$ 转变造成宏观上的体积膨胀，产生应变能；极高位错密度的形成，产生晶体缺陷储存能。这些能量消耗都是在 $\gamma \rightarrow \alpha$ 两相自由焓之差范围内（即相变驱动力）完成的，原子位移距离最小（远远小于 1 个原子间距），故 $\gamma \rightarrow \alpha$ 马氏体相变能够在相变驱动力作用下很快完成转变。

4.7.3　Fe-C 合金马氏体相变机制

与纯铁 $\gamma \rightarrow \alpha$ 马氏体的转变不同，Fe-C 合金或钢中马氏体相变的晶格改组过程中存在碳原子的位移问题。对于含碳量为 0.2% 的奥氏体，平均 25 个奥氏体晶胞中才占有 1 个碳原子。而含碳量为 1.2% 的奥氏体，平均约 4 个晶胞中占有 1 个碳原子。在发生马氏体相变时这些碳原子跟铁原子需要一起进行无扩散的热激活协同位移。

贝氏体铁素体的形成是界面原子非协同热激活跃迁的结果。马氏体晶核的无扩散集体协同位移机制不同于切变位移，按照马氏体相变的切变机制，存在 1~2 次切变角为 θ 的晶体切变过程。切变过程缺乏热力学可能性。在 A→M 相变时，原子从奥氏体晶格中转移到马氏体晶格中去，自由能是降低的，因此是自发过程。马氏体相变时，原子集体协同地位移到马氏体相应的晶格结点上，直接地进行了晶格参数调整，实现了晶格重构。

在奥氏体的 $\langle 110 \rangle_\gamma$ 晶向上弹性模量 E 值较小，并且原子排列密度最大；而马氏体的 $\langle 111 \rangle_\alpha$ 晶向上原子排列密度也最大。因此马氏体与奥氏体保持 K-S 关系，相界面匹配好，耗能低。

在 K-S 关系 $\langle 110 \rangle_\gamma // \langle 111 \rangle_\alpha$ 中，在最密排晶向上原子的位移距离最小，远远小于 1 个原子间距。

如果是含碳 1.4% 的 Fe-C 合金马氏体（$c/a=1.06$），计算碳含量为 1.4%C 的奥氏体转变为马氏体时，高碳奥氏体最密晶向上（$\langle 110 \rangle_\gamma$）Fe 原子距离为 0.2545nm。而 1.4%C 的马氏体最密晶向 $\langle 111 \rangle_\alpha$ 上铁原子距离为 0.2509nm，就是说，奥氏体 $\langle 110 \rangle_\gamma$ 上的铁原子转移到马氏体晶格的 $\langle 111 \rangle_\alpha$ 上，成为马氏体晶格上的原子，移动距离仅为 -0.0036nm，即缩短 1.41%，就可以变为马氏体的 $\langle 111 \rangle_\alpha$ 上的原子了（自发过程）。在 $\langle 110 \rangle_\gamma$ 晶向上的原子转变为马氏体晶格的 $\langle 111 \rangle_\alpha$ 上的原子时，错配很小，则两相在此晶向上可半共格连接，造成的畸变能极小。

钢中奥氏体转变为马氏体时，两相晶胞的相对位置和 K-S 关系如图 4-56 所示，图中标示了碳原子在奥氏体或马氏体中的可能位置。已知含碳量为 1.4% 的奥氏体，平均约 4 个晶胞中占有 1 个碳原子。图中所示为一个奥氏体晶胞和一个马氏体晶胞在空间的 K-S 关系排列，其上标出了碳原子向马氏体晶胞转移的方向和相对距离。显然其位移距离远远小于 1 个原子间距。

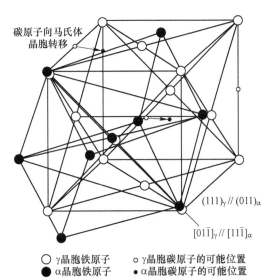

图 4-56　Fe-C 合金奥氏体转变为马氏体示意图

马氏体晶格上的原子比奥氏体晶格上的原子具有低的自由能，因此奥氏体晶格上的原子转变到马氏体晶格上是个自发过程。奥氏体晶格上的原子分别以不同的位移矢量转移到马氏体晶格上，位移距离均远远小于 1 个原子间距，进行了菱形角、面间距等晶格参数的调整，就变成了马氏体晶格。这些原子以集体的、协同的、不可逆的跃迁位移，一次性完成 A→M 晶格重建，即一次性转变为体心正方结构，满足马氏体实际的晶格参数，完成了马氏体转变。

同样，在此 A→M 晶格重建过程中，位错、层错、界面等缺陷处提供了缺陷能，以辅助形核功，即晶体缺陷为形核的结构涨落和能量涨落提供了有利条件。

奥氏体的 $\langle 110 \rangle_\gamma$ 晶向转变为马氏体的 $\langle 111 \rangle_\alpha$，奥氏体最密排晶向铁原子间距收缩 0.0036nm。由于 $\langle 110 \rangle_\gamma$ 和 $\langle 111 \rangle_\alpha$ 两个最密排晶向存在错配度，要维持共格关系，就必须形成相变位错。计算表明，每移动约 26 个原子就形成一个位错。$\langle 111 \rangle_\alpha$ 有 4 组不同的位向，位错线不能中断于晶内，因而组成位错网。这就是马氏体中高密度缠结位错的来源。图 4-57 为 35CrMo 钢马氏体板条中的极高密度缠结位错的透射电镜照片。

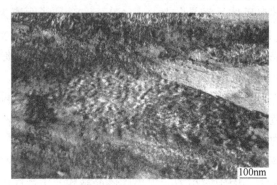

图 4-57   35CrMo 钢板条状马氏体中的密度极高的缠结位错（TEM）

4.7.4   马氏体晶核的长大

马氏体晶核的长大过程同样是相界面推移的过程，与珠光体转变的扩散型推移过程不同，马氏体晶核的长大是无扩散的界面推移过程。它与贝氏体铁素体的界面原子热激活跃迁过程也不同，贝氏体铁素体的长大也是无扩散的，原子的位移是非协同的跃迁方式。马氏体晶核的长大不同于贝氏体，而是所有原子集体协同的热激活位移过程。马氏体长大受相变驱动力的控制，也受应变能等相变阻力的影响。

钢中及铁基合金马氏体的长大速度极快，难以观察其长大情景。

有色金属合金中的马氏体长大速度较慢。在热弹性马氏体相变中，随着马氏体片的长大，界面上的弹性应变能增加，并在一定温度下，达到相变化学驱动力和阻力的平衡——热弹性平衡。在这种情况下，温度降低时，相变化学驱动力增大，马氏体片长大，随即升高界面弹性能。当温度升高时，相变化学驱动力减小，界面弹性能释放，将马氏体界面反向推回，造成马氏体片的收缩。这就是热弹性马氏体的可逆性转变。

4.7.4.1   马氏体长大的试验观察

虽然钢中马氏体片长大速度极快，难以观察到具体的长大情景，但通过组织观察仍然可分析其长大过程。试验观察发现，马氏体优先在界面上形核，并且沿着晶界长大，同时向晶内沿着惯习面长大；也可在晶内位错等缺陷处形核，在晶内沿着惯习面长大，遇到晶界、孪晶界面时终止长大。

实验将 60Si2CrV 钢加热到 950℃奥氏体化，然后冷却到 M_s 点稍下，260℃的盐浴中等温 10min，然后空冷到室温，硝酸酒精浸蚀后，扫描电镜观察马氏体组织，如图 4-58 所示，可见，260℃淬火得到的马氏体在晶界处形核，沿着晶界长大，并且向晶内延伸长大，马氏体片越来越尖细，如图 4-58 中箭头所指。

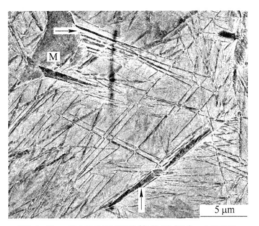

图 4-58　60Si2CrV 马氏体片的长大（SEM）

4.7.4.2　马氏体片的长大过程

马氏体片长大的过程是相界面推移的过程。由于两相比体积差、界面共格等因素，引起弹性应变能的增大，应变能的增大，导致马氏体长大过程受阻，最终马氏体片停止长大。

A　长大的第一阶段

这一阶段的马氏体转变量为 0~20%，属于上升阶段。马氏体片在母相晶体中向有利的方向自由地长大，各个马氏体片之间相互干扰很小。如上述观察表明，马氏体首先在母相（如奥氏体）界面处形核，沿着界面长大，并且向晶内长大。将 60Si2CrV 弹簧钢加热到 950℃奥氏体化，然后冷却到 260℃等温 3min，可见，优先沿原奥氏体晶界形成少量变温马氏体，然后淬火到室温，少量变温马氏体由于等温保持时被回火，经硝酸酒精浸蚀后，在扫描电镜下观察，呈黑色，其余的淬火马氏体为灰白色，如图 4-59 所示。可见，第一阶段，形核自由长大的马氏体沿着晶界长大，也向晶内长大。马氏体片向晶内的长大是沿着惯习面长大的。

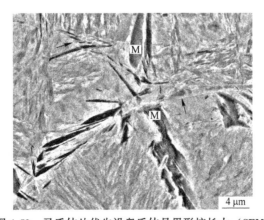

图 4-59　马氏体片优先沿奥氏体晶界形核长大（SEM）

B　长大第二阶段

这一阶段的马氏体转变量为 20%~70%，属常量阶段。这一阶段的特点是自调节的变体组群的形成和推进。按照惯习面的面族的不同取向，形成马氏体变体组，各变体引起的弹性能互相抵消一部分，因而一个组群马氏体的形成引起的弹性应变能被降低，这有利于马氏体片形成和推进。这就是"自调节"作用。科学技术哲学中称其为自组织功能。

CrWMn 钢试样加热到 1100℃，保温 30min，油中淬火，得到粗大马氏体组织，如图 4-60 所示。可见，先形成的马氏体片粗大，在大片马氏体之间是后形成的马氏体，尺寸较小，互成夹角分布。这就是所谓第二阶段马氏体片长大的情景。

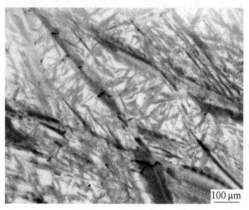

图 4-60　CrWMn 钢马氏体片的形成情景（OM）

C　长大第三阶段

这一阶段的马氏体转变量为 70%~95%，属递减阶段。此阶段的特点是母相晶粒已经被马氏体片分割成许多小块区域，新生的马氏体只能在分割包围的高应力区域内形核长大。马氏体形核长大越来越困难，马氏体片尺寸越来越小。此阶段所占的温度范围较大，但转变量较小，最后受胁迫的奥氏体可能难以转变为马氏体而残留下来，得到马氏体+残留奥氏体的整合组织。

4.7.4.3　应变能对马氏体片长大的影响

对于马氏体长大的第一阶段，马氏体片自由地长大，其引起的弹性能取决于马氏体的形状，可用下式计算：

$$\Delta E = [\,2\mu(V_m - V_p)^2/3V_m\,]f(c/r)$$

式中，V_m 和 V_p 分别为马氏体和母相的比体积；$f(c/r)$ 是由片状新相的半厚 c 和其半径 r 决定的函数。单纯从降低应变能的角度看，马氏体片长大时趋向于形成盘状或薄片状。实际上马氏体形貌有板条状、条片状、片状、薄片状、薄板状、蝴蝶状等形貌，这些形貌的基本特征是盘状或薄片状，这就是省能原则的竞择性结果。

但是，薄片状马氏体的界面能较大，即相同的体积中形成的薄片状马氏体越薄越多，则界面能越大，这也是阻力增加因素。这时马氏体自组织功能（或称"自调节"作用）选择界面为共格界面或半共格界面长大，就可以使界面能保持在极低的水平，就有利于马氏体片的持续长大。

当马氏体长大到第 3 阶段，在马氏体片分割包围的母相的小区域中，再形成马氏体晶核并长大是越来越困难的。这时马氏体片的生长受到周边马氏体的限制和影响。表现为：（1）新的马氏体片的生长是在原来马氏体引发的弹性应变场中进行的；（2）新马氏体片的尺寸受被分割的母相区域尺寸的限制。由于这些小区域的尺寸越来越小，新马氏体片只能长大到这些区域的大小，片短而厚。其产生的弹性应变能随着厚度的增大而迅速增大。从图4-60可见，在被分割的小区域中马氏体片生长的情景，马氏体片短小且呈夹角相遇，不断改变方向，以调节应变能，当应变能阻力很大时，则难以再形核长大，马氏体转变将终止，余下的灰白色区域为未转变的残留奥氏体。

4.8 马氏体的力学性能

机械零件淬火为马氏体后很少直接使用，而是回火后应用。回火后钢的力学性能与淬火态密切相关。最为突出的问题是强度和韧性的整合。因此，需要掌握马氏体强化的本质，了解强度和韧性之间的关系及其变化规律。

4.8.1 马氏体的强度和硬度

钢中马氏体力学性能的主要特点是高强度、高硬度，其硬度随着含碳量的增加而提高。但当含碳量达到0.6%时，淬火钢的硬度达到最大值，如图4-61所示。含碳量进一步增加时，虽然马氏体的硬度仍然有所提高，但是由于钢中残留奥氏体量增加，使钢的硬度反而下降。合金元素对马氏体的硬度影响不大。

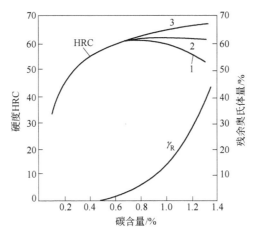

图4-61 淬火钢的硬度最大值与含碳量的关系
1—高于A_{c_3}淬火；2—高于A_{c_1}淬火；3—马氏体的硬度

马氏体高强度、高硬度的原因是多方面的，就其强化机理主要包括相变强化（亚结构强化）、固溶强化和时效强化等。

4.8.1.1 相变强化

马氏体相变造成组织中产生大量的微观缺陷，如高密度位错、层错、精细孪晶、大量界面等，均使马氏体强化或硬化，称为相变强化。如退火铁素体的屈服强度为98~137MPa，而无碳马氏体的屈服强度可达284MPa，相当于形变强化铁素体的屈服强度。可见是马氏体相变产生大量晶体缺陷的强化结果。

4.8.1.2　固溶强化

钢中的马氏体中固溶了碳原子和合金元素原子，是过饱和固溶体。对硬度和强度起决定性作用的是碳原子，间隙碳原子使晶格产生严重的畸变，导致系统的能量急剧地增高，从而提高了强度和硬度。作为置换的合金元素原子，由于对晶格产生畸变的作用较小，因而对强度和硬度的贡献较小。

由于马氏体中的碳原子极易扩散，通过碳化物的形式析出而引起时效强化。为了严格区分碳原子的固溶强化和时效强化，经特别试验得到如图 4-62 所示的结果。由图 4-62 中曲线 1 可见，含碳量小于 0.4% 时，马氏体的屈服强度随着碳含量的增加而急剧升高，超过 0.4% 时，屈服强度不再增加。

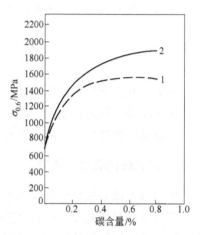

图 4-62　Fe-Ni-C 马氏体在 0℃ 的屈服
强度 $\sigma_{0.6}$ 与碳含量的关系
1—淬火后立即测量；
2—淬火后在 0℃ 时效 3h 后测量

为什么固溶于奥氏体中的碳原子强化效果不大，而固溶于马氏体中的碳原子强化效果如此显著呢？碳原子在马氏体和奥氏体晶格中均处于八面体中心，但是，奥氏体中的八面体间隙是正八面体，碳原子处于正八面体的中心，碳原子溶入时，引起对称畸变，即沿着 3 个对角线方向的伸长是相等的。而马氏体中的八面体间隙是扁八面体，碳原子的溶入使点阵发生不对称的畸变，使短轴伸长，两个长轴稍有缩短。形成畸变偶极，造成一个强烈的应力场，阻碍位错运动，从而使得马氏体的强度和硬度显著提高。

当碳含量超过 0.4% 后，由于碳原子靠得太近，使得碳原子造成的应力场相互重叠，因而抵消了部分强化效应。

4.8.1.3　时效强化

由于马氏体中的碳原子极易扩散，形成偏聚区，产生过渡相，使强度提高，即为时效强化。实际生产中所得的马氏体的强度，包含了时效强化效应。时效强化是由碳原子偏聚区引起的。如图 4-62 曲线 2，淬火后在 0℃ 时效 3h 后，测量在 0℃ 的屈服强度 $\sigma_{0.6}$，显然比曲线 1 显著提高。对于 M_s 点高于室温的钢，在通常的淬火条件下，淬火过程中伴随着自回火，即有时效强化发生。

应当指出，上述 M_s 点极低的 Fe-Ni-C 马氏体，为孪晶马氏体，因此，强度中包含有孪晶对于马氏体的强化作用。碳含量相同时，孪晶马氏体的硬度和强度略高于位错马氏体。

自 20 世纪 60 年代以来，一系列的特殊试验，表明在淬火马氏体中存在碳原子的扩散和偏聚现象。

A　弘津气团

中高碳淬火马氏体中的碳原子选择性地占据同一晶向（如 $[001]_\alpha$）的八面体间隙位置，形成晶格的正方性。弘津指出处于同一晶向八面体间隙的碳原子进一步发生偏聚，形成小片状碳原子团。

这种碳原子偏聚团，仅包含 2~4 个碳原子，呈透镜状。法向最大尺寸约等于铁素体的晶格常数 a，径向约为 $2a$，将其称为"弘津气团"。

弘津气团趋向于在同一晶面上出现，并形成若干个小片状组成的碳原子片状畴，畴的尺寸约为几纳米，已经为透射电子束的点阵条纹所证实。

B 柯垂尔（Cottrell）气团

实验表明，含碳量大于 0.08%时，在-40~100℃区间内，电阻率升高，但此时没有碳化物的析出，而是发生了碳在位错线上的偏聚，形成了碳原子偏聚团。

碳原子偏聚于位错线上形成偏聚团，称为柯垂尔（Cottrell）气团。G. P. Speich1972年发表了马氏体中碳原子柯垂尔气团的理论分析。在淬火态，碳原子已经处于位错偏聚态，含有 0.2%C 可使马氏体中的位错完全饱和。碳原子偏聚于位错线上。

研究表明，室温下碳原子的扩散速度也很快，马氏体片形成后立即扩散进入晶体缺陷处，跟马氏体长大速度相当。工业条件下或者一般试验条件下所获得的小于 0.2%碳淬火马氏体，碳原子已经完成了扩散脱溶的第一阶段——偏聚。这实际上是过饱和固溶体脱溶的第一阶段，即形成 GP 区阶段。

试验已经证明，实际得到的淬火马氏体中，碳原子迅速扩散发生了偏聚现象。低碳马氏体中具有柯垂尔（Cottrell）气团，在中、高碳马氏体中，碳原子形成弘津偏聚团，同时也存在柯垂尔（Cottrell）气团。马氏体中的含碳量超过 0.2%时，随着碳含量的增加，弘津偏聚团数量增多。淬火马氏体脱溶时，形成柯垂尔（Cottrell）气团和弘津偏聚团，即为马氏体中的 GP 区。

C 小于 0.2%C 的淬火马氏体的硬化

小于 0.2%C 的低碳马氏体为体心立方晶格（bcc），均为板条状，均具有高密度位错。为什么强度、硬度大幅度升高呢？显然是马氏体中碳含量增加了（从 0%增加至 0.2%）的缘故。那么强化机理是什么呢？是高密度位错的强化效果吗？上已叙及，无碳马氏体强度提高是高密度位错造成的。显然位错强化是一个基本因素，但是，0.2%C 淬火马氏体，屈服强度比无碳马氏体又强化了约 1.8 倍。是什么原因呢？难道是位错密度增加了吗？

理论计算得位错密度为 $4.46 \times 10^{12}/cm^2$。20 世纪前叶采用电阻法测得马氏体中位错密度为 $(0.3 \sim 0.9) \times 10^{12}/cm^2$。应用 X 射线测定点阵应变得贝氏体铁素体的位错密度（300℃时）为 $10^{11} \sim 10^{12}/cm^2$。可见，计算值与实测值 $(0.3 \sim 0.9) \times 10^{12}/cm^2$ 大体上吻合。目前尚没有位错密度随着碳含量提高而增加的数据。从透射电镜观察可见，板条状马氏体中的亚结构是极高密度的缠结位错，有时发现存在孪晶和层错。

目前可靠的理论分析表明，小于 0.2%C 板条状马氏体的强化是由于柯垂尔（Cottrell）气团（Dc）造成的。碳原子被位错禁锢形成偏聚区，该碳原子偏聚区，实际上是马氏体脱溶析出第一阶段，即 GP 区，且均匀弥散分布，阻碍位错运动，起到强化、硬化作用。随着碳含量增加 GP 区数量越多，强化作用越大。这是小于 0.2%C 板条状马氏体强化、硬化的主要原因。

D 大于 0.2%C 的淬火马氏体的硬化

大于 0.2%C 的马氏体形貌，从板条状→条片状→片状→凸透镜状，逐渐演化。亚结构从以位错为主→位错+孪晶→以孪晶为主，同时存在精细层错，也是逐渐演化的过程。

大于 0.2%C 的淬火马氏体中存在正方度，过饱和的碳原子位于晶格八面体间隙处，形成了弘津碳原子偏聚团。这个形状不对称的碳原子偏聚区形成一个不对称的应力场，均匀弥散分布，碳含量越高，偏聚区数量越多，阻碍位错运动，起到强化作用。

另外，除了弘津气团外，还有柯垂尔（Cottrell）气团，联合阻碍位错运动而使钢更加强化，硬化。

因此中高碳马氏体的硬化的本质是弘津气团和柯垂尔（Cottrell）气团共同作用的结果。

4.8.2 马氏体的韧性

马氏体的韧性受碳含量和亚结构的影响，并非简单的硬而脆。试验表明，在屈服强度相同的条件下，位错型马氏体比孪晶马氏体的韧性好。即使回火后也仍然具有这样的关系，如图 4-63 和图 4-64 所示。

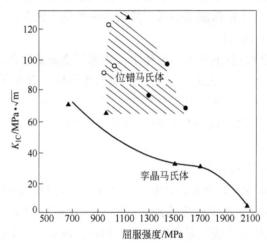

图 4-63　0.17%C 及 0.35%C 的 Cr 钢的强度和断裂韧性的关系

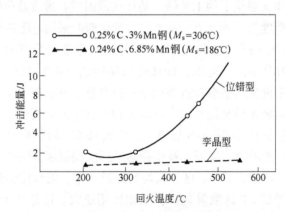

图 4-64　位错马氏体和孪晶马氏体经过不同温度回火后的冲击韧性

一般来说，低碳钢淬火得到位错型马氏体，由于位错的可动性好，使马氏体具有一定的塑性，裂纹扩展的阻力增大，可产生韧性断裂，因而断裂韧性较高；而高碳的孪晶马氏体则硬而脆,在马氏体转变过程中易于在马氏体片之间产生应力场,甚至形成显微裂纹。另外,由于不能产生塑性变形使裂纹扩展阻力减小,可导致准解理或解理断裂,因而断裂韧性较低。

在低碳钢中含有大量降低马氏体点的合金元素时,其淬火马氏体中也会含有大量孪晶,此时,钢的韧性将显著降低。所以,严格地说,只有位错马氏体具有良好的韧性。

对于结构钢,一般来说,碳含量小于0.4%时,马氏体具有较好的韧性,碳含量越低,韧性越高。当碳含量大于0.4%时,马氏体的韧性变低,变得硬而脆,即使经过低温回火,韧性也较差。碳含量越低,冷脆转变温度也越低。目前,结构钢的成分设计,均限制碳含量在0.4%以下,使M_s点不低于350℃。

综上所述,马氏体的强度主要取决于它的含碳量,而马氏体的韧性主要取决于它的亚结构。低碳的位错马氏体具有高的强度和韧性。高碳孪晶马氏体具有高强度和高硬度,但是韧性很差。理论和试验表明,获得位错型马氏体是一条重要的强韧化途径。

4.8.3 马氏体相变超塑性

超塑性是指高的伸长率和低的流变抗力。在相变的同时出现的塑性称为相变超塑性。

由马氏体相变诱发的超塑性,在生产中早已被利用。例如加压淬火、加压冷处理、高速钢拉刀淬火时的热校直等。这些是在马氏体相变的过程中同时加外力,此时钢的流变抗力小,伸长率较大,工件在外力作用下能够按要求产生变形。

研究表明,马氏体相变的超塑性可以显著提高钢的断裂韧性。如图4-65所示,试验将9%Cr-8%Ni-0.6%C钢1200℃奥氏体化,水冷,然后在460℃挤压变形75%。此过程中钢仍然处于奥氏体状态。最后,在-196~200℃范围内测定断裂韧性。由图4-65可见,存在两个温度区,在100~200℃范围,钢处于奥氏体状态,断裂韧性K_{IC}很低;在20~-196℃范围,在断裂过程中发生马氏体相变,结果断裂韧性K_{IC}显著提高,ΔK_{IC}约为63.8MPa·$\sqrt{m}$。

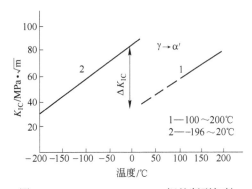

图4-65 9%Cr-8%Ni-0.6%C钢的断裂韧性

马氏体相变超塑性有如下解释:

(1) 由塑性变形而引起的局部应力集中,将由于马氏体相变而得到松弛,因而防止裂纹形成,故提高韧性和塑性。

(2) 在发生塑性变形的区域,有形变马氏体生成,随着形变马氏体数量的增多,相变强化指数不断提高，这比纯奥氏体经大量变形后接近断裂时的形变强化指数要大，从而使已经发生塑性变形的区域继续变形困难，故能够抑制缩颈的形成。

　　马氏体相变超塑性的研究引起了材料和工艺的创新。目前，已经研究开发了相变诱发塑性钢，还推动了热处理、热加工工艺的变革。

附录

复习思考题

4-1　熟悉以下基本概念：马氏体、马氏体相变、惯习面、热弹性马氏体、马氏体正方度。

4-2　马氏体相变的主要特征有哪些？

4-3　M_s 点的物理意义是什么，影响 M_s 点的主要因素有哪些？

4-4　以往书刊中，马氏体的定义有哪些？指出其缺点。

4-5　简述钢中马氏体的晶体结构和组织形貌。

4-6　阐述钢中 K-S 关系的普遍性，金属中马氏体位向关系的多样性。

4-7　总结钢中马氏体的亚结构。

4-8　简述含碳 0.2% 钢淬火马氏体的物理本质。

4-9　阐述马氏体表面浮凸的特征和成因。

4-10　高碳钢淬火马氏的物理本质如何？

4-11　简述马氏体相变的动力学特点。

4-12　简述马氏体相变的形核特点。

4-13　马氏体相变切变机制的误区有哪些？

4-14　阐述马氏体相变新机制。

4-15　试述含碳量相同的碳素钢及合金钢淬火后所得的硬度有何差异。

4-16　分析淬火马氏体高硬度的本质。

4-17　阐述淬火马氏体显微裂纹的成因及其危害。

数字资源

5 贝氏体相变与贝氏体

本章导读：学习本章重点掌握钢中贝氏体相变的过渡性特征，掌握贝氏体的组织形貌和亚结构特点，掌握贝氏体和贝氏体相变的概念；熟悉各类贝氏体组织的形成过程，熟悉贝氏体形成的动力学特点；了解贝氏体相变热力学、贝氏体表面浮凸的特征和本质；了解块状相变；了解贝氏体铁素体的形核、长大机制；掌握贝氏体力学性能的特点及决定贝氏体强韧性的因素。

钢中的贝氏体相变是发生在珠光体转变和马氏体相变温度范围之间的中温转变。它既不是珠光体转变那样的扩散型相变，也不是马氏体相变那样的无扩散型相变，而是"半扩散"相变，即只有碳原子能够扩散，而 Fe 原子及替换元素的原子已经难以扩散。由于贝氏体相变具有过渡性，它既有共析分解的某些特征，又有马氏体相变的一些特点，因此是一个相当复杂的相变。

贝氏体相变产物、贝氏体钢在实际生产上得到了重要的应用。因此，学习、研究贝氏体相变，具有重要的理论意义和实际应用价值。

5.1 贝氏体的定义和分类

5.1.1 贝氏体和贝氏体相变的定义

20 世纪 70 年代以来，关于贝氏体的定义存在学术论争，典型的提法有：

持切变观点的学者们认为，贝氏体是指中温转变时形成的针状分解产物。有 3 点特征：（1）针状组织形貌；（2）表面浮凸效应；（3）有自己的 TTT 图和 B_s 点。并将贝氏体定义为"铁素体和碳化物的非层片状混合组织"。

持扩散观点的学者们认为，B_s 点和 TTT 图是合金元素对共析分解动力学的一种影响形式，贝氏体是扩散的、非协作的、两种沉淀相竞争的台阶生长的共析分解产物。认为贝氏体是共析分解的延续，贝氏体组织是共析分解的产物。

两派对贝氏体的定义论争多年而无果，实际上均不正确。

综合 20 世纪以来贝氏体相变的研究成果，运用科学技术哲学的方法论，从系统整合观点出发，对贝氏体相变及其产物，贝氏体的组织形貌和亚结构等，应用现代设备进行了深入的实验观察、分析研究和科学抽象，从本质上定义了贝氏体：

钢中的贝氏体是过冷奥氏体中温转变的产物，它以贝氏体铁素体为基体，内部有亚单元及较高密度的位错等亚结构，有时还存在渗碳体、残留奥氏体等相，这样的整合组织称为贝氏体。

至今，在国内外典型书刊中尚没有关于"贝氏体相变"的定义，两派争论多年也没有给出贝氏体相变的定义。本书作者总结了钢中的贝氏体相变的特征如下：

（1）贝氏体相变发生在过冷奥氏体转变的中温区；

（2）贝氏体相变是介于共析分解和马氏体相变之间的具有过渡性质的相变；

（3）贝氏体的晶核是单相，即贝氏体铁素体（BF）；

（4）贝氏体的相组成物十分复杂，可以由铁素体+渗碳体组成，或铁素体+残留奥氏体组成或铁素体+M/A岛组成，或铁素体+ε-碳化物+残留奥氏体+马氏体等多相组成；

（5）贝氏体中具有复杂的亚结构和位向关系；

（6）贝氏体相变是非平衡的一级相变，具有转变不完全性现象；

（7）贝氏体相变是碳原子扩散，而铁原子、替换原子难以扩散的"半扩散型"相变。

据此，钢中贝氏体相变的定义如下：

钢中的贝氏体相变是以贝氏体铁素体形核—长大为主要过程，有时析出渗碳体（或ε-碳化物），或形成M/A岛，存在残留奥氏体等相，形成复杂亚结构的多种形貌的贝氏体组织，是过冷奥氏体在中温区的具有过渡性特征的一级相变。

5.1.2 贝氏体组织的分类

贝氏体组织形貌是研究贝氏体相变理论的首要的组成部分，也是贝氏体相变机制的试验依据之一。由于贝氏体相变是中温区过渡性相变，因此贝氏体组织形貌较为复杂。

1939年，Mehl将钢中的贝氏体分为上贝氏体和下贝氏体，这种分类方法一直延续至今。近年来的研究将贝氏体组织进行了更为详细的分类。

（1）按在中温区贝氏体形成的位置，分为上贝氏体和下贝氏体两大类。按照TTT图，在贝氏体转变开始点（B_s）至"鼻温"之间较高温度区形成的贝氏体称为上贝氏体，在贝氏体"鼻温"以下至M_s点附近的较低温度区域形成下贝氏体，图5-1为38CrMo钢的

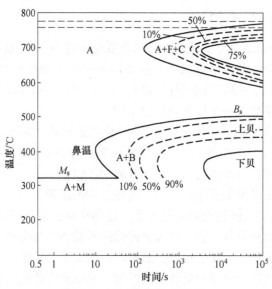

图5-1 38CrMo钢的TTT图

TTT 图，图中标明了 B_s、M_s、"鼻温"，上贝、下贝。该钢贝氏体的"鼻温"约为 400℃，B_s 点约为 500℃。

（2）按有无碳化物分类，分为无碳化物贝氏体和有碳化物贝氏体。这是贝氏体组织的两种主要类型。无碳化物贝氏体包括准上贝氏体、准下贝氏体、粒状贝氏体等；在贝氏体铁素体基体上分布着渗碳体或 ε-碳化物的贝氏体，是"有碳化物贝氏体"，有碳化物贝氏体、无碳化物贝氏体是贝氏体组织中的两大类别。

（3）按组织形貌分为羽毛状贝氏体、粒状贝氏体、柱状贝氏体、板条状贝氏体、针状贝氏体、片状贝氏体、竹叶状贝氏体、正三角形贝氏体、N 形贝氏体、蝴蝶形贝氏体等，名称很多，形形色色。这些名称来自以往的书刊中，不完全合理，其实不必过于着眼于贝氏体组织形貌而命名，需从本质上加强认识，注意典型形貌的名称，如羽毛状贝氏体、粒状贝氏体、板条状贝氏体、针状贝氏体等。

（4）按碳含量分类，可分为超低碳贝氏体、低碳贝氏体、中碳贝氏体、高碳贝氏体。工业上常称为超低碳贝氏体钢、高碳贝氏体钢等。

除了钢中存在复杂的贝氏体组织外，在有色金属及合金中也存在贝氏体组织。

5.2 贝氏体的组织形貌及亚结构

钢、铸铁的贝氏体组织形态极为复杂，这与贝氏体相变的中间过渡性有直接的关系。钢中的贝氏体本质上是以贝氏体铁素体为基体，其上分布着 θ-渗碳体（或 ε-碳化物）或残留奥氏体等相构成的有机结合体，是贝氏体铁素体（BF）、碳化物、残余奥氏体、马氏体等相构成的一个复杂的整合组织。

5.2.1 超低碳贝氏体的组织形貌

碳含量小于 0.08% 的超低碳合金钢可获得超低碳贝氏体组织。

将 X65 管线钢试样于 1000℃ 加热，以 25℃/s 冷却得到不规则界面的块状铁素体，其中也有条片状的铁素体，如图 5-2a 所示。如果加大冷却速度则可以获得完全条片状的组织，称其为超低碳贝氏体组织，如图 5-2b 所示。

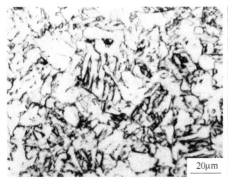
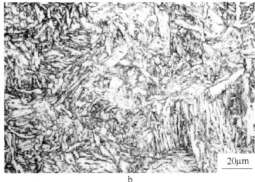

拓展阅读

图 5-2　X65 钢的块状组织（a）和条片状贝氏体组织（b）

超低碳贝氏体实际上是无碳化物贝氏体，钢中所含的微量碳，形成了特殊碳化物被禁锢下来，或者碳原子分布在位错处，被大量位错所禁锢。X70、X80、X90 等钢种通过控制冷却均可获得超低碳贝氏体组织。

5.2.2　上贝氏体组织形貌

上贝氏体是在贝氏体转变温度区的上部（B_s~"鼻温"）形成的，形貌各异。

5.2.2.1　无碳化物贝氏体

这种贝氏体在低碳低合金钢中出现概率较大。当上贝氏体组织中只有贝氏体铁素体和残留奥氏体而不存在碳化物时，这种贝氏体就是无碳化物贝氏体，以往书刊中称无碳贝氏体（无碳贝氏体的名称不严密，会被误认为没有碳元素，应当抛弃这个名词）。无碳化物贝氏体中的铁素体片条大体上平行排列，其尺寸及间距较宽，片条间是富碳奥氏体，或其冷却过程的产物。往往在如下情况时出现。

（1）在硅钢和铝钢中，由于 Si、Al 不溶于渗碳体中，Si、Al 原子不扩散离去则难以形成渗碳体。因此，在这类钢的上贝氏体转变中，不析出渗碳体，常常在室温时还保留残余奥氏体，形成无碳化物贝氏体，如图 5-3 所示。这同时说明，在贝氏体铁素体形核-长大时，Si、Al 原子没有扩散离去，故渗碳体难以形成。

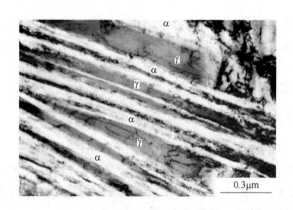

图 5-3　高碳高硅钢 200℃等温形成的无碳化物贝氏体（TEM）

（2）在低碳合金钢中，形成贝氏体铁素体后，渗碳体尚未析出，贝氏体铁素体间仍为奥氏体，碳原子不断向奥氏体中扩散富集。此外，形成贝氏体铁素体片条时，体积膨胀，片条间的富碳奥氏体受胁迫而趋于稳定，最后保留下来，形成了无碳化物贝氏体。如图 5-4 所示，图 5-4a 为 12Cr1Mo 钢的无碳贝氏体组织的金相照片，图 5-4b 为 20CrMo 钢的贝氏体铁素体在奥氏体晶界处形核并且呈片条状成排地向两侧长大的扫描电镜照片。

5.2.2.2　粒状贝氏体

粒状贝氏体属于无碳化物贝氏体。当过冷奥氏体在上贝氏体温度区等温时，析出贝氏体铁素体（BF）后，由于碳原子离开铁素体扩散到奥氏体中，使奥氏体中不均匀地富碳，且稳定性增加，难以再继续转变为贝氏体铁素体。这些奥氏体区域一般呈粒状或长条状，即所谓岛状，分布在贝氏体铁素体基体上。这种富碳的奥氏体在冷却过程中，可能部分地转变为马氏体，形成所谓 M/A 岛。应当指出 M/A 岛中往往没有马氏体。通常将这种由

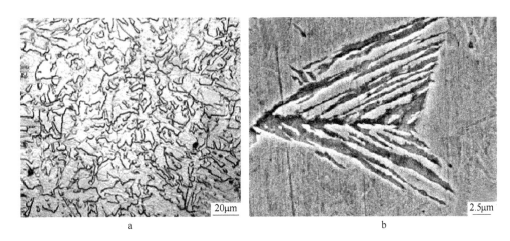

图 5-4　无碳贝氏体组织

a—12Cr1Mo 钢（OM）；b—20CrMo 钢（SEM）

BF+M/A 岛构成的整合组织称为粒状贝氏体，如图 5-5 所示。

图 5-6 为高强度低碳粒状贝氏体组织，该钢碳含量为 0.06%，含有微量 Nb、V 合金元素。1250℃加热，1100℃开轧，终轧温度为 825℃，轧后空冷至室温，得粒状贝氏体组织。可见，在贝氏体铁素体基体上分布着 M/A 岛。

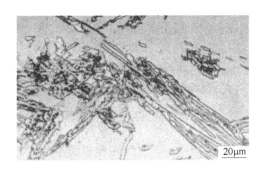

图 5-5　粒状贝氏体

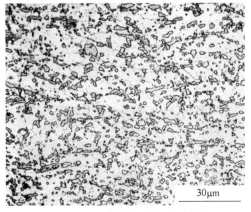

拓展阅读

图 5-6　低碳钢粒状贝氏体组织（OM）

　　无碳化物贝氏体也是粒状贝氏体的一种特殊组织形态，反过来说，粒状贝氏体中由于不存在碳化物，因此本质上也是无碳化物贝氏体。

　　此外，还有一种所谓"准上贝氏体"组织，它也没有碳化物，其贝氏体铁素体条之间的富碳奥氏体是一层薄膜。"准上贝氏体"本质上也是无碳化物贝氏体。

5.2.2.3　羽毛状上贝氏体

　　羽毛状贝氏体属于有碳化物贝氏体一类。

　　羽毛状上贝氏体是由板条状铁素体和条间分布的渗碳体所组成的。贝氏体铁素体片条间的渗碳体是片状或细小颗粒状的。经典的上贝氏体的组织形貌呈现羽毛状，是 BF+θ-M_3C 的整合组织。将 GCr15 钢奥氏体化后，于 450℃ 等温 40s，然后水冷淬火，得到贝氏体+马氏体的整合组织。图 5-7 是 GCr15 钢的羽毛状上贝氏体的扫描电镜照片，可见，羽毛状贝氏体沿着奥氏体晶界向两侧生长，在周边尚未转变的奥氏体淬火后转变为马氏体+残留奥氏体组织。贝氏体中的渗碳体呈片状、短棒状分布在贝氏体铁素体条片之间。

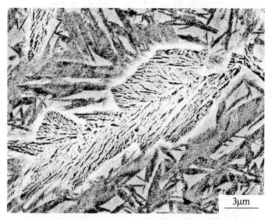

图 5-7　GCr15 钢的羽毛状上贝氏体（SEM）

　　图 5-8 为高碳钢轨钢的羽毛状贝氏体组织，由贝氏体铁素体片条和渗碳体两相组成。该钢碳含量为 0.73%，含有 0.95%Mn，属于共析钢。钢轨在轧后冷却过程中，在奥氏体晶界上首先形成羽毛状贝氏体组织，然后晶内的奥氏体转变为粗大的片状马氏体。这种组织是由加热温度过高，奥氏体晶粒粗大，冷却较快所造成的。

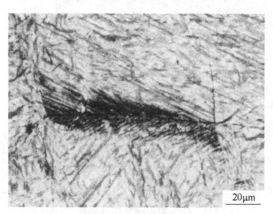

图 5-8　高碳钢的羽毛状贝氏体组织（OM）

羽毛状贝氏体随温度降低和钢中含碳量的增高，片条状铁素体（BF）变薄，位错密度增高，渗碳体片变细，或颗粒变小，弥散度增加。

5.2.3　下贝氏体组织形貌

下贝氏体中有的存在碳化物，有的不含碳化物，如含 Si 合金钢，其下贝氏体是无碳化物贝氏体。

下贝氏体是在贝氏体相变温度区的下部（贝氏体 C-曲线"鼻温"以下）形成的。呈单个条片状，条片间经常互相呈交角相遇，如图 5-9 所示。60Si2CrV 钢的下贝氏体组织为黑色片状，与回火马氏体相似，如图 5-9a 所示。在扫描电镜观察时，呈现由许多亚片条组成，如图 5-9b 所示。

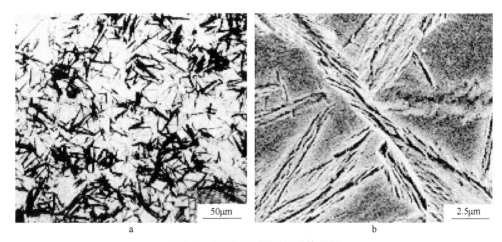

图 5-9　60Si2CrV 钢下贝氏体组织

a—OM；b—SEM

有碳化物下贝氏体在透射电镜下观察，片条内分布着碳化物，如图 5-10 所示。碳化

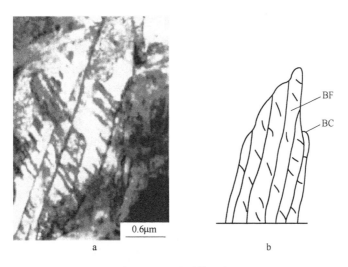

图 5-10　下贝氏体组织

a—23MnNiCrMo 钢下贝氏体 TEM；b—示意图

物排列在片内，一般与片的长轴呈不同交角分布。如果在等温初期先形成ε-碳化物，经长时间等温则可转变为θ-渗碳体，尤其在硅钢中易见到下贝氏体中存在ε-碳化物。当下贝氏体由贝氏体铁素体和碳化物构成时，极易被腐蚀，在金相显微镜下观察呈现黑色片状或针状形貌。

准下贝氏体是无碳化物贝氏体，是经典的下贝氏体的一个特例。它不同于典型的下贝氏体，在它的贝氏体铁素体内，按夹角排列的是残留奥氏体而不是碳化物。在准下贝氏体的铁素体片条内，可以见到许多亚板条。它常在含硅钢中出现。延长等温时间，奥氏体可能分解，析出碳化物，而成为经典下贝氏体。这种下贝氏体是由贝氏体铁素体+ε-碳化物+残留奥氏体构成的整合组织。

将Fe-0.9C-1.5Cr合金于1000℃奥氏体化，然后在300℃硝盐浴中等温得到的下贝氏体组织，如图5-11所示，图5-11b是a中箭头所指处的放大照片。可见，贝氏体呈针叶状或称为凸透镜片状，其周围是残留奥氏体。可见，下贝氏体可在奥氏体晶内形核长大。从扫描电镜照片可见，下贝氏体片被碳化物分割为许多亚片条（或亚单元），亚片条间分布着碳化物，这些片状碳化物与贝氏体片主轴方向的交角有大有小，并非为55°~60°。

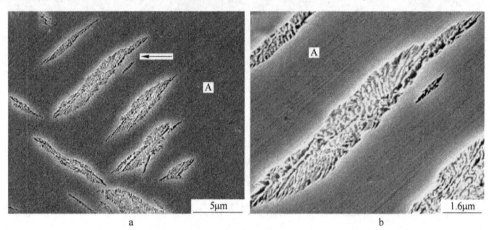

图5-11　Fe-0.9C-1.5Cr合金的下贝氏体组织（SEM）

还有一种所谓"柱状贝氏体"组织，如图5-12所示，其为高碳锰钢的贝氏体形貌，它被视为一种下贝氏体组织。其贝氏体铁素体呈放散的柱状，柱状贝氏体中分布着碳化物，具有下贝氏体特征。在精细结构上仍然是片状铁素体基体上分布着棒状碳化物。

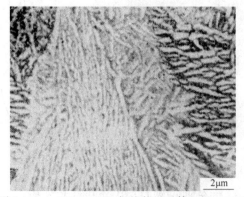

图5-12　1.12C-1.82Mn钢柱状贝氏体组织（OM）

球墨铸铁的下贝氏体组织也是无碳化物贝氏体，由亚片条组成。将球墨铸铁加热到 950℃，然后在 320℃ 等温处理得到下贝氏体组织，如图 5-13 所示。由于球墨铸铁中含有约 2%Si，故难以形成渗碳体，亚片条之间分布着残留奥氏体，图中的黑色球体区域原为石墨球，制样过程中石墨球脱落，而成为黑色的洞。

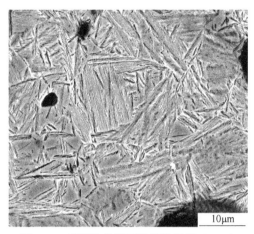

图 5-13 球墨铸铁的下贝氏体组织（SEM）

5.2.4 贝氏体组织的复杂性和多样性

贝氏体组织形态复杂多样，名称较多，诸如无碳化物贝氏体、有碳化物贝氏体、上贝氏体、下贝氏体、羽毛状贝氏体、粒状贝氏体、准下贝氏体等。还有近年来发现的正三角形贝氏体、N 形贝氏体、蝴蝶形贝氏体等。贝氏体组织形态的多样性说明了贝氏体相变在中温区转变的过渡性和极其复杂性。

上贝氏体、下贝氏体是被广泛接受的传统的贝氏体分类。形态各异的贝氏体，其实都是上贝氏体或下贝氏体的变态。此外还有无碳化物贝氏体和有碳化物贝氏体两大类。形形色色的贝氏体形貌都是这些贝氏体组织的不同形貌而已。贝氏体相变是自组织的，即使是同一钢种，在不同的热处理条件下，系统也可以转变为不同形貌的贝氏体组织。

钢中贝氏体的形貌还受转变温度、碳含量和合金元素等多种因素的影响。不同含碳量的铬钼钢具有不同的贝氏体形貌。低碳铬钼钢的贝氏体是条片状的无碳化物贝氏体，或者粒状贝氏体；高碳铬钼钢则可以获得典型的羽毛状贝氏体和针状的下贝氏体。

片条状贝氏体和低碳板条状马氏体金相形貌类似，但是贝氏体中位错密度较马氏体低一些。高碳片状马氏体和针状下贝氏体的形貌类似，但前者的亚结构是孪晶+位错，而在下贝氏体中的亚结构主要由亚片条、亚单元组成，存在较高密度的位错。虽然近年来在某些高合金钢中发现下贝氏体中存在精细孪晶，但不具有普遍性。

在工业用钢中，除了出现典型的贝氏体组织外，还同时出现形形色色的各种贝氏体，组成相多样化，除了贝氏体铁素体外，往往还存在碳化物、残留奥氏体、马氏体等相，组织形貌较为复杂。各种形貌的贝氏体有机地结合在一起，如上贝氏体与下贝氏体的有机结合，贝氏体和马氏体的有机结合等。实际工业用钢中经常出现贝氏体和马氏体的有机结合的组织。图 5-14 是 23MnCrNiMo 钢板条状马氏体和下贝氏体相结合的组织。

无碳化物贝氏体和有碳化物贝氏体是贝氏体组织的两大类别。某些低碳合金钢和含有

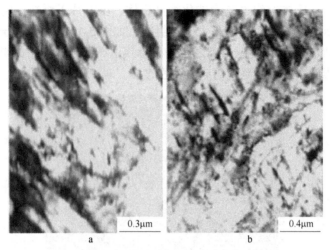

图 5-14   23MnCrNiMo 钢板条状马氏体和下贝氏体（TEM）（同一试样，不同视场）
a—板条状马氏体；b—下贝氏体

Si、Al 合金元素的合金钢，易于得到无碳化物贝氏体；而高碳钢和高碳铬钼钢，易于获得有碳化物贝氏体组织。

热机械处理技术，即 TMCP（Thermomechanical Control Process）技术在工业生产中得到了成功的应用，对于贝氏体/马氏体类型钢，此技术可使贝氏体组织显著细化，得到 500～1000MPa 级的贝氏体组织。图 5-15 为低碳贝氏体钢经过 TMCP 工艺得到的细化的贝氏体组织照片。

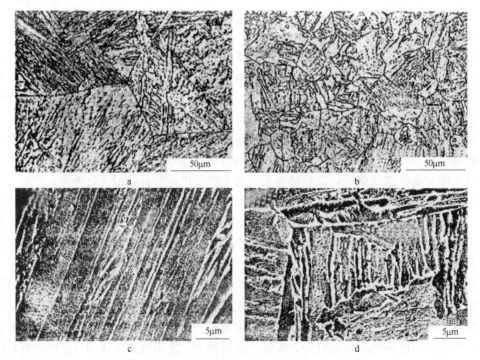

图 5-15   某低碳贝氏体钢以 5℃/s 冷却后的组织
a, b—OM；c, d—SEM

超低碳贝氏体是目前工业上积极开发应用的组织。主要是通过细化贝氏体片条和亚单元来提高强度。但对其组织名称叫法不统一，如针状铁素体、板条贝氏体等，其实针状铁素体本质上就是贝氏体。超低碳贝氏体钢在控轧控冷条件下，由于冷却条件的差异，贝氏体铁素体呈现不同的形貌，有块状、针状、细片状、板条状等，其本质上均为无碳化物贝氏体。

钢中贝氏体组织形态极为复杂，这是由贝氏体相变的中间过渡性造成的。贝氏体本质上是贝氏体铁素体为基体，其上可能分布着 θ-渗碳体（或 ε-碳化物），组织中往往夹杂着残余奥氏体、马氏体等相，构成一个复杂的整合组织。组成相较多，形态多变。这些贝氏体在组织结构上的主要区别：一是贝氏体铁素体的形貌不同；二是碳化物存在与否，碳化物的类型、形貌的区别；三是残留奥氏体的分布、形态不同。

5.2.5 贝氏体铁素体的亚结构

贝氏体显微组织的基体是贝氏体铁素体，其精细亚结构则指在电镜下所能分辨的贝氏体铁素体条片内部的细节，如亚片条、亚单元的形态、尺寸以及贝氏体铁素体片条内部的位错、精细孪晶，界面结构等。

5.2.5.1 贝氏体中的亚单元

大量试验表明，条片状的贝氏体铁素体由亚片条组成，亚片条由更小的亚单元组成，亚单元有方形、多边形等多种形貌，尺度在 $10 \sim 200nm$ 范围大小。亚单元通常在已经形成的铁素体端部附近形核，通过纵向伸长与增厚的方式长大。亚单元长大受阻时，再激发形核，在铁素体板条顶部的侧面（上贝氏体）或铁素体针的顶端（下贝氏体）形成新的亚单元核心。亚单元重复形核长大构成了贝氏体铁素体片条的形核长大过程。近年来试验表明亚单元由更细小的基元或超亚单元组成，尺寸为几纳米到数十纳米。

将 35CrMo 钢奥氏体化后，在 530℃盐浴中等温淬火，得到上贝氏体，观察其贝氏体铁素体片条，发现由亚单元组成，如图 5-16a 所示。Fe-0.5C-3.3Mn 钢的上贝氏体铁素体内部存在复杂的亚结构，在扫描隧道显微分析时，发现亚片条由亚单元组成，亚单元之间还有残留奥氏体薄膜，如图 5-16b 所示。测定亚单元的宽度约为 $0.5\mu m$，亚片条的长度为 $10 \sim 50\mu m$。

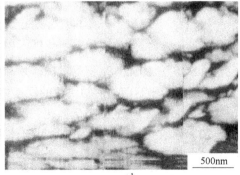

200nm

500nm

a

b

图 5-16 贝氏体铁素体中的亚结构

a—35CrMo 钢（TEM）；b—Fe-0.5C-3.3Mn 合金（STM）

　　下贝氏体片条也由亚单元组成。对 Fe-1.0C-4.0Cr-2.0Si 钢的下贝氏体的观察表明，下贝氏体条片由亚片条组成，亚片条由亚单元组成，如图 5-17 所示，图 5-17a 是光学显微镜照片，图 5-17b 是将其在扫描电镜下放大观察的结果。采用扫描隧道显微镜分析发现，在下贝氏体铁素体内部存在亚单元，亚单元由若干个超细亚单元组成。超细亚单元宽度为 20~30nm，长度为 0.2~0.3μm。亚单元相互平行，近似于平行四边形，如图 5-18 所示。

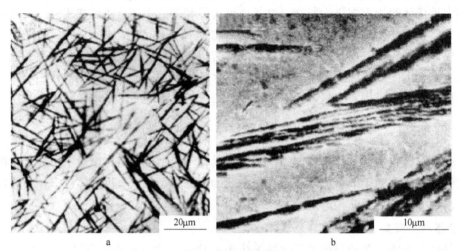

图 5-17　Fe-1.0C-4.0Cr-2.0Si 钢的下贝氏体组织

a—OM；b—SEM

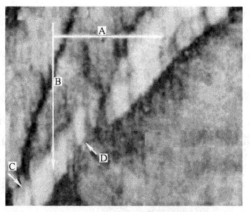

图 5-18　Fe-1.0C-4.0Cr-2.0Si 钢的下贝氏体的精细亚单元（STM）

　　图 5-19 为 60Si2CrV 钢下贝氏体片和内部的亚单元形貌。可见，贝氏体铁素体片条由细小的近似于平行四边形的块状的铁素体亚单元组成。

　　将 GCr15 钢于 950℃奥氏体化，然后在 300℃等温 50s，得到针状的下贝氏体组织，如图 5-20 所示，可见，其中的一片贝氏体中分布着许多片状碳化物，碳化物将贝氏体片分割为许多亚单元。

　　8Mn8Mo 钢过冷奥氏体在 350℃等温 58h 得到的贝氏体片的电镜照片，如图 5-21 所示，可见其亚结构为平行四边形，宽度不等，为 20~60nm。

　　应用 JEM-2010 高分辨电镜研究了某 Si-Mn 钢的贝氏体铁素体的亚结构，发现铁素体

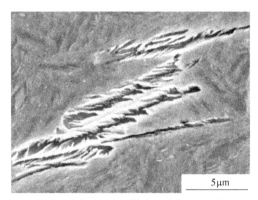

图 5-19 60Si2CrV 钢下贝氏体片和内部的亚单元（SEM）

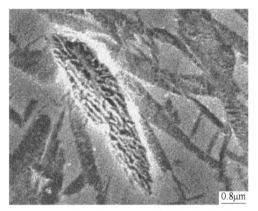

图 5-20 GCr15 钢的一片下贝氏体和内部的亚结构（SEM）

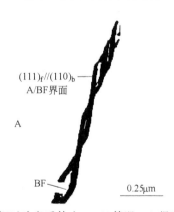

图 5-21 8Mn8Mo 钢过冷奥氏体在 350℃ 等温 58h 得到的贝氏体（TEM）

片条由亚片条组成，亚片条的宽度约为 100nm。亚片条内部存在许多亚单元，宽度约为 20nm。亚单元由超细亚单元构成，其尺寸为 10~25nm。超细亚单元为 30~50 个原子层厚。亚单元或超细亚单元之间的界面原子排列是小角度晶界，晶界上存在位错等缺陷。两个相邻的超细亚单元（或称基元）之间的取向不同，如图 5-22 所示。图中所示为两个相邻的超细亚单元的界面结构的点阵像，界面夹角约为 8°，是小角度晶界。

随着温度的降低，铁素体亚单元、亚片条尺寸减小，铁素体片内部亚单元数量增加，亚单元的宽度随着温度的降低而减小，亚单元的长宽比和铁素体片中亚单元的数量随着温度的降低而增大。位错密度随着温度的升高而降低，如图5-23所示。

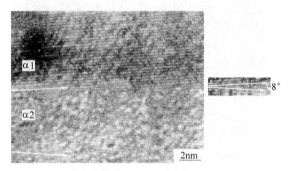

图5-22　Si-Mn钢的贝氏体铁素体的相邻亚单元的夹角（HREM）

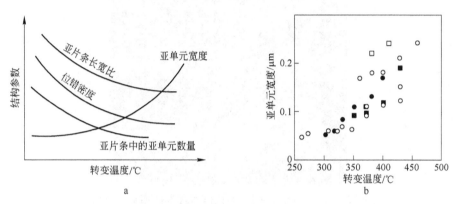

图5-23　亚结构尺寸与转变温度的关系

5.2.5.2　贝氏体铁素体中的位错和孪晶

试验发现，贝氏体铁素体内部有较高密度的位错。贝氏体中的位错密度虽然不如马氏体中那样高，但也有较高密度的位错亚结构。图5-24a为0.06%C，0.006%S，含有少量Nb、V的超低碳贝氏体钢的贝氏体组织照片；图5-24b为Q235钢的贝氏体组织照片。可见在贝氏体铁素体条片中含有较高密度的缠结位错。

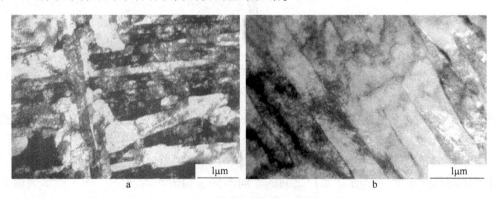

图5-24　贝氏体中的位错（TEM）

a—超低碳钢；b—Q235钢

　　图5-25a是超低碳贝氏体铁素体中的位错墙，图5-25b是该组织中的高密度的位错网络。测定表明，在650℃，贝氏体铁素体中的位错密度约为$4×10^{10}\text{cm}^{-2}$。随着相变温度的降低，贝氏体铁素体中的位错密度增加，如在400℃、360℃、300℃温度下，等温形成的贝氏体中，位错密度分别为$4.1×10^{10}\text{cm}^{-2}$、$4.7×10^{10}\text{cm}^{-2}$、$6.3×10^{10}\text{cm}^{-2}$。铁素体中的位错密度与温度的关系如图5-26所示，可见，位错密度随着相变温度的降低而升高。一般认为退火态的铁素体位错密度较低，为$10^6\sim10^7\text{cm}^{-2}$。贝氏体铁素体中的较高密度的位错表明，它不同于马氏体，也不同于珠光体中的铁素体，是相变机制不同所致。

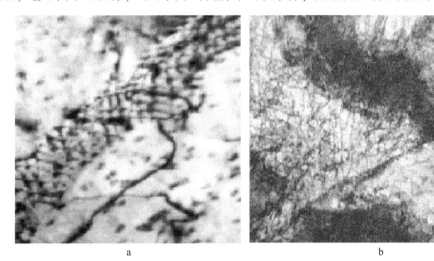

a　　　　　　　　　　　　　　　　b

图5-25　贝氏体中的位错网络（TEM）

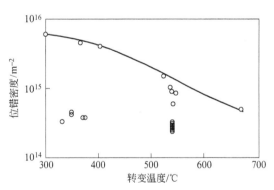

图5-26　铁素体的位错密度与温度的关系

　　上已叙及，贝氏体相变具有过渡性，那么，贝氏体铁素体中存在较高密度的位错和孪晶亚结构是合理的。近年来，一些学者在某些合金中发现贝氏体中存在孪晶亚结构。试验发现，在某些钢中，贝氏体铁素体片条由5~30nm细小孪晶组成，贝氏体铁素体亚片条就是细小的精细孪晶，如图5-27所示。各个亚片条之间存在孪晶关系。

5.2.5.3　贝氏体中的中脊

　　20世纪80年代发现某些钢中的贝氏体存在中脊。图5-28所示为4CrSi2Mn2Mo铸钢的下贝氏体组织，可见，在铁素体片条中间存在中脊，即图5-28a中（M-M）标注的一条平直的黑线。贝氏体中脊形态特征为：（1）第一片贝氏体铁素体的中脊能够贯穿整个晶

图 5-27　下贝氏体片中的孪晶（TEM）

粒，随后形成的贝氏体中脊尺寸越来越小。（2）下贝氏体和羽毛状贝氏体中均存在中脊。（3）中脊的衬度与其存在的贝氏体基体不同，存在明显的界面。在电镜观察时，将试样倾转一定角度，发现中脊是一条有一定宽度的平直的空间薄片，如图 5-28b 所示，可见，中脊两侧为贝氏体铁素体（BF），中脊平直，宽度约为 0.1μm。中脊本质上是独立的贝氏体铁素体片条，由孪晶亚结构组成，如图 5-28c 所示。

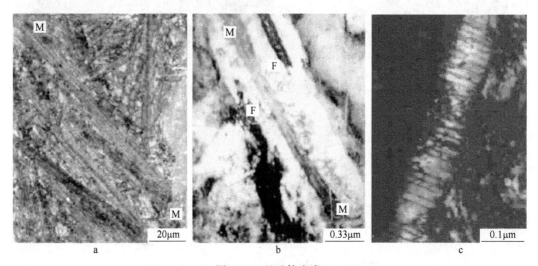

图 5-28　贝氏体中脊

5.2.6　贝氏体碳化物

在贝氏体组织中存在碳化物，但没有合金特殊碳化物。在有碳化物贝氏体中，一般为 θ-渗碳体，有时也会出现 ε-Fe_xC。尽管碳化物（θ 或 ε）有时不一定析出，但它仍然是贝氏体组织中的一个组成相，其形成规律也是贝氏体相变机制的一个组成部分。

5.2.6.1　上贝氏体中的碳化物

上贝氏体中的碳化物是 θ-渗碳体，没有其他类型的特殊碳化物。无碳化物贝氏体和粒状贝氏体组织中没有碳化物，在羽毛状贝氏体中，存在 θ-渗碳体。图 5-29 为 9Cr2 钢的上贝氏体组织，可见，碳化物与贝氏体铁素体呈片层状相间分布，碳化物呈白亮色的薄片状，在二维平面上呈细丝形状，长短不一，有的较直，有的弯曲。碳化物将贝氏体片分割为细小的亚单元。

一般认为，上贝氏体碳化物分布在铁素体亚片条或亚单元之间，其排列与铁素体片条主轴方向平行，呈颗粒状或短棒状。

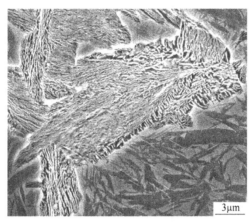

图 5-29　9Cr2 钢的上贝氏体组织（SEM）

5.2.6.2　下贝氏体中的碳化物

下贝氏体是贝氏体铁素体+碳化物+残留奥氏体等相组成的整合组织。在所谓准下贝氏体中也没有碳化物，但有残留奥氏体。下贝氏体中的碳化物也是 θ-渗碳体，有时为ε-碳化物。碳化物呈片状、短棒状或不连续点状，分布于条片状铁素体内。将塑料模具钢 P20（35Cr2Mo）钢于 370℃ 等温，得到的下贝氏体组织如图 5-30 所示。可见，碳化物呈短棒状或短片状，并与铁素体片主轴方向交角分布。衍射分析表明，这些碳化物是 θ-渗碳体。研究指出，下贝氏体中的ε-碳化物析出速度较快，经过较长时间等温，将转变为 θ-渗碳体。

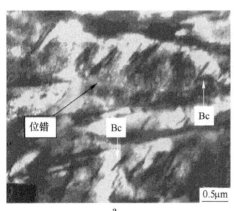
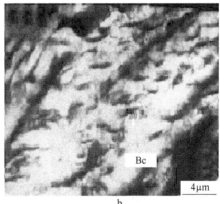

图 5-30　P20 钢的下贝氏体组织（TEM）

总之，下贝氏体碳化物形貌复杂，有短棒状、短片状、纤维状、层片状等形貌，存在于贝氏体片内部，碳化物颗粒粗细不等，长短不一。碳化物与贝氏体铁素体片主轴方向的交角也不等，有平行的，也有呈现不同角度分布的。碳化物从界面处向铁素体内部长大，分布在贝氏体铁素体片内部。

5.2.7 有色合金中的贝氏体

在具有马氏体相变的有色合金中都有可能形成贝氏体。在某些银基、铜基合金经淬火到 M_s 点以下形成马氏体，在 M_s 以上等温则形成贝氏体。

5.2.7.1 Cu-Zn 系合金中的贝氏体

在 Cu-41.3Zn 合金经 820℃ 固溶处理，在 350℃ 以下等温形成片状产物 α_1，产生表面浮凸，称为贝氏体。形成片状贝氏体的最高温度为 B_s 点，如图 5-31 所示。图 5-31 中 R 区表示形成棒状 α 相；M 区表示棒状 α 相和片状 α_1 相的整合组织；P 区表示完全的片状贝氏体 α_1。M 区和 P 区之间没有明显的界线。

图 5-32 示出了 Cu-Zn-Au 合金的贝氏体组织。在电子显微镜下观察，贝氏体片内有层错。

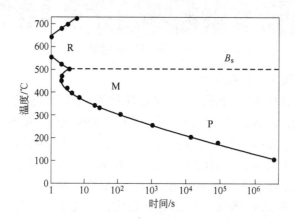

图 5-31 Cu-40.5Zn（质量分数,%）合金的 TTT 图

图 5-32 Cu-39.9Zn-4.2Au（原子数分数,%）合金贝氏体形态

5.2.7.2 Ag-Cd 合金中的贝氏体

Ag-Cd 合金中的贝氏体形态与 Cu-Zn 合金类似。图 5-33 为 Ag-42.3Cd（原子数分数,%）合金经 650℃ 淬火及在 175℃ 等温 7h 得到的贝氏体组织。

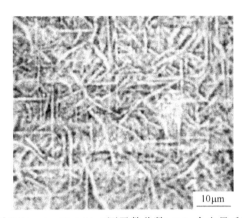

图 5-33　Ag-42.3Cd（原子数分数,%）合金贝氏体

Ag-45Cd（原子数分数,%）合金在 160~300℃ 所形成的贝氏体的初期结构是含层错的面心立方结构。随着等温时间的延长，这种结构的数量下降，直至完全消失，变为完全的正规的面心立方结构（fcc）结构。这种合金的贝氏体的惯习面为 (3 11 12)$_b$，并与母相有晶体学位向关系。

5.3　贝氏体相变的过渡性特征

钢中的贝氏体相变发生在中温区，它与高温区的珠光体分解以及低温区的马氏体相变都有密切的联系，具有过渡性，因而更具复杂性。

5.3.1　贝氏体相变的过渡性

过冷奥氏体作为一个整合系统，从整体上看，从高温区的共析分解到低温区的马氏体无扩散相变是一个逐级演化的过程。全过程又可以分为 3 个不同性质的阶段：高温区的珠光体共析分解→中温区的贝氏体转变→低温区的马氏体相变。3 个阶段既有联系又有区别，应当把握整合系统的整体性，中温转变是这个系统的中间过渡环节。

碳及合金元素原子的扩散速度随着温度的降低而减慢，是导致分阶段转变的一个诱因。在高温区，原子扩散能力强，进行扩散型的珠光体转变；而在低温区，Fe 原子和替换原子已不能扩散，则发生无扩散的马氏体相变；在中温区，碳原子尚有扩散能力，但 Fe 原子和替换原子均难以扩散。

贝氏体相变跟珠光体转变、马氏体相变既有区别，又有联系。表现出从扩散型相变到无扩散型相变的过渡性、交叉性。同时又具有自己的特殊性。它在转变机制上既打上了珠光体转变的"烙印"，又打上了马氏体相变的"烙印"。贝氏体的组织形貌十分复杂，表现为既承袭了珠光体组织的某些特征又保留了马氏体组织的一些色彩，具有鲜明的过渡性。

过冷奥氏体作为一个整合系统，从高温区到低温区，从扩散型转变过渡到无扩散型转变，系统自组织功能安排一个过渡区，即中温转变区，是符合自然事物演化规律的。在相变机制和转变产物的组织结构方面表现为过渡性特征。

5.3.1.1 上贝氏体转变和珠光体转变的联系与区别

钢中的贝氏体相变同珠光体转变一样具有扩散性质，即碳原子均能长程扩散，故有人称其为"半扩散型相变"。

上贝氏体在奥氏体晶界上形成贝氏体铁素体晶核，共析分解也可以在奥氏体晶界形核，两者有相似性。但是上贝氏体与珠光体在转变机制上也有区别，共析分解是铁素体+碳化物两相共析共生的过程。而贝氏体相变则是首先析出贝氏体铁素体，而渗碳体是否析出，以什么形态析出，要视具体条件而定。

许多钢的共析分解与上贝氏体转变在一定温度范围内等温时可以重叠，如图5-34所示。可见，35Cr钢在500~600℃之间等温时，珠光体转变和上贝氏体转变C曲线重叠，如在500℃，先形成上贝氏体，等温3min后才发生珠光体转变。这说明珠光体转变与上贝氏体转变既有不同，又有密切的联系，具有交叉性、重叠性。

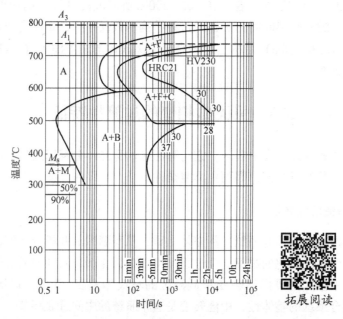

图 5-34　35Cr 钢珠光体和贝氏体转变 C 曲线重叠

在珠光体转变C曲线的"鼻温"以下，随着温度的降低，孕育期越来越长，共析分解越来越困难，直至难以再进行共析分解，即共析共生的过程将会停止。也即平衡转变或准平衡转变将终止，这时系统自组织功能将使之开始进行非平衡的贝氏体相变。

大量合金结构钢贝氏体C曲线的开始线在珠光体的左方。在文献中可以查出110多种钢具有这类C曲线，例如图5-35所示。从图5-35a可见，20Cr2Ni2Mo钢在650℃等温转变时，珠光体的孕育期约为100s；在400℃贝氏体的孕育期为6s。显然贝氏体铁素体的形成竟然比共析分解快得多，这表明贝氏体转变不同于共析分解。

有时贝氏体铁素体的形成比珠光体转变还要慢，也即贝氏体转变C曲线右移。如图5-35b所示，同样是20Cr2Ni2Mo钢，经过渗碳后，贝氏体相变延迟了，在400℃贝氏体的孕育期变为200s。这是为什么呢？显然增加碳含量，碳原子吸附于奥氏体晶界和缺陷处，延迟了贫碳区的形成，贝氏体形核困难，转变被推迟。

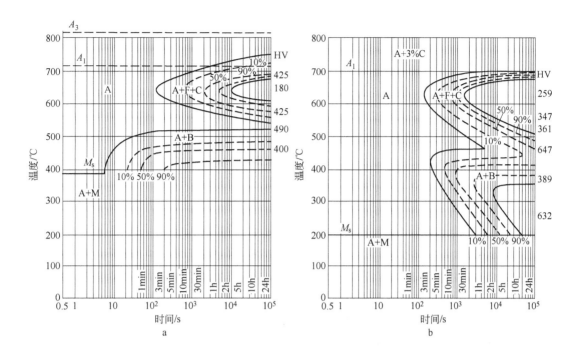

图 5-35　20Cr2Ni2Mo 钢渗碳前后的 TTT 图
a—渗碳前；b—渗碳后

与共析分解不同，贝氏体相变时，渗碳体是不与贝氏体铁素体共析共生的。如果在贝氏体铁素体片间析出渗碳体，则得到羽毛状上贝氏体。如果渗碳体不再析出，残留奥氏体将保留到室温，这就得到了无碳化物贝氏体。如果在贝氏体铁素体基体上分布着的颗粒状的奥氏体在冷却过程中部分地转变为马氏体，形成所谓 M/A 岛，则得到粒状贝氏体。可见，上贝氏体转变不同于共析分解。它与共析分解有本质上的区别。扩散学派把贝氏体相变说成是共析分解的延续，是混淆了共析分解和贝氏体相变的界限。

钢的自组织功能使奥氏体在难以共析分解的温度下及时改变相变机制，虽然不能共析，但可以通过涨落形成贫碳区和富碳区，在贫碳区首先形成贝氏体铁素体片，而在富碳区断断续续地析出渗碳体。但此温度下的富碳区中已经难以形成渗碳体，这样在奥氏体中不断富集碳，自组织功能将使其在适当的时候析出渗碳体，或转变为马氏体，或使之残留下来，成为组织中的残留奥氏体，从而出现不同的上贝氏体组织形貌。

扩散学派不承认贫碳区的存在。其实，碳原子在奥氏体中的分布是不均匀的。均匀是相对的，不均匀是绝对的。在奥氏体中本来就存在贫碳区和富碳区。

此外，按照自组织理论，系统远离平衡态，将出现随机涨落，也即在临界点以下有较大过冷度时，出现涨落（或称起伏）。通过涨落形成贫碳区和富碳区，加上随机出现的结构涨落、能量涨落，在贫碳区则可以形成贝氏体铁素体晶核，开始贝氏体转变。

5.3.1.2　下贝氏体转变和马氏体相变的联系与区别

某些钢中的下贝氏体的组织形貌具有针状或片状特征，与马氏体组织相似。下贝氏体组织与马氏体组织同样存在孪晶亚结构，如图 5-36 所示。

图 5-36 TEM 贝氏体铁素体中的精细孪晶

马氏体点及其稍下的温度区往往与下贝氏体转变区重叠。过冷奥氏体在 M_s 稍下，开始时先形成一定量的变温马氏体，等温一段时间后，下贝氏体开始转变，余下的奥氏体转变为下贝氏体。这样，在同样温度下得到马氏体+下贝氏体的整合组织。可能的原因有如下两点：

（1）在马氏体点稍下的温度等温，首先发生无扩散的马氏体变温转变，这时，碳原子可以扩散，在已经形成的马氏体中，以及尚未转变的奥氏体中，碳原子都在不断位移，碳原子扩散导致某些奥氏体微区贫碳，或者由于涨落而形成贫碳区，形成下贝氏体组织。

（2）马氏体形成时在其邻近的奥氏体中，产生应变能，该能量可以激发下贝氏体形核并转变为下贝氏体组织。

下贝氏体中可以析出碳化物。但碳化物析出困难时则残留了较多的奥氏体。而马氏体相变时也有残留奥氏体，可见，下贝氏体转变打上了马氏体相变的"烙印"。但是应当指出：贝氏体中的残留奥氏体与马氏体中的残留奥氏体，其形成机制是不相同的。

5.3.1.3 贝氏体组织形貌的过渡性

钢中贝氏体的组成相十分复杂，不同于珠光体，珠光体组织中只有两相（铁素体+碳化物）。也不同于单相的马氏体。贝氏体组织中除了贝氏体铁素体外，往往同时存在其他相，如渗碳体、ε-碳化物、残留奥氏体、马氏体或所谓 M/A 岛等。上贝氏体的组成相有时与珠光体相同，即含有铁素体和渗碳体两相，因此，上贝氏体组织打上了珠光体组织的烙印。贝氏体组织中存在着马氏体、残留奥氏体等相，说明它打上了淬火马氏体组织的烙印。从上贝氏体组织过渡到下贝氏体组织，表现了过渡性和复杂的交叉性。

贝氏体的组织形貌十分复杂，形形色色，赋予了不少名称，如无碳化物贝氏体、羽毛状贝氏体、粒状贝氏体、柱状贝氏体、球状贝氏体等，还有所谓准上贝氏体、准下贝氏体等。其实只有上贝氏体和下贝氏体两类本质上不同的贝氏体，或归属于有碳化物贝氏体、无碳化物贝氏体两类。根据转变条件的不同，系统自组织功能会使过冷奥氏体转变成为千变万化的贝氏体形貌，在金相显微镜和电镜下屡见不鲜，因此，没有必要给贝氏体组织起更多的名称，重要的是弄清楚其物理本质。

羽毛状上贝氏体、无碳化物贝氏体均与在晶界处形核长大的珠光体有相似之处，贝氏体铁素体均呈条片状，仅碳化物分布形态有所区别。羽毛状上贝氏体与片状珠光体颇有相似之处，如图 5-37 所示。GC15 钢 950℃加热奥氏体化，然后于 450℃等温，得到的羽毛状上贝氏体组织，为羽毛状贝氏体组织如图 5-37a 所示，T8 钢的片状索氏体组织如图 5-37b 所示。可见两者形貌颇有相似之处。

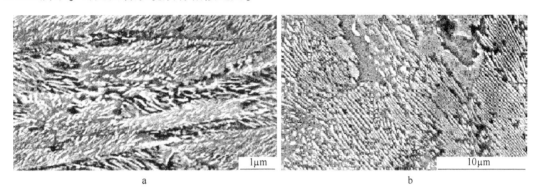

图 5-37　GC15 钢羽毛状贝氏体 (a) 和 T8 钢的片状索氏体组织 (b) (SEM)

下贝氏体有时可在奥氏体晶内形核长大，呈现片状或针状特征。针状下贝氏体与片状马氏体的金相形貌相似，如图 5-38 所示。GC15 钢 950℃ 加热奥氏体化，然后于 300℃ 等温，得到的针状（或片状）下贝氏体组织的金相照片如图 5-38a 所示，高碳钢马氏体组织的金相照片如图 5-38b 所示。

显然，从贝氏体组织形貌上看，表现了从珠光体到马氏体逐渐演化的特征，呈现出过渡性。

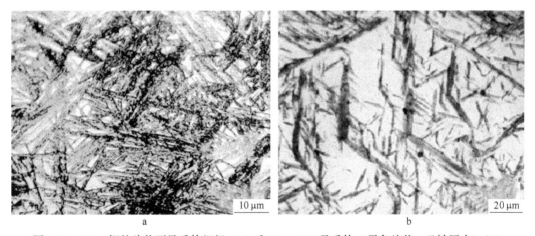

图 5-38　GC15 钢的片状下贝氏体组织 (a) 和 Fe-1.22C 马氏体（黑色片状，已被回火）(b)

5.3.1.4　贝氏体亚结构的过渡性

以往书刊中很少提及珠光体的亚结构，主要是由于珠光体是平衡组织或接近平衡状态的组织。珠光体组织包括铁素体和碳化物两相，其中的亚结构是较低的位错密度和亚晶；铁素体中的位错密度较低，约为 $10^7 cm^{-2}$。图 5-39 为 X45CrNiMo4 钢（德国钢号）的片状珠光体组织的电镜照片，黑色片条是合金渗碳体，白色片条是铁素体，从片层中可以观察到亚晶和位错。

贝氏体是中温区的非平衡相变产物，研究发现贝氏体铁素体的亚结构极为复杂，贝氏体铁素体片条由亚片条、亚单元乃至超细亚单元构成，界面积较大，界面能高，如图

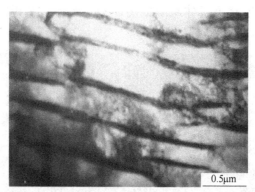

图 5-39 X45CrNiMo4 钢的片状珠光体组织 (TEM)

5-40a～c 所示。图 5-40a 是 35CrMo 钢的下贝氏体片，片中有碳化物（黑色），碳化物将贝氏体片分割成许多亚单元。贝氏体中位错密度也较高。近年来还发现存在孪晶，如图 5-40d 所示。扩散学派不认同贝氏体中存在孪晶。多名研究者的试验观察，贝氏体中存在孪晶。但是应当指出，贝氏体孪晶不具备普遍性，只有在某些高碳高合金钢等材料中，在其下贝氏体相变中才可能形成孪晶亚结构。贝氏体孪晶在一定温度下等温时会消失，也是难以观察到的原因之一。

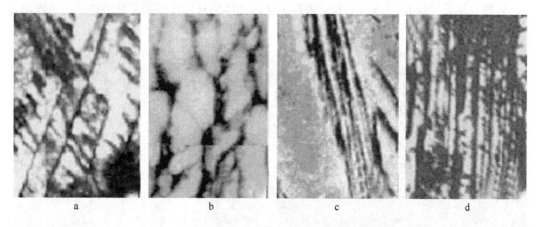

图 5-40 贝氏体的各类亚结构

a—下贝氏体碳化物和亚单元 (TEM)；b—贝氏体亚单元 (STM)；c—贝氏体亚片条 (SEM)；d—贝氏体孪晶 (TEM)

马氏体中的亚结构是极高的位错密度、层错和大量精细孪晶；而贝氏体组织中的亚结构中存在亚片条、亚单元，个别情况下有孪晶。图 5-41 全面地展示了过冷奥氏体随着转变温度的降低，组织形貌和亚结构的逐渐演化过程，表现了过冷奥氏体转变的过渡性特征。贝氏体相变的过渡性特征符合自然事物变化的规律。

5.3.2 贝氏体相变的其他特征

5.3.2.1 表面浮凸

20 世纪 50 年代初，柯俊和 Cottrell. S. A，首先应用金相显微镜在钢的抛光的试样表面观察到贝氏体表面浮凸现象，并且据此推论，贝氏体相变过程与马氏体转变时的切变共格转变机制相似。20 世纪 90 年代，方鸿生等采用扫描隧道显微镜对于贝氏体表面浮凸进行

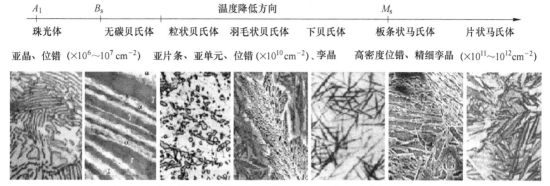

A_1	B_s		温度降低方向		M_s	
珠光体	无碳贝氏体	粒状贝氏体	羽毛状贝氏体	下贝氏体	板条状马氏体	片状马氏体

亚晶、位错（$\times 10^6 \sim 10^7 \, \mathrm{cm}^{-2}$）　　亚片条、亚单元、位错（$\times 10^{10} \, \mathrm{cm}^{-2}$）、孪晶　　高密度位错、精细孪晶（$\times 10^{11} \sim 10^{12} \mathrm{cm}^{-2}$）

图 5-41　珠光体→贝氏体→马氏体的组织形貌和亚结构的演化图解

大量观测和研究，认为贝氏体表面浮凸呈帐篷形，不具备切变特征。刘宗昌等人应用 SEM、STM 等仪器深入观察了贝氏体表面浮凸，发现贝氏体铁素体片的浮凸形状为帐篷形（∧），浮凸是试样表面过冷奥氏体转变产物的普遍现象，研究认为是相变时体积膨胀的结果，不是切变所致。将浮凸与切变联系在一起理论上是错误的，也是不符合实际的。

A　贝氏体表面浮雕的形貌

将真空热处理后不经浸蚀的 60Si2CrV 钢试样直接采用 QUANTA-400 环境扫描电镜进行观察，在试样表面观察到贝氏体组织浮雕，表明在贝氏体相变过程中产生了表面浮凸效应，如图 5-42 所示。可以观察到贝氏体铁素体片条沿晶界形核并长大，铁素体片条的尺寸大小不一。

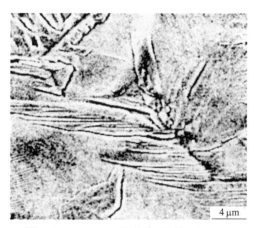

图 5-42　60Si2CrV 钢的表面浮凸（SEM）

B　贝氏体表面浮凸形貌及尺度

采用 Nanofrist-1000 型扫描隧道显微镜观察贝氏体表面浮凸形貌，并且测定其尺度。图 5-43 是 60Si2CrV 钢真空热处理后不经浸蚀直接采用扫描隧道显微镜（STM）观察的结果。可以看出贝氏体相变过程中产生了表面浮凸，且表面浮凸为帐篷形（∧）。从高度剖面线上还可以发现一些小锯齿，说明贝氏体组织内部的高度也起伏不均。观测到 60Si2CrV 钢贝氏体表面浮凸的最大高度约为 100nm，最小高度约为 20nm。

贝氏体表面浮凸的高度剖面线上出现的一些小锯齿就是由贝氏体铁素体亚单元大小不

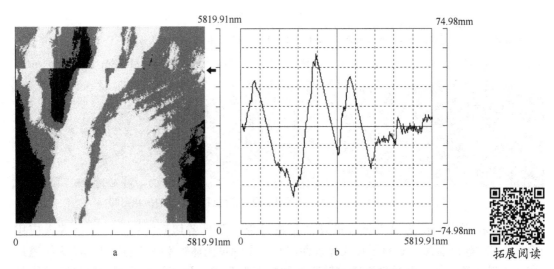

图 5-43　60Si2CrV 钢贝氏体表面浮凸 STM 像

a—STM 浮凸图像；b—图 a 中箭头所示位置的高度剖面线

等造成的。从图 5-43a 可见贝氏体铁素体片条中存在细小的亚单元。这也表明贝氏体浮凸是由亚片条、亚单元等产生的浮凸共同组成的浮凸群，并且反映了贝氏体浮凸的多层次结构特点。

方鸿生等进行了贝氏体亚单元和表面浮突的 STM 研究。指出贝氏体铁素体的浮突由亚片条、亚单元、超亚单元的浮突群组成，浮凸为帐篷形（∧）。图 5-44 为 Fe-0.4C-Si-Mn（质量分数,%）钢的表面浮凸图像和浮凸高度，沿着图 5-44a 中所画的直线，浮凸尺寸如图 5-44b 所示。

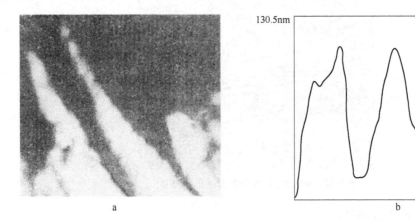

图 5-44　中碳钢的表面浮凸图像（a）和浮凸高度（b）

以往把表面浮凸作为马氏体相变的独有特征，并作为马氏体相变切变机制的试验依据。后来在贝氏体相变中也发现了表面浮突现象，又将其作为贝氏体相变的特征。21 世纪初试验研究发现珠光体也有表面浮突现象。任何一片铁素体、渗碳体、贝氏体铁素体、马氏体的浮凸均为帐篷形（∧）。浮凸形貌（或浮雕）分别与珠光体、贝氏体、马氏体组织的形貌相对应。浮凸乃是过冷奥氏体表面转变产物的普遍的现象，不是某一相变的特征。

研究表明，表面浮凸是由新旧相比体积不同，相变时体积膨胀所致。

5.3.2.2　贝氏体相变的不彻底性

贝氏体相变与珠光体转变的明显区别是贝氏体相变具有不完全性，存在残留奥氏体，这一点与马氏体相变相似。不过低碳马氏体中，残留奥氏体量往往很少，随着含碳量增加，马氏体中的残留奥氏体逐渐增加。而在亚共析钢中，贝氏体相变后，组织中往往存在大量的未转变的奥氏体。如含 Si 元素的低碳钢的无碳化物贝氏体，存在大量残留奥氏体。而且是在上贝氏体转变温度区域，就有大量残留奥氏体。这是贝氏体相变不完全性的一个特点，这可从贝氏体相变动力学曲线上分析。

与马氏体相变中的残留奥氏体不同，贝氏体组织中的残留奥氏体具有碳原子的富集现象。虽然板条状马氏体中的残留奥氏体薄膜也可能富碳，其碳原子的来源是无扩散的马氏体片形成之后，碳原子从马氏体片中扩散进入奥氏体的。而贝氏体组织中的残留奥氏体，是贝氏体铁素体长大过程中的排碳作用，使碳原子提前扩散进入奥氏体的。因此，这两种残留奥氏体中的富碳路径是不同的。

贝氏体中的残留奥氏体是在贝氏体铁素体形成过程中，碳原子被排挤到周边的奥氏体中的，因此分布在贝氏体铁素体片条之间或亚单元之间，呈块状、薄膜状或以 M/A 岛形式存在。

5.4　贝氏体相变热力学

相变热力学回答相变过程的总趋势。对于贝氏体相变而言，计算相变驱动力，可为相变机制提供理论依据。贝氏体相变热力学是基于统计热力学理论而发展起来的。其基本原理是相变驱动力等于两相自由能之差（ΔG）。

贝氏体相变的阻力要比马氏体相变小，相变能量消耗低。自 20 世纪 70 年代切变学派和扩散学派围绕着贝氏体相变驱动力问题进行了长达 30 多年的学术论争而无果。研究发现，持两种学术观点的两派学者们的计算模型不同是结论相反的主要原因。在分析以往的计算模型的基础上，刘宗昌等人提出了新的物理模型，并进行了计算，得出形成贝氏体铁素体的相变驱动力约为 -905J/mol，综合相变动力学对贝氏体相变时原子位移的方式进行了理论分析，认为依靠此相变驱动力，界面原子非协同热激活跃迁位移可完成贝氏体相变。

5.4.1　相变驱动力的计算模型

1937~1939 年 Lacher、Fowler 和 Guggenheim 提出了 LFG 模型。1962 年 Kaufman、Radcliffe 和 Cohen 提出了 Fe-C 合金贝氏体相变热力学模型，即 KRC 模型。

1969 年 Mclellan 和 Dunn 提出了 MD 模型。应当指出，这些模型是发现贝氏体相变初期的，当时贝氏体相变的物理实质尚未真正搞清楚，因此，这些模型有一定局限性，不够完善。

这些学者按 3 种可能的相变机制进行了贝氏体相变驱动力的计算：第一种是先共析转变，即由奥氏体中析出先共析铁素体，余下的是残留奥氏体，反应式为 $\gamma \rightarrow \alpha + \gamma_1$；第二种是奥氏体分解为平衡浓度的渗碳体和铁素体，反应式为 $\gamma \rightarrow \alpha + Fe_3C$；第三种是奥氏体以马氏体相变方式转变为同成分的铁素体，然后，过饱和铁素体中析出渗碳体，自身成为过饱和碳含量较低的铁素体，即 $\gamma \rightarrow \alpha' \rightarrow \alpha'' + Fe_3C$。此三种模型均列出了供计算的数学表达式。

（1）由奥氏体析出先共析铁素体的自由能变化表示为：

$$\Delta G^{\gamma \rightarrow \alpha + \gamma_1} = RT\left[x_\gamma \ln \frac{a_c^{\gamma/\alpha}}{a_c^\gamma} + (1 - x_\gamma)\ln \frac{a_{Fe}^{\gamma/\alpha}}{a_{Fe}^\gamma} \right] \tag{5-1}$$

式中，$a_c^{\gamma/\alpha}$、$a_{Fe}^{\gamma/\alpha}$ 分别为 C 和 Fe 在奥氏体/铁素体相界面奥氏体中的活度；a_c^γ、a_{Fe}^γ 分别为 C 和 Fe 在奥氏体中的活度。

（2）以共析平衡分解模型计算相变驱动力，铁素体的自由能近似地用纯铁的自由能替代，则：

$$\Delta G^{\gamma \rightarrow \alpha + Fe_3C} = (1 - x_\gamma)G_{Fe}^\alpha + x_\gamma G_C^G + x_\gamma \Delta G^{Fe_3C} - G^\gamma \tag{5-2}$$

式中，$\Delta G^{Fe_3C} = G^{Fe_3C} - 3G_{Fe}^\alpha - G_C^G$，为渗碳体的生成自由能变化，$G^{Fe_3C}$、$G_{Fe}^\alpha$、$G_C^G$、$G^\gamma$ 分别为渗碳体、纯铁、石墨和奥氏体的自由能。

21 世纪以来的深入研究，对贝氏体的本质有了比较透彻的认识，可以明确地断定贝氏体相变不是共析分解。贝氏体铁素体（BF）在碳含量、组织形貌、亚结构等方面不同于先共析铁素体，也不同于珠光体中的共析铁素体；贝氏体中残留奥氏体已经富碳，并且受 A→BF 的相变膨胀胁迫，物理状态也不同于先共析分解时的原过冷奥氏体，因此，在式（5-1）中采用的各活度值不适用于贝氏体相变驱动力的计算。同样，贝氏体中的碳化物形貌和结构也不同于珠光体中的片状渗碳体。因此，式（5-2）中的各自由能值不适用于贝氏体的驱动力计算。

第一、二两种物理模型将贝氏体相变处理为先共析转变和共析分解，这种模型用于贝氏体相变驱动力的计算是不妥当的。因为贝氏体相变绝非共析分解，也不是先共析转变。贝氏体相变与共析转变有着本质上的区别，两者不能混淆。因此，应用 KRC 模型、LFG 模型、MD 模型的计算结果当然不适用于贝氏体相变，它不是贝氏体相变的驱动力，而是先共析铁素体转变和共析分解的驱动力。

图 5-45 所示为 45Cr 钢的 TTT 图，从图中可见，先共析铁素体（F）是在 580℃～A_3 温度之间形成，在先共析铁素体转变线和珠光体转变开始线之间，为 α+γ 两相。而在 580℃以下，有一条贝氏体转变开始线，$\gamma \rightarrow BF + \gamma_1 \rightarrow$ 上贝氏体。在此两个不同的奥氏体转变区，相变驱动力不同，应当建立不同的计算模型。

第三种模型 $\gamma \rightarrow \alpha' \rightarrow \alpha'' + Fe_3C$，指出第一步 $\gamma \rightarrow \alpha'$。已知奥氏体在 M_s 点以上不能直接转变为马氏体（α'），因此，第三种计算模型与实际不符。

5.4.2 相变驱动力的计算结果

学者们按照上述模型，对 Fe-C 合金贝氏体相变，按三种可能的相变机制计算了驱动力。对 0.1%～0.5% 含碳量的 Fe-C 合金，在 B_s 温度，$\gamma \rightarrow \alpha + \gamma_1$ 转变驱动力为 $-178 \sim -227 J/mol$（KRC 模型）和 $-196 \sim -237 J/mol$（LFG 模型）。此值是先共析铁素体析出的驱动力和共析分解的驱动力，不是贝氏体相变的驱动力，它比贝氏体相变驱动力小许多。按 $\gamma \rightarrow \alpha' \rightarrow \alpha'' + Fe_3C$ 机制计算，0.8% 含碳量的 Fe-C 合金在 550℃ 时驱动力为 $-390 J/mol$（KRC 模型）和 $-181 J/mol$（LFG 模型）。

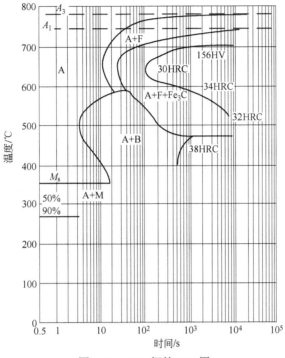

图 5-45 45Cr 钢的 TTT 图

图 5-46a 是根据测得的不同钢的共析分解的热焓导出的相变驱动力值。图 5-46b 是按照 KRC、LFG 模型计算的 0.89%C 的碳素钢的相变驱动力，温度范围是 127～727℃。比较图 5-46a 和 b，可见，在临界点 A_1（727℃）处相变驱动力为零。在 550℃，相变驱动力均约为 -1000J/mol。共析成分的 Fe-C 合金在 550℃ 以下等温，将发生贝氏体相变，依据转变温度不同，合金系不同，驱动力可能在 -1000～-2000J/mol 范围内变化。

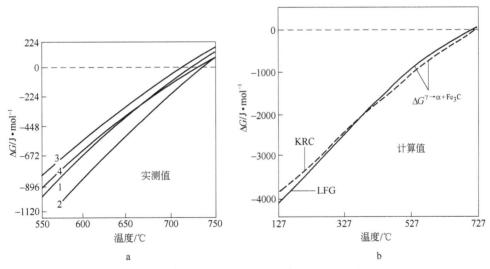

图 5-46 奥氏体与珠光体的自由能之差与温度的关系（a）和
按照 KRC、LFG 模型计算的相变驱动力（b）
1—碳素钢；2—1.9%Co 钢；3—1.8%Mn 钢；4—0.5%Mo 钢

Aaronson 等对 Fe-C-X 系低合金钢的贝氏体相变，按照上述设计模型计算的相变驱动力 $\Delta G^{\gamma\to\alpha+\gamma_1}$，如图 5-46 所示。图中的黑点代表驱动力的计算结果，实线代表切变应变能的计算值。切变应变能 W_ε 采用下列方程计算：

$$W_\varepsilon = \frac{E\,(\varepsilon^T_{13})^2}{1+\nu} \times \frac{\pi(2-\nu)V}{4(1-\nu)} \times \frac{c}{b} \tag{5-3}$$

式中，E 为弹性模量；ε^T_{13} 为无应力切变应变张量；ν 为泊松比；V 为贝氏体铁素体片条的摩尔体积；c/b 为厚度与长度之比。Aaronson 等采用 $c/b = 0.02$ 及 $\varepsilon^T_{13} = 0.18$，计算得出 W_ε，如图 5-47 实线所示。认为相变驱动力不能抵偿应变能，他们指出这么小的驱动力难以克服如此大的相变阻力，即难以进行切变型相变。

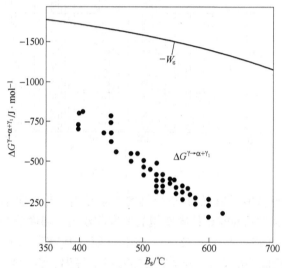

图 5-47　一些低合金钢在 B_s 时的 $\Delta G^{\gamma\to\alpha+\gamma_1}$ 及切变应变能 W_ε

5.4.3　切变学派计算的相变驱动力

康沫狂等以切变机制模型进行了计算。以 Fe-C 合金为例，在奥氏体的贫碳区里，以马氏体型的切变形核机制转变为贝氏体铁素体（B_F），计算了一些合金钢的上贝氏体和下贝氏体的相变驱动力和切变阻力，计算值列于表 5-1。他们认为贝氏体相变能以切变方式进行。

表 5-1　几种钢的相变阻力和驱动力的计算值

钢号	上贝氏体			下贝氏体		
	B_s/℃	阻力 /J·mol⁻¹	驱动力 /J·mol⁻¹	B_s/℃	阻力 /J·mol⁻¹	驱动力 /J·mol⁻¹
15SiMn3Mo	450	621	−620	340	1260	−1250
40CrMnSiMoV	420	747	−750	310	1382	−1350
9SiCr	400	1026	−1100	260	1860	−1820

应当指出：两派的计算方法不同，得出的计算值相差较大，结论相反。这是由于两派设计的物理模型不同，故计算结果当然不同。

本书在马氏体相变一章中，已经全面否定了马氏体相变的切变学说，既然马氏体相变不是切变过程，那么，贝氏体相变的切变机制就成了无源之水，无本之木了，皮之不存毛将焉附。

在 B_s 温度形成的贝氏体中存在较高密度的位错，刘宗昌等人计算得贝氏体铁素体形成时的相变阻力为：$\Delta G^{\alpha_B \rightarrow BF} = 905J/mol$。由于在临界点处相变驱动力在数值上等于相变阻力，因此，此刻形成贝氏体铁素体的相变驱动力即为 $-905J/mol$。此值与图 5-46a 中的实测值大体相符。从图 5-46a 中可见，在 A_1 至 700℃的温度范围内，相变驱动力较小，约低于 200J/mol，这是共析分解的驱动力。在相变温度低于 550℃时，这些钢将发生贝氏体相变，两相自由能之差将接近 $-1000J/mol$。Fe-C 合金马氏体的相变驱动力为 1180J/mol 以上，而贝氏体相变驱动力较小，因此 Fe-C 合金贝氏体相变驱动力接近 $-1000J/mol$ 是合理的。

5.5 贝氏体相变动力学

贝氏体相变动力学可为工艺过程提供依据，因此动力学的研究具有实际价值又具有理论意义。贝氏体相变动力学的研究是各学派争论的焦点之一，不同学派对贝氏体相变动力学中最为本质的问题有着不同看法。从科学事实上说，贝氏体相变动力学具有如下特征：

（1）与钢中马氏体片长大速度（近声速）相比，贝氏体转变速度较慢；

（2）在许多合金钢中，贝氏体转变 TTT 图与珠光体转变 TTT 图不重叠，两曲线是分开的，有时形成海湾区；

（3）许多合金钢的贝氏体相变有一个明显的上限温度，即所谓 B_s 点。

5.5.1 贝氏体铁素体长大速度

不同学派对贝氏体铁素体的长大机制持不同的观点。扩散学派认为贝氏体铁素体板条以台阶方式长大。它的长大速率受 γ/α 界面 γ 一侧碳原子向远离界面的 γ 内扩散快慢所控制。切变学派认为贝氏体长大是以切变方式重复形成板条亚单元的结果，贝氏体长大动力学取决于贝氏体铁素体片条的亚单元的形成速率。

图 5-48 为 Fe-C 合金及 Fe-C-M 三元合金 TTT 图的示意图，从图 5-48a 可见，Fe-C 合金贝氏体相变 C 曲线与珠光体转变重叠；而在图 5-48b 中，贝氏体和珠光体转变的 TTT 图是分离的，且后者曲线上有海湾区。扩散学派认为，贝氏体并无独立的 C 曲线，曲线上的海湾区是"溶质类拖曳作用"的结果。而切变学派认为海湾区的存在表明贝氏体相变有自己的独立的 C 曲线，标志着贝氏体相变机制不同于珠光体相变。康沫狂认为：粒状组织、上贝氏体、下贝氏体各有其独立的 C 曲线，如图 5-49 所示。

Aaronson 等用热离子发射显微镜直接观测到了台阶的形成与长大，测出含有 0.66% C、3.32%Cr 钢在 400℃等温处理时上贝氏体铁素体条片的长大动力学，图 5-50 表示了 3 个板条的长度与等温时间的关系，可见 3 个片条的长度和长大时间均呈直线关系。从中可以得出单片铁素体的平均长大速度约为 1.4×10^{-3} cm/s。说明长大过程受碳原子扩散控制。

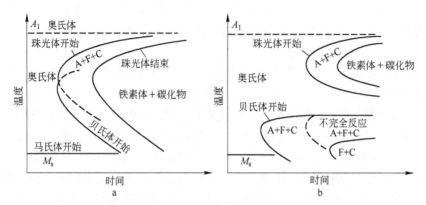

图 5-48　Fe-C 合金（a）及 Fe-C-M 三元合金（b）的 TTT 图

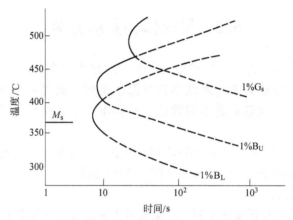

图 5-49　15CrMnMoV 钢 970℃奥氏体化后的中温 TTT 图

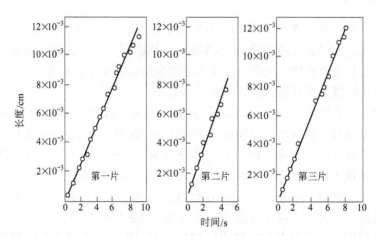

图 5-50　0.66%C、3.32%Cr 钢在 400℃等温时上贝氏体铁素体条片的长大动力学

实际测得 20CrMo 钢贝氏体铁素体片条向晶内的长大平均线速度为 17.7μm/s 和 15μm/s，如图 5-51 所示。在图 5-50 中，3 个贝氏体铁素体片条的平均长大速度约为 14μm/s。两者的实测值很接近。

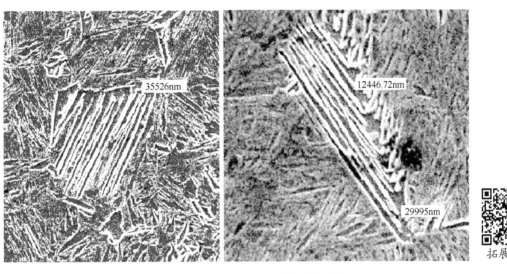

图 5-51　20CrMo 钢贝氏体铁素体片条（SEM）

5.5.2　贝氏体相变动力学图的特征

从过冷奥氏体转变 TTT 图中可见，珠光体转变和贝氏体相变动力学曲线相互重叠、交叉，还可以演化为两条 C 曲线完全分离，形成海湾区，反映了过冷奥氏体的相变贯序，也反映了贝氏体相变的过渡性特征。

过冷奥氏体从共析分解到贝氏体相变是逐渐演化的过程。图 5-52 为 45Cr 钢的 TTT 图，可见，珠光体转变的"鼻温"（共析分解最快的温度）约为 650℃，低于"鼻温"时，

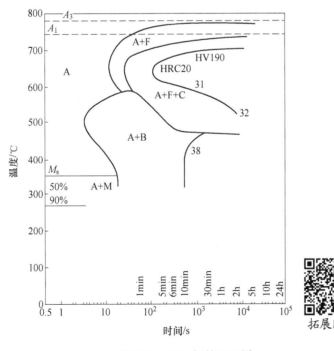

图 5-52　45Cr 钢的 TTT 图

原子扩散速度越来越慢，形核率不断降低，共析分解越来越难，直到扩散不足以进行共析分解为止。到达能够珠光体转变的最低温度（约480℃），需经过1000s的孕育期才能开始共析分解。这说明在这种合金钢中，于480℃以上温度，铁原子和替换原子能够长程扩散，主要是界面扩散，以便完成扩散型的共析分解。另外可见，在大约480~590℃温度范围内，过冷奥氏体是先发生贝氏体相变，然后到达珠光体转变开始线（孕育期）时，才进行共析分解。即在共析分解之前，首先形成了上贝氏体。

很多合金结构钢的贝氏体转变动力学曲线在珠光体转变动力学曲线的偏左方（高合金铬镍钢等除外）。表5-2是一些钢在相同等温温度下贝氏体相变孕育期和珠光体相变孕育期的比较。可见，同种钢在相同的温度下等温，过冷奥氏体转变为贝氏体的孕育期极短，而需要进一步等温很长时间才能开始珠光体转变，转变为托氏体（极细珠光体）组织。

表 5-2 一些钢的贝氏体相变孕育期和珠光体转变孕育期的统计比较

钢种	奥氏体化温度 /℃	过冷奥氏体相变温度 /℃	贝氏体转变孕育期/s	珠光体转变开始 时间/s
35Cr	850	500	1	400
30Mo	1050	500	1.5	10000
40Mn2V	870	450	1	3000
20CrMn	1050	500	1	1800
35CrMo	860	500	1.5	500
12CrNi3	840	500	0.5	8000
50CrMnMo	850	500	12	4000
18CrMnTi	900	500	2	4000
50CrNiMoV	850	500	50	>100000

在较高温度下，先共析铁素体的析出和珠光体转变均为扩散型相变，碳原子、铁原子和替换元素原子均扩散较快，形成平衡态的先共析铁素体+珠光体的整合组织。而在中温区，所有元素的扩散速度均显著降低，只有碳原子能够长程扩散，铁原子和替换原子的扩散速度极慢，难以满足相变动力学的需求。试验事实说明，与大多数动力学曲线一致，在中温区，低碳贝氏体转变速度很快，显然，不是依靠铁原子的扩散进行的，而应当是另外的转变机制。

钢中奥氏体的碳含量增加时，贝氏体相变速度变慢。从TTT图分析，共析碳素钢和过共析碳素钢的共析分解比贝氏体转变速度快。尤其是高碳钢的下贝氏体孕育期一般较长，图5-53是共析钢（T8）和过共析钢（T11）的TTT图。可见，在约550℃（"鼻温"），奥氏体很不稳定性，共析分解速度极快，孕育期较短，约为0.5s。这表明在此温度下，珠光体转变速度极快。从整体上看，共析分解在 A_1~400℃之间，珠光体转变完成的时间在100s到20min左右。但是400℃以下进行的贝氏体相变速度变慢。T8钢的下贝氏体相变在 M_s 点稍上，需要等温约2h而T11钢的下贝氏体相变在220℃，需要等温约24h才能转变终止。显然高碳贝氏体相变速度变慢。

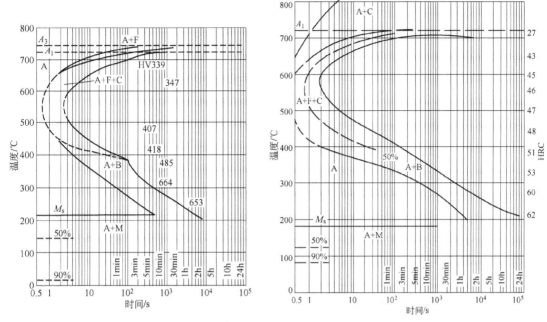

图 5-53　T8 钢（a）和 T11 钢（b）的 TTT 图

　　众所周知，贝氏体相变受碳原子扩散控制。高碳的过冷奥氏体形成贝氏体铁素体（BF）时，必须在贫碳的奥氏体区中形核，BF 的长大也必须以碳原子从 α/γ 相界面的奥氏体侧扩散离去为先决条件。贝氏体铁素体形核的起点是成分涨落，系统依靠涨落形成贫碳区。已知碳原子是内吸附元素，含碳量过高的奥氏体中，其晶界和晶内缺陷处将吸附大量的碳原子。这将阻碍并延缓贫碳区的形成，从而推迟贝氏体铁素体在此处的形核，因而使孕育期变长，同时其长大速度也很慢。

　　贝氏体相变动力学具有变温性和等温性的双重特征。贝氏体相变具有 B_s、B_f 点，随着温度的降低，贝氏体转变量不断增加。这一点是共析分解所不具备的。从图 5-54 可见，B_s 点约为 500℃，随着转变温度的降低，贝氏体转变量逐渐增加到 10%、25%、50%、75%、…这一点与马氏体的降温转变相似，显然具有变温性。这反映了贝氏体相变不同于共析分解。另外，在马氏体点稍上等温（如 350℃），随着等温时间的延长，转变量不断增加，从开始线到 10%、25%、50%、75%、…直到等温约 30min，转变终止。这表现了贝氏体转变的恒温性，这又与共析分解相似。这一动力学特征说明贝氏体相变具有过渡性。

　　从图 5-54 还可以看到，在 650℃ 等温，共析分解的孕育期约为 300s，而在 400℃ 等温，贝氏体转变开始约为 20s，显然贝氏体相变速度很快，而高温区的共析分解却很慢。如果共析分解和贝氏体相变均为铁原子长程扩散的相变，那么在高温时，共析分解为什么慢呢？而中温区的贝氏体相变为什么如此之快呢？这显示了两种相变机制的不同。

　　综上所述，从钢的 TTT 图总体上看，贝氏体相变不同于扩散型的共析分解，贝氏体相变具有过渡性特征，可以看出：从共析分解到贝氏体相变是一个逐渐演化的过程，海湾区可以将贝氏体相变与共析分解完全分离，贝氏体铁素体形成的孕育期较短，转变速度比共析分解快得多。在某些钢中，贝氏体相变具有变温性和恒温性的双重特征。这些说明贝氏体相变机制不同于共析分解和马氏体相变。

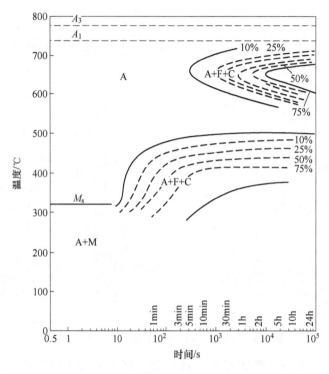

图 5-54   35CrNiMo 钢的 TTT 图（A_T：870℃）

拓展阅读

5.5.3 影响贝氏体转变动力学的因素

5.5.3.1 奥氏体化温度的影响

奥氏体化状态，即奥氏体的晶粒度、成分的不均匀性、晶界偏聚、剩余碳化物等，这些因素对过冷奥氏体的贝氏体相变均产生重要影响。奥氏体化温度不同，奥氏体晶粒大小不等，则过冷奥氏体的稳定性不一样。细小的奥氏体晶粒，单位体积内的界面积大，贝氏体铁素体形核位置多，将促进贝氏体转变。随着奥氏体化温度的提高，稳定奥氏体作用的溶质元素溶解更加充分，合金碳化物的溶解量增多，分布也会更加均匀一些，因而奥氏体更加稳定，使贝氏体转变的 C 曲线右移。同一种钢于不同的温度奥氏体化，测得的 TTT 图有所不同，如第 3 章所述，H13 钢，880℃奥氏体化测得的 TTT 图与 1010℃奥氏体化的 TTT 图有较大区别。奥氏体化温度对过冷奥氏体转变动力学的影响，在很大程度上与合金元素在奥氏体中溶解程度和偏聚有关。如 H13 钢在 1010℃奥氏体化，由于加热温度较高，碳化物溶解较多，则奥氏体中溶入了较多的 Cr、Mo、V 等合金元素，提高了奥氏体的稳定性，将使 C 曲线向右移。而 880℃奥氏体化时，奥氏体中溶入的合金元素较少，奥氏体的稳定性差一些，则 C 曲线左移。

5.5.3.2 合金元素对 γ→BF 转变的影响

合金元素溶入奥氏体中则形成了合金奥氏体，随着合金元素数量和种类的增加，奥氏体变成了一个复杂的多组元整合系统，合金元素将对贝氏体相变产生复杂的影响。从影响贝氏体铁素体（BF）的形核—长大和渗碳体的析出，到对贝氏体相变整个过程产生影响。

钢中贝氏体相变温度大多数低于 500℃，除了碳原子能够长程扩散外，铁原子和替换的合金元素原子均不能进行显著的扩散，甚至不能扩散。随着相变温度的降低，扩散过程越来越困难，将跟不上贝氏体相变速率的要求。

贝氏体相变是由单相过冷奥氏体转变为 BF+碳化物+残留奥氏体等相的非平衡转变。碳化物的类型是铁的碳化物，与形成温度有关，温度较高时形成 θ-Fe_3C，温度低时可能形成 ε-Fe_xC，难以形成合金元素的特殊碳化物。

贝氏体相变时，首先形成贝氏体铁素体（BF），在贫碳区，$\gamma \to BF$ 转变是热激活的无扩散型转变。在 BF 相形核之前，过冷奥氏体中依靠涨落出现贫碳区和富碳区，在贫碳区形成 BF 相晶核，这是贝氏体转变的起点。

贝氏体转变时 BF 片的长大速度低于马氏体转变时马氏体片的长大速度。BF 片条的长大受碳原子从附近奥氏体中扩散开去的速度所控制。合金元素若能降低奥氏体的化学自由能或增高铁素体的化学自由能，则可以降低 B_s 点，并使 $\gamma \to \alpha$ 转变速度减慢。

合金元素硅、锰、铬、镍等使贝氏体转变的孕育期增长，降低贝氏体铁素体的长大速度，钴则加速长大。此外，锰、铬、镍、钼、钒等元素降低贝氏体相变的转变温度 B_s 点。铬、钼、钒、钨等使共析分解移向高温区，结果在珠光体转变和贝氏体相变温度之间，出现一个过冷奥氏体的中温亚稳区。

钢中的碳含量提高时，不利于 BF 的形核及长大。BF 的形核必须在贫碳区中进行，其长大是依靠碳原子从 γ/α 相界面的奥氏体一侧扩散离去为条件，如果合金元素阻碍了碳原子的扩散和贫碳区的形成，则降低 BF 的形成速度。

硅元素不溶入 θ-Fe_3C 中，特别强烈地阻止贝氏体转变时 θ-Fe_3C 的形成，促使尚未转变的奥氏体富集碳，因而使贝氏体转变进行较缓慢。镍、锰等奥氏体形成元素降低奥氏体的化学自由能，增高 α 相的化学自由能，因而降低 B_s 点，同时也使贝氏体转变减慢。钴由于升高临界点 A_3，降低 α 相的化学自由能，加速 $\gamma \to \alpha$ 转变，因而促进贝氏体转变。铬是碳化物形成元素，也是稳定奥氏体的元素，它与锰的作用相似，使 B_s 点下降，它使碳原子扩散减慢，能够有效地减慢贝氏体相变速度。

强碳化物形成元素钨、钼、钒、钛，由于增加碳在奥氏体中的扩散激活能，对贝氏体转变有一定的延缓作用。如 0.78%W，把 T10 钢中贝氏体转变孕育期由 1s 左右增至 25s，1.9%V 把 T8 钢的贝氏体转变最小孕育期由 1s 左右增至 3min 左右。

含强碳化物形成元素钨、钼、钒、钛的钢，由于铁素体—珠光体的相变孕育期较长，而贝氏体相变孕育期短，在 TTT 图中偏左方，空冷时容易获得贝氏体组织。这对于贝氏体钢的开发具有重要意义。

5.5.3.3 偏聚现象对贝氏体相变动力学的影响

溶质偏聚可分为平衡偏聚和非平衡偏聚。溶质原子在晶界上的偏聚有赖于基体内部溶质原子向晶界处扩散。实验证实钢的奥氏体晶界处存在 B、Cr、Sn、P 等元素的非平衡偏聚。奥氏体晶界的某些区域较其他晶界区域更有利于 α 相的形核。例如，微小的涨落能够产生具有 α 相特征的新的原子排列。这种新的排列可能成为 α 相的核心。当合金元素在晶界偏聚时，可能因为降低晶界能，或改变晶界结构使之对于 α 相的形核有效性下降，则阻碍贝氏体铁素体在晶界形核。硼、稀土元素偏聚在奥氏体晶界，降低奥氏体晶界能阻碍 α 相和碳化物在晶界的形核，降低形核率，延长转变孕育期。

拓展阅读

5.6　块　状　相　变

块状相变是 20 世纪 30 年代发现的。在贝氏体相变这一章中阐述块状相变是因为块状相变也是一种中温转变，是介于马氏体相变和长程扩散型相变之间的一种中间型相变。块状相变的 CCT 曲线的位置正好与贝氏体转变的 CCT 曲线位置相当，如图 5-55 所示。纯铁和超低碳钢中的块状相变与贝氏体转变具有"亲缘"关系，故列为贝氏体家族。块状相变组织是贝氏体的一种特殊的形貌。搞清楚中温块状铁素体和中温贝氏体铁素体之间的关系具有重要理论意义。

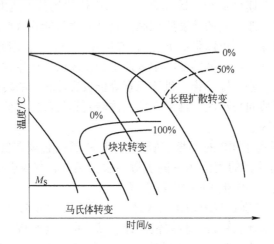

图 5-55　块状相变在 CCT 曲线中的位置示意图

5.6.1　金属的块状相变

5.6.1.1　块状相变的定义

块状相变的产物一般呈块状（massive），由此将其命名为块状相变。块状相变这个术语来源于转变产物具有不规则形状的金相形貌。但是，仅仅由形貌来定义相变是不能揭示相变的物理本质的。不能从金相形貌来简单地判断是否是块状相变。事实上块状相变产物也会呈片状或者针状，失去原来的块状形貌。尽管如此，块状相变（或称块型转变）的提法已在学术界流传多年。

在许多合金中均发现了块状相变。块状相变具有 3 个特点：（1）无成分变化；（2）界面迁移速率比一般的体扩散型相变的界面迁移速率高得多；（3）具有不规则晶界的非等轴的块状或条片状形貌。

块状相变定义为：成分不改变的，母相通过相界面处原子的热激活跃迁而形核—长大成为非等轴状相的一级相变。

5.6.1.2　纯金属及合金中的块状相变

在许多合金中均已发现块状相变，除 βCu-Zn 合金、Cu-Ga 合金中发现块状相变外，还在如 Fe、Fe-C、Fe-Ni、Fe-Co、Au-Zn、Ag-Zn、Ag-Gg 等一系列金属和合金中发现块状相变。

许多纯金属中，如 Fe、Ti、Zr、Co 等，均能够发生长程扩散的多晶型转变，这种转变当然不发生成分的改变。但不是块状相变，因为其不符合块状相变的特点。

图 5-56 所示为高纯铁（<0.005%C）薄试样经 5000~35000℃/s 的冷速冷却时，发生块状相变和马氏体相变，展示了冷却速度对纯铁相变的影响。

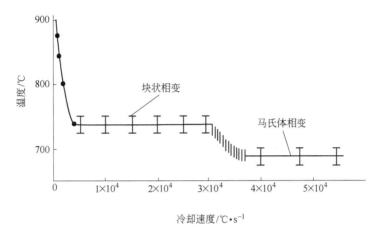

图 5-56　纯铁中冷速对相变的影响

从图 5-56 可见，纯铁在 0~55000℃/s 的冷速之间，冷速对相变点的影响。当冷速超过 5000℃/s，直到 30000℃/s，相变点稳定在 740℃，出现第一个"平台"，表明发生块状相变。当冷速超过 35000℃/s 以后，相变点稳定在 700℃ 左右，出现第二个"平台"，它对应于纯铁的马氏体相变。这个试验证明，块状相变不同于马氏体转变。在纯铁中，块状相变取代了钢中贝氏体相变的位置。

应当指出：此图的第二个平台，即 700℃，不是纯铁的马氏体点，高纯铁的马氏体点（M_s）为 545℃。这可能是纯铁试样表面转变为马氏体时的马氏体点，发生表面马氏体转变时，由于表面层 γ-Fe 不受三向压应力限制，故马氏体点偏高。

以纯铁为例，块状铁素体的形貌不同于长程扩散形成的等轴状铁素体。图 5-57 为纯铁的等轴状铁素体晶粒和铁素体块状组织的照片。该照片是同成分的纯铁试样，同样加热到 1100℃，然后分别空冷和冰盐水激冷得到的组织。图 5-57a 是于 1100℃ 加热后空冷得到的等轴状铁素体组织，是择优形核长大的转变产物。图 5-57b 为纯铁 1100℃ 加热，然后淬入冰盐水中得到的块状铁素体组织，铁素体晶粒形貌不规则。可见块状铁素体形貌不同于长程扩散形成的等轴铁素体。

实验表明，块状组织也可以呈现条片状特征。将含 0.041%La 的纯铁试样（厚度 3mm）加热到 1100℃，在冰盐水中激冷，可获得块状组织，如图 5-58 所示，可见，块状铁素体组织呈现条片状，跟无碳化物贝氏体组织中的贝氏体铁素体片条形貌相似。

碳元素对纯铁的块状相变有一定影响。当含碳量增加到 0.013% 时，获得马氏体的最低冷速可以降到 10000℃/s；当含碳量增加到 0.1% 时，在 5000℃/s 冷速下即可以抑制块状相变而获得马氏体。据统计，在 Fe-C 合金中，形成块状铁素体的最高含碳量为 0.02%~0.03%，与贝氏体铁素体的含碳量相近。可见，间隙溶质原子对块状相变有较大影响。

众所周知，纯铁与碳素钢的主要区别是含碳量不同。因此可以推测超低碳的碳素钢中的贝氏体相变可能是受碳影响的块状相变的一个变种或延续，或者说，均为贝氏体相变。

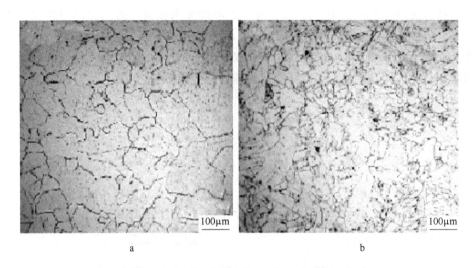

图 5-57　纯铁的等轴状铁素体（a）和块状铁素体组织（b）

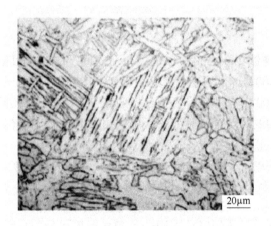

图 5-58　含 La 高纯铁的块状铁素体组织（SEM）

5.6.2　块状相变机制

按照固态相变的一般规律，块状相变时也存在涨落，即结构涨落和能量涨落。由于新旧相的成分相同，故转变不需要浓度涨落。涨落将导致形成新相核胚，此核胚是具有新相结构的微区。对于 γ→α 块状相变，涨落将在 γ 相的晶体缺陷处产生体心结构的微区，此体心结构的微区在一定条件下即可转变为块状铁素体。

块状相变通常在晶界形核，然后迅速长入周围的母相中。相界面往往具有不规则的外形，它常常可以穿过母相的原始晶界。生长机制是热激活的。

一般认为，控制块状转变速率的是形核率，晶核一旦形成，长大速度极快。在多数合金中，块状相的长大速度极快，为 $10^5 \sim 10^7 \text{nm/s}$ 之间，如此快的速度难以用常规的等温淬火技术进行研究。

由于新相和母相的成分相同，原子只需热激活跳跃就可以跨越界面，即不需要原子的长程扩散就可以使界面迁移，块状相变的相变激活能仅为体扩散激活能的 2/3，因而界面迁移速度比长程扩散得快，是界面过程控制。

　　块状铁素体也可以失去块状形貌，而变成条片状。从图5-58可见，铁素体呈现条片状，跟钢中无碳化物贝氏体的铁素体片条相似，本质上也是相同的，即成分相同，晶格相同，均为体心立方晶格。

　　Fe原子由γ-Fe转移到α-Fe晶核上（γ→α相变）需要越过一个位垒Q。而由α相转移到γ相时，则需要越过较大的位垒（$Q+\Delta G_V$）。如图5-59所示，图中表示γ和α两相晶粒和相界面，γ晶粒内的自由能为G_γ，α晶粒内的自由能为G_α，$G_\gamma > G_\alpha$，因此，γ晶粒中的原子通过相界面进入α相是个能量降低的过程，即自发过程。但是，相界面处具有较高的能量，γ中的原子需要热激活越过位垒，Q即为激活能，ΔG_V是奥氏体、铁素体两相自由能差。原子只需热激活跳跃并跨越界面，α相就可以连续长大，此称为非协同热激活跃迁，是界面控制过程。因此，块状相变是相界面处原子非协同热激活迁移机制。

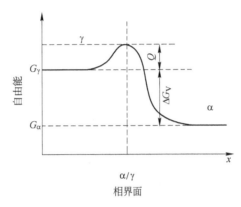

图5-59　原子越过界面时自由能变化示意图

5.6.3　块状转变与贝氏体相变的亲缘关系

　　在Fe-C合金中，当碳含量超过0.0218%时，在平衡冷却过程中会出现共析分解。过冷度很大时，碳原子也能够扩散到奥氏体/铁素体相界面上，建立局部平衡，使奥氏体一侧的碳含量富集。即使在M_s点以下形成板条状马氏体时，碳原子的富集也难以抑制，并在板条之间残留约20nm厚的残留奥氏体薄膜。

　　如果钢中碳含量极低，对于工业纯铁和超低碳钢，在中温区，无碳或碳含量极低的γ相转变为α相，即当γ→α时，首先形成块状的铁素体亚单元，由于亚单元之间没有残留奥氏体薄膜，故亚单元持续长大成为块状铁素体，这就是上述纯铁的块状组织。

　　随着钢中碳含量的增加，在块状铁素体之间将形成并留下富碳的奥氏体薄膜，块状铁素体长大成条片状，这时铁素体片条之间不能融合，则呈现板条状贝氏体铁素体特征。

　　上已叙及，贝氏体铁素体片条由亚片条组成，亚片条由亚单元、超细亚单元组成，亚单元近似方形。显然，这种块状的亚单元可能就是由一个晶核形成的但尚未充分长大的块状转变产物。这种块状相基元与贝氏体铁素体亚单元没有本质上的区别，即成分相同、晶格也相同，形貌也相似，当这种基元沿着一定位向关系长大时就得到了条片状贝氏体铁素体。

　　因此，纯铁的块状转变（γ-Fe→α-Fe）与低碳钢的奥氏体贫碳区中形成的贝氏体铁素体亚单元（α-Fe），两个转变没有本质上的区别，即均为成分不变的相变，都是 fcc→bcc 的晶格改组，形貌上，块状转变产物是铁素体晶粒界不规则，但也可为条片状。贝氏体铁素体为条片状。可见，在形貌上也有相同之处。

从纯铁的块状相变到低碳钢的贝氏体相变是由于过冷奥氏体中碳含量的增加而使转变产物的组织结构逐渐演化的过程。因此认为块状相变与贝氏体相变存在亲缘关系，或者说纯铁的块状转变就是贝氏体相变的原始阶段，本质上同为贝氏体相变。

5.7　贝氏体相变机制

关于贝氏体相变机制已进行了大量的研究工作。学者们主要提出切变机制和扩散-台阶机制两种不同的学说，且争论近40年。切变机制和扩散-台阶机制均不符合实际。21世纪以来，刘宗昌等人整合了两大学术观点中正确的研究成果，对其错误观点进行了纠正，并提出了界面原子非协同热激活跃迁新机制。

5.7.1　贝氏体相变的切变学说和扩散学说简介

5.7.1.1　切变学说

柯俊和 Cottrol 等人在抛光的试样表面观察到表面浮凸现象，认为与马氏体表面浮凸类似，将此作为贝氏体相变切变机制的重要依据，提出了贝氏体相变的切变学说。此后该观点被 Hehemann 和 Bhadeshia 所接受。我国学者康沫狂等支持这种学说。

Hehemann 等1961年提出的切变机制的主要内容是：在贝氏体相变时，首先形成过饱和的铁素体，铁原子和替换原子不发生扩散，贝氏体铁素体以马氏体相变方式形核长大。铁素体长大速度高于碳原子的扩散速度，导致碳原子在铁素体中过饱和，随后，碳原子析出，形成碳化物。从过饱和铁素体中析出碳化物，则形成下贝氏体。碳原子扩散进入奥氏体中，再从奥氏体中析出碳化物，则形成上贝氏体。

Bhadeshia 提出一个贝氏体相变模型，他们研究表明，相变前沿没有合金元素原子的再分配。对于贝氏体相变温度区间合金元素原子的扩散能力的计算结果表明，合金元素的扩散几乎可以忽略。认为由碳原子扩散导致贝氏体铁素体形核和单独贝氏体条片的切变长大。铁素体亚单元在奥氏体晶界形核，然后向奥氏体晶内切变长大，当切变造成的畸变足够大时，贝氏体长大停止。随后在已形成的亚单元尖端形成新的亚单元，重复这一过程，则形成一个铁素体片条。

持切变学说的学者研究指出，在贝氏体相变孕育期内，碳原子扩散向晶体缺陷处聚集，从而在奥氏体中形成贫碳区和富碳区。贫碳区为贝氏体切变形核提供场所，贝氏体在贫碳区形核。康沫狂认为贝氏体铁素体亚单元在贫碳区以切变形核—长大方式形成，贝氏体铁素体条片中含有过饱和的碳原子。

5.7.1.2　扩散学说

20世纪60年代末，美国冶金学家 H. I. Aaronson 及其合作者提出贝氏体台阶-扩散机制。其核心内容是：贝氏体是过冷奥氏体的非层片状共析分解的产物。在贝氏体相变过程中，存在碳原子、铁原子和替换原子的扩散过程。贝氏体铁素体是通过台阶的激发形核-台阶长大机制进行的，长大过程受碳原子扩散控制。台阶的台面是共格或者半共格的，而阶面是非共格的。贝氏体碳化物在奥氏体/铁素体晶界形核并且向奥氏体内部长大。徐祖耀、方鸿生等学者支持扩散学说。

台阶-扩散学说经历了台阶机制、台阶-扭折机制和激发-台阶机制三个阶段的发展。按照台阶扩散学说，贝氏体铁素体的形核-长大过程受扩散控制，在铁素体片宽面上存在生长台阶。由于台阶阶面前沿的碳富集程度高，根据非均匀形核理论，碳化物易于在阶面和台面的交角处形核。

此外，李承基曾提出了扩散-切变复合长大机制。俞德刚等提出了扩散-切变耦合机制，认为贝氏体的相变是扩散-切变的耦合过程。

5.7.2　贝氏体相变的非协同热激活跃迁机制

5.7.2.1　原子非协同热激活跃迁机制

贝氏体相变是中温区的非平衡相变，是共析分解和马氏体相变之间的过渡性相变。即碳原子能够长程扩散，在贝氏体铁素体、碳化物形成时，相界面处的铁原子和替换原子通过非协同热激活跃迁方式进行晶格重构，实现贝氏体形核与长大过程。

5.7.2.2　超低碳贝氏体的形成

超低碳合金钢中一般含有少量的 V、Ti、Nb 等合金元素，形成 MC 型的合金碳化物，把钢中少量的碳原子禁锢在碳化物中。通过控轧控冷可得到条片状的超低碳贝氏体组织，其与原奥氏体的成分相同，本质上是 $\gamma \rightarrow \alpha$ 的无扩散型相变。由于新相和母相的成分相同，原子只需非协同热激活跳跃就可以跨越相界面使界面迁移，因而界面迁移速度比长程扩散快，界面移动是由界面过程控制的。

在贝氏体相变孕育期内，在过冷奥氏体中必然出现随机的涨落。新相的晶核是以涨落作为种子的。结构涨落可以形成体心核胚，能量涨落可以提供核胚和临界晶核所需要的能量上涨。各种涨落的非线性正反馈相互作用，使涨落迅速放大，致使奥氏体结构（fcc）失稳而瓦解，建构 bcc 结构。那么，过冷奥氏体在此温度范围的孕育期内，通过涨落，无碳的 γ 相则以"块状相变"机制迅速形成贝氏体铁素体晶核，实现 $\gamma \rightarrow \alpha$（BF）转变。

γ、α 两相原子的自由能不等，如图 5-60 所示，原子只需热激活跃迁就可以跨越界面，直接连续地转入新相。即不需要原子的扩散，就可以使界面迁移，因而界面迁移速度快，形核—长大速度极快。这种位移也体现了贝氏体相变的过渡性。

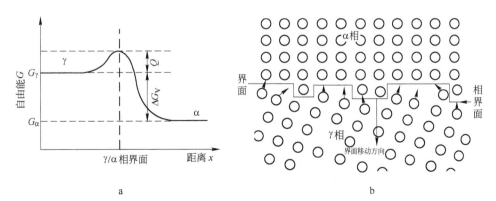

图 5-60　原子越过界面时自由能变化示意图（a）和原子热激活迁移中界面移动示意图（b）

5.7.2.3 转变温度对贝氏体形貌的影响

在连续冷却情况下，随着冷却速度的增大，转变温度也较低，组织形貌由块状演化为条片状贝氏体。冷却速度越大，转变温度越低，贝氏体条片状倾向越大。

新相形成时，在新相周围引发应力场，产生畸变能，此为相变阻力。无论是共格畸变能，还是非共格畸变能，均与新旧相错配度和母相的弹性模数（E）成正比，从而影响新相的形状，如相变产生的非共格畸变能 $U = \frac{1}{4}E\Delta^2 f\left(\dfrac{b}{a}\right)$。式中，$\Delta$ 为体错配度；$f\left(\dfrac{b}{a}\right)$ 为一个与新相形状有关的函数，称形状因子。新相从圆盘状到针状，a 为直径，b 为厚度（长度）。

弹性模量 E 是温度敏感的物理量，升高温度，弹性模量迅速降低。在较高温度时，弹性模量较小，因而相变畸变能小，新相晶核可为球状，最后长大为等轴状晶粒。随着温度的降低，弹性模量 E 迅速增大，畸变能变大，这时新相晶核逐渐演化为盘状、针状等形貌，或长大为条片状。

在中温区，过冷奥氏体转变温度较高时，原子活动能力强，新相形成时引起的畸变能较小，转变为具有不规则晶界的块状铁素体。在冷却速度增大时，过冷奥氏体转变温度降低，畸变能增大，新相则以条片状形核长大，条片状的方向则归于 $(011)_\alpha // (111)_\gamma$ 位向，新相沿着 $(111)_\gamma$ 晶面长大，以减小畸变能，最后长大为条片状贝氏体组织。

5.7.2.4 贫碳区的形成

除了超低碳贝氏体钢外，低碳钢、中碳钢、高碳钢中的贝氏体相变过程中均涉及贫碳区的形成问题。

按照科学技术哲学的一般规律，在贝氏体相变孕育期内，在过冷奥氏体中必然通过随机的浓度涨落形成贫碳区和富碳区，浓度涨落形成贫碳区和富碳区不同于 Spinodal 分解。随机涨落是相变的诱因。

Koraн 用 3 种不同含碳量的钢测定某一温度下贝氏体等温转变动力学曲线以及与之相对应的奥氏体点阵常数的变化，反映了奥氏体含碳量的变化，如图 5-61 所示。从图 5-61a 可见，中碳钢在转变的孕育期内，奥氏体中的含碳量已经增加，这意味着奥氏体中出现了富碳区和贫碳区。从图 5-61b 可见，1.18%C 的高碳钢，在孕育期内，奥氏体含碳量基本不变，随着相变的进行，奥氏体中的含碳量不断下降。从图 5-61c 可见，1.39%C 的高碳钢，在孕育期内，奥氏体的点阵常数变小，奥氏体中的含碳量就显著降低，表明等温一开始奥氏体中就形成了贫碳区。从 C 含量和 Mn 含量分析，这些钢的等温温度（275℃、350℃、400℃）均在下贝氏体转变区，表明在孕育期内有贫碳区和富碳区的形成。

5.7.2.5 贝氏体铁素体的形核长大

贝氏体晶核是单相，即贝氏体铁素体 BF（α 相）。观察表明，上贝氏体一般在奥氏体晶界处形核，将 20CrMo 钢试样在 950℃ 炉中加热奥氏体化，然后取出迅速冷却到 530℃ 的盐浴炉中，等温 2s 后淬火，得到的组织照片如图 5-62 所示。可见贝氏体铁素体正沿着奥氏体晶界形成和长大，并且有向晶内呈现锯齿状生长的趋势。

下贝氏体可以在奥氏体晶界形核，也可在晶内形核。亚单元形成后诱发应力应变场可以激发形核。

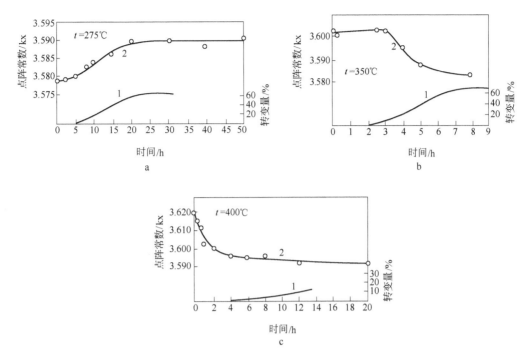

图 5-61 等温转变量（曲线 1）及奥氏体点阵常数（曲线 2）与等温时间的关系

（1kx = 10.02nm）

a—0.48C，4.33Mn；b—1.18C，3.58Mn；c—1.39C，2.74Mn

图 5-62 20CrMo 钢贝氏体铁素体形核及长大（SEM）

将球墨铸铁试样加热到 950℃，保温后于 320℃硝盐浴等温，下贝氏体首先在石墨球与奥氏体的界面上形核，然后向奥氏体晶内长大，如图 5-63 所示。可见，下贝氏体呈细长的针状，在石墨球表面上形核，然后向奥氏体晶内长大，如图 5-63a 所示。图 5-63b 是进一步放大后的扫描电镜照片，可见，在向晶内长大的途中，有激发形核—长大现象。

5.7.2.6 贝氏体碳化物的形成

贝氏体相变不是共析分解过程，其碳化物与贝氏体铁素体不是共析共生的，不存在两相竞争协同生长的关系，例如，无碳化物贝氏体组织中，除了贝氏体铁素体片条外，只有

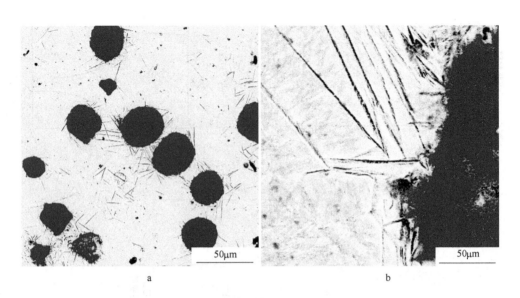

图 5-63　下贝氏体在石墨球表面上形核、向晶内长大（SEM）

残留奥氏体，θ-Fe₃C 没有析出。粒状贝氏体是由 BF+M/A 岛组成的整合组织，也没有碳化物。

　　尽管碳化物（θ 或 ε）往往不一定存在于贝氏体组织中，但它仍然是贝氏体组织中的一个组成相，在有碳化物贝氏体中，碳化物是重要的组成相。因此，碳化物形成规律也是贝氏体相变机制的一个组成部分。

　　在碳素钢和某些合金钢中，存在贝氏体碳化物（Bc），其形成与贝氏体铁素体亚单元的形核—长大密切相关，由于铁素体中固溶碳量很低，随着亚单元的形成和长大，不断排碳，碳原子长程扩散进入其周边的奥氏体中，使得奥氏体越来越富碳，这就为碳化物的形成创造了条件。

　　上贝氏体中的碳化物，即渗碳体在富碳的奥氏体区内析出，存在于贝氏体铁素体片条之间或与残留奥氏体共同存在。下贝氏体碳化物的来源认识不一致。切变学派认为，初始的贝氏体类同于马氏体具有全饱和固溶碳含量，贝氏体铁素体中含有过饱和碳，碳化物析出自碳过饱和的铁素体。但扩散学派不同意这种观点，认为贝氏体碳化物（Bc）来源于奥氏体。

　　贝氏体相变是过冷奥氏体在中温区的非平衡转变，因此，贝氏体铁素体形成初期，碳含量是过饱和的，但是难以实际测定过饱和程度，因为没有办法制取到新鲜的 BF。贝氏体铁素体中具有较高的位错密度，上贝氏体中的位错密度较下贝氏体为低。原子探针分析表明，贝氏体铁素体中的碳含量随着等温温度的降低而增大。上已叙及，贝氏体的位错密度可高达 $10^{11}/cm^2$。已知马氏体中的位错密度为 $2\times10^{12}/cm^2$ 时，可以吸纳 0.2%C 的含碳量，而不出现正方度。那么可以认为，贝氏体铁素体较高的位错密度增大了碳原子的溶解度（位错禁锢碳原子），比平衡态铁素体具有过饱和碳。研究认为位错的柯垂尔气团中碳原子浓度（摩尔分数）约为 7.4%。

　　实际上，贝氏体在中温区形成，然后迅速冷却到室温，碳原子不能从铁素体中平衡脱溶，因此，从这个角度来讲，铁素体也是被碳原子过饱和的。

A 贝氏体碳化物的形核

贝氏体碳化物的形核也是非均匀形核，即优先在界面等晶体缺陷处形核。观察表明，贝氏体碳化物在贝氏体铁素体片条之间的奥氏体界面上形成或在贝氏体亚单元间形成。图5-64a 和图5-64b 分别为 P20 钢和 23MnNiCrMo 钢的下贝氏体组织，图中箭头所指 Bc 为 θ-渗碳体。可见，Bc 在界面处形核，然后呈楔形长大，碳化物的长大终止后被铁素体包围。从图5-64b 也可以看到碳化物分布在铁素体片内部的情况（图中左侧箭头所示）。

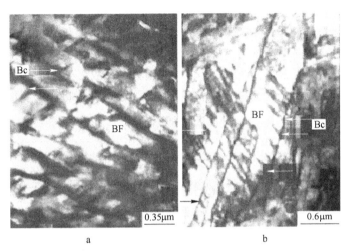

图 5-64　P20 钢（a）和 23MnNiCrMo 钢（b）的下贝氏体（TEM）

图 5-65 是 GCr15 钢 950℃奥氏体化后，于 220℃硝盐浴等温得到的下贝氏体，可以看到碳化物呈楔形长大的情况。可见，在相界面上形核，在界面处尺寸较粗大，向前长大时逐渐变得尖细而成楔形。

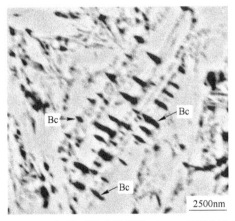

图 5-65　GCr15 钢的下贝氏体组织（SEM 背散射电子像）

关于贝氏体碳化物的形核机制研究报道甚少。已知 ε-$Fe_{2.4}$C 的含碳量为 7.9%，θ-Fe_3C的含碳量是 6.7%。因此，形成碳化物时，需要很高的碳原子的浓度涨落，如此高浓度的涨落在铁素体内部是难以出现的，即在铁素体内部难以形成碳化物晶核。

碳是扩大 γ-相区的元素，贝氏体铁素体亚单元的形成使碳原子不断排出而进入奥氏体中，奥氏体中将溶入大量的碳原子。尤其在 BF/γ 相界面上，碳原子易于吸附偏聚，而且碳原子沿着界面的扩散速度很快，加上与富碳的奥氏体相邻接，则 BF/γ 相界面为碳化物的形核提供了有利条件，因此，BF/γ 相界面是碳化物形核的有利地点。此与试验事实相符。

B 贝氏体碳化物的长大

贝氏体碳化物在 BF/γ 相界面上形核，并且向奥氏体内部长大。碳化物的长大促进了铁素体的长大。随着贝氏体铁素体亚单元的重复形成，碳化物也不断长大，这是碳原子不断沿着界面扩散输运的过程，也是铁原子在相界面上非协同热激活跃迁的过程。

上贝氏体碳化物在 BF/γ 相界面上形核，向富碳奥氏体中长大，因此，θ-渗碳体当然要沿着铁素体片主轴方向平行排列，如图 5-66 所示。图 5-66a 表示在过冷奥氏体晶界上由于涨落而形成贫碳区和富碳区，图 5-66b 为在贫碳区中形成贝氏体铁素体亚单元晶核，图 5-66c 表示在 BF/γ 界面处析出渗碳体晶核，图 5-66d 表示在亚单元重复析出的过程中，渗碳体形核—长大的情况。

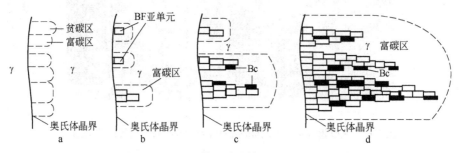

图 5-66 上贝氏体及渗碳体形成过程示意图

图 5-67 为下贝氏体铁素体片条和亚单元形成以及 θ-渗碳体形核—长大的示意图解。图 5-67a 为在奥氏体晶界处由于涨落而形成贫碳区和富碳区。图 5-67b 为在能量涨落和结构涨落的非线性交互作用下 BF 亚单元形核。铁素体片条依靠亚单元重复形成而长大，并且排碳。亚单元的重复形成，使周边的奥氏体中不断富碳。依靠涨落在 BF/γ 相界面处形成 θ-渗碳体晶核，如图 5-67c 所示，这时则出现了 Bc/BF 相界面和 Bc/γ 相界面，碳原子沿着相界面扩散，供应渗碳体晶核长大所需要的碳原子。碳化物借助于贝氏体铁素体的长大而长大，也可以长入富碳的奥氏体中。由于碳化物的长大需要大量碳原子扩散供应，而当扩散供应困难时，碳化物长大到一定大小后会停止，而铁素体将继续长大，碳化物终究被铁素体相所包围，如图 5-67d 所示。

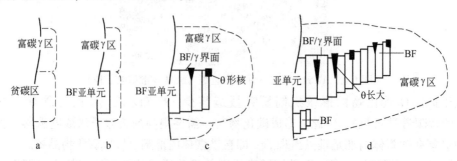

图 5-67 下贝氏体铁素体亚单元及碳化物形核—长大示意图

试验表明：下贝氏体碳化物在 BF/γ 相界面上形核，由于界面扩散速度较快，碳化物容易沿着界面长大，铁素体生长时排碳，促进碳化物靠近铁素体长大，碳化物的长大使得其周边的奥氏体中碳含量降低，又促进铁素体继续长大。碳化物的持续长大受到碳原子长程扩散供应的限制，而陷入困境，于是停止长大，而被铁素体包抄。碳化物也可以长入奥氏体中，这使其周边的奥氏体贫碳而转变为铁素体。这一切，导致最终碳化物被铁素体所包围。

上已叙及，贝氏体铁素体的形成是相界面原子非协同热激活迁移机制。那么，在贝氏体碳化物（Bc）的形成时，铁原子和替换原子的移动同样是非协同热激活的，一次跃迁的距离很短，不超过一个原子间距。依靠铁原子和替换原子在 Bc/BF 相界面和 Bc/γ 相界面上热激活跃迁，Bc 向奥氏体内长大，也可以向铁素体内长大，是界面控制过程，最终形成了贝氏体碳化物（Bc）。

5.8 钢中贝氏体的力学性能

贝氏体的力学性能主要取决于其组织形态。对于钢中的贝氏体，其组成相较为复杂，包括贝氏体铁素体、贝氏体碳化物、残留奥氏体、马氏体等相。只有超低碳贝氏体的组成相较少。因此贝氏体组织从低碳到高碳、超高碳，变化很大，组织形貌形形色色，力学性能变化较大。一般来说，下贝氏体强度较高，韧性较好，而上贝氏体强度低，韧性差。

钢件热处理时经常得到贝氏体组织+其他组成相构成的整合组织，往往具有良好的力学性能，因而越来越多地得到应用。在同一强度水平条件下，贝氏体组织的韧性往往高于回火马氏体。尤其是低温纳米级贝氏体组织具有比同成分的马氏体更高的强韧性。

贝氏体的力学性能具有优于珠光体和马氏体的一面，因此研发贝氏体的特殊组织形态，探寻其优良的力学性能具有重要的工程价值。为了充分开发利用贝氏体组织的优良的力学性能，开发了多种类型的贝氏体钢，研发了多种贝氏体强韧化工艺技术，控制轧制、控制空冷技术和等温淬火工艺等得到了广泛的应用和发展。

5.8.1 钢中贝氏体的强度

5.8.1.1 贝氏体的强度和硬度

贝氏体组织的强度差别较大，上贝氏体强度较低，下贝氏体强度较高。图 5-68 所示为碳素钢贝氏体的硬度和强度，可见，0.69%C 的碳素钢贝氏体硬度在 300~650HV 之间变化，转变温度越低，硬度越高。中、高碳素钢的强度在 600~1500MPa 之间变化。400℃以下等温得到下贝氏体，强度较高，约为 1300~1500MPa；而 600℃等温得到的上贝氏体的强度只有 700MPa。显然不同温度下得到的贝氏体强度不等。这是由于上、下贝氏体具有不同的组织形貌、亚结构等。

加入 Cr、Mn、Ni 等合金元素的合金钢，其 B_s 点降低，贝氏体组织变得细小，亚结构更复杂，强度将进一步提高。如 33Si2Mn2CrMo 钢的下贝氏体具有纳米级的细小的贝氏体铁素体片条，具有高达 2000MPa 的强度，值得开发应用。

贝氏体的强度随着转变温度的降低而升高。相变温度不同，贝氏体的组织形态、亚结构等都不同，因而性能不同。

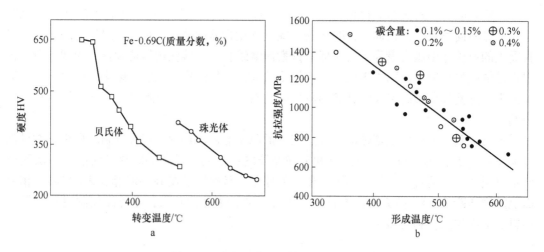

图 5-68 碳素钢中贝氏体的硬度和强度

5.8.1.2 影响贝氏体的强度的因素

A 贝氏体铁素体片条粗细的影响

如果将贝氏体铁素体片条的大小看成是贝氏体晶粒粗细，则可以通过 Hall-Petch 关系式估算贝氏体的强度。那么，贝氏体铁素体片条越小，其强度越高，如图 5-69 所示。

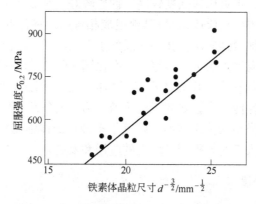

图 5-69 贝氏体铁素体条片尺寸对强度的影响

贝氏体条片大小主要取决于奥氏体化温度、贝氏体的形成温度。奥氏体化温度越高，奥氏体晶粒越大，则贝氏体条片尺寸变大。贝氏体相变温度越低，贝氏体铁素体条片越小，贝氏体铁素体内的位错密度越高，因而强度也越高。

B 贝氏体中碳化物的弥散强化

根据弥散强化理论，碳化物颗粒直径越小、数量越多，强化效果越好。下贝氏体碳化物颗粒细小，呈 ε 碳化物弥散分布于贝氏体铁素体的条片内部，所以，下贝氏体强度较高。而上贝氏体中碳化物颗粒较为粗大，呈不连续的短棒状分布在铁素体条片间，分布不均匀，所以，上贝氏体脆性大，强度较低。图 5-70 为贝氏体中渗碳体分散度对强度的影响。可见，屈服强度随着碳化物颗粒数的增加而提高，即弥散度越大，强度越高。

贝氏体碳化物的数量、大小主要取决于贝氏体形成温度以及奥氏体的成分。一般来说，贝氏体形成温度越低，碳化物颗粒越细小。

C 贝氏体中位错密度对强度的影响

贝氏体中具有较高密度的位错亚结构，对贝氏体的强度有较大贡献。图 5-71 表示了屈服强度随位错密度的变化，可见，位错密度的增加显著提高了屈服强度。

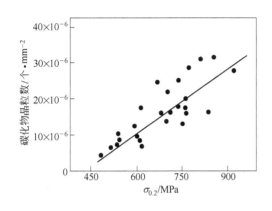 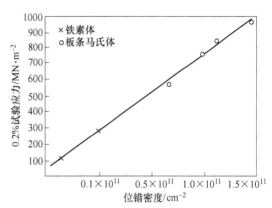

图 5-70 贝氏体中渗碳体分散度对强度的影响　　图 5-71 Fe-C 合金中位错密度对屈服强度的影响

D M/A 岛对强度的影响

M/A 岛存在于粒状贝氏体中，其中的马氏体和奥氏体均可能分解，最终变为铁素体和碳化物，这些过程和某一阶段的状态对力学性能产生不同的影响。

在 0.1%~0.2%C 的 1Cr-0.5Mo-0.002B 钢中，贝氏体铁素体基体上有"岛状"相，铁素体内有较高的位错密度。"岛状"相中有时可见孪晶亚结构。随着钢中含碳量增加，转变温度升高，M/A 岛数量增加。粒状贝氏体的强度随 M/A 岛的数量增加而增大，显示了 M/A 岛的强化效应，如图 5-72 所示。

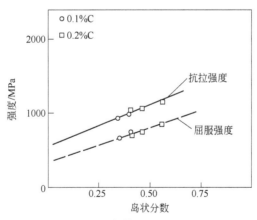

图 5-72 M/A 岛数量对钢强度的影响

一般含有 M/A 岛的粒状贝氏体的塑性和韧性较差。但也有人认为韧性有所改善，可能与 M/A 岛中的奥氏体是否转变为马氏体或者进行了分解有关。保留奥氏体者，韧性得到改善。具有 M/A 岛的粒状贝氏体经过回火，可以使韧性提高。

实际上粒状贝氏体组织形态复杂，其内部组成相的种类、形态各异，亚结构不同，因此粒状贝氏体的力学性能变化多端，研究其变化规律较为困难。

5.8.2　钢中贝氏体组织的韧性

5.8.2.1　冲击韧性

决定贝氏体组织韧性的因素是贝氏体铁素体片条的粗细及碳化物的形态和分布。当上贝氏体条片间存在碳化物的连续的薄片时，韧性很差。当下贝氏体铁素体条片细小时，碳化物分布在铁素体内部则具有较高的韧性，碳化物过于弥散时，韧性会下降。图 5-73 为 30CrMnSi 钢贝氏体组织的冲击韧性与形成温度的关系。可见，在 350℃以上，当组织大部分为上贝氏体时，冲击韧性急剧降低，下贝氏体的冲击韧性较高。这是贝氏体组织力学性能的重要特点。

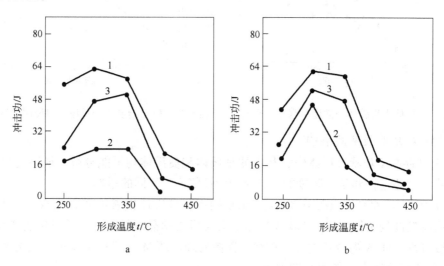

图 5-73　贝氏体的冲击韧性与形成温度的关系

a—等温 30min；b—等温 60min

1—0.27%C，1.02%Si，1.0%Mn，0.98%Cr；2—0.40%C，1.102%Si，1.21%Mn，1.62%Cr；

3—0.42%C，1.14%Si，1.04%Mn，0.96%Cr

5.8.2.2　韧脆转化温度

通常将冲击试样断口上出现 50%结晶状断口的实验温度称为韧脆转化温度，以 T_k 表示。韧脆转化是材料安全设计的一个重要指标。

一般认为下贝氏体组织的韧性比上贝氏体组织好。图 5-74 为低碳钢抗拉强度与韧脆转化温度的关系，可见，当上贝氏体的抗拉强度增加时，韧脆转化温度也提高。当抗拉强度提高到 900MPa 时，贝氏体组织由上贝氏体过渡到下贝氏体，韧脆转化温度突然降低，而后又缓慢回升，但下贝氏体的韧脆转化温度较低。

5.8.2.3　影响贝氏体冲击韧性的因素

影响贝氏体组织冲击韧性的因素较多，如贝氏体铁素体、贝氏体碳化物、M/A 岛、残留奥氏体、贝氏体组织中夹杂的马氏体相以及原奥氏体晶粒度等。

A　贝氏体铁素体条片的尺寸

贝氏体铁素体条片越细，强度越高，韧性越好。条片的减小往往伴随着板条束（贝氏体铁素体条片领域）直径的减小，有利于韧脆转化温度的降低。

断口分析指出，解理断裂的断口是由许多解理小平面组成的，增大贝氏体铁素体板条束直径将会加大解理小平面尺寸，这将使韧脆转化温度升高。因此，一般来说，上贝氏体中的铁素体条片较宽，板条束尺寸比下贝氏体的大，故下贝氏体的韧性较好，韧脆转化温度较低。

B　M/A 岛和残留奥氏体对韧性的影响

粒状贝氏体由贝氏体铁素体+M/A 岛组成，M/A 岛可能只有残留奥氏体，也可能由马氏体+残留奥氏体组成，形态和数量均不相同，因此其力学性能变化较大。如果组成相中马氏体含量较多，则提高强度，降低韧性。韧脆转化温度也会升高。这是由于含碳量较高的马氏体易于产生解理裂纹的缘故。图 5-75 所示为低碳钢贝氏体组织中 M/A 岛数量对韧脆转化温度的影响，可见，M/A 岛数量增加时，韧脆转化温度升高。组成相中的残留奥氏体含量增多，强度会降低，但可以提高韧性，由于残留奥氏体在冲击变形时，能够吸收一部分能量。

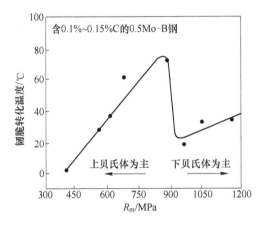

图 5-74　抗拉强度与韧脆转
化温度的关系

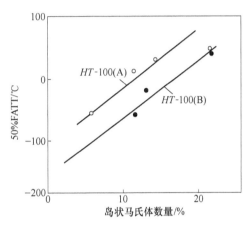

图 5-75　M/A 岛数量对韧脆转
化温度的影响

C　奥氏体晶粒度的影响

奥氏体晶粒细化可提高钢的强韧性。原始奥氏体晶粒越细小，贝氏体的韧脆转化温度越低，如图 5-76 所示。图 5-76 中 3 条曲线，表示不同的强度水平，其韧脆转化温度不同。如，当晶粒尺寸为 100×10^{-4} mm 时，强度为 700MN/m² 的贝氏体，韧脆转化温度在 -60℃以下，而强度为 850MN/m² 时，其韧脆转化温度将升高到 0℃左右。

D　贝氏体碳化物的影响

上贝氏体和下贝氏体中均可能存在碳化物，主要是渗碳体，但下贝氏体中碳化物除了 θ-(Fe，M)₃C 外，还可能有 ε-碳化物。碳化物的形貌、大小、分布等对韧性的影响程度不等。上贝氏体中粗大的片状或短棒状渗碳体分布在贝氏体铁素体片条之间，在应力作用下，易于产生微裂纹诱发解理断裂，所以典型的上贝氏体，如羽毛状贝氏体，其韧性较差。对于含有碳化物的下贝氏体，这些碳化物比较细小弥散，分布在贝氏体铁素体片条中，难以诱发解理断裂，故冲击韧性较高，韧脆转化温度下降。

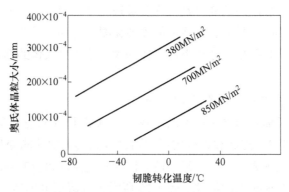

图 5-76 　奥氏体晶粒度对韧脆转化温度的影响

5.8.3　多相贝氏体组织的力学性能

由于贝氏体相变是过冷奥氏体的过渡性的相变，其组织形貌形形色色，组成相较多，无论是空冷、等温淬火、连续控制冷却等工艺下均会得到两相或两种以上相组成的贝氏体组织，称为多相贝氏体组织。这些组成相包括贝氏体铁素体、渗碳体、ε-碳化物、残留奥氏体、马氏体等。这些组成相形态各异，粗细不等，分布不同，加之各相具有不同的亚结构，故其力学性能较为复杂。

5.8.4　低碳贝氏体钢的组织与性能

低碳贝氏体钢系列已是新一代 500~1000MPa 级高性能结构钢中的主体，应用于管线、桥梁、船板、海洋结构、工程机械等方面。低碳贝氏体钢的主要组织类型有准多边型贝氏体铁素体、粒状贝氏体、条片状贝氏体。通过细化贝氏体铁素体来提高强度。由于贝氏体相变速度较快，因此单靠增加形核率是不够的，还必须抑制长大速度，从而细化贝氏体组织。图 5-77 所示为低碳合金钢的贝氏体组织，可见，贝氏体片条尺寸极为细小，相界面面积大，强度大幅度提高。研究表明，为使强度达到 1800MPa 级，可采用条片状贝氏体+M/A 岛的整合组织；为使强度达到 1900~2000MPa 级，可采用极细的条状贝氏体，即纳米贝氏体，进行回火，使之析出弥散碳化物，进一步提高强度。

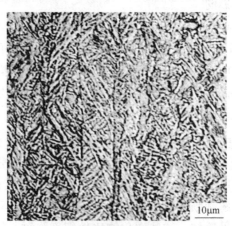

图 5-77 　超低碳贝氏体钢的组织

　　为了提高强度，采用贝氏体+马氏体的整合组织，并且细化组织以强化。钢在连续冷却过程中，会得到铁素体、粒状贝氏体、贝氏体铁素体、马氏体、残留奥氏体等相组成的整合组织。将这种钢的贝氏体+马氏体整合组织超细化，可以获得 1000MPa 以上强度的钢材。为了实现这种超细化，研发了弛豫-析出-控制冷却技术。

复习思考题

5-1 名词解释：贝氏体、贝氏体相变、粒状贝氏体、羽毛状贝氏体。

5-2 试述钢中贝氏体的亚结构特征。

5-3 阐述钢中贝氏体相变的过渡性特征。

5-4 贝氏体相变与共析分解有哪些区别？

5-5 试述典型的上贝氏体和下贝氏体的组织形貌。

5-6 试述贝氏体转变与马氏体相变的异同点。

5-7 试述贝氏体转变的动力学特点。

5-8 无碳化物贝氏体和有碳化物贝氏体是怎样形成的？

5-9 什么是块状转变？简述块状转变与贝氏体相变的关系。

5-10 简述贝氏体表面浮凸的特征和成因。

5-11 简述贝氏体铁素体的形核及长大机制。

5-12 简述贝氏体相变时原子的位移特征和界面原子非协同热激活跃迁机理。

5-13 试述决定贝氏体强韧性的因素。

6 淬火钢的回火转变

本章导读：学习本章，以淬火马氏体分解时碳化物的析出贯序为中心线索，掌握碳化物的析出和转化规律、α 相物理状态的变化以及残留奥氏体的转变；明确回火马氏体、回火托氏体、回火索氏体的概念；掌握回火产物的组织与力学性能特点。

钢经淬火获得的马氏体组织一般不能直接使用，需要进行回火，以降低脆性，增加塑性和韧性，获得强韧性的良好配合。其原因如下：第一，一般情况下，马氏体是在较快冷却速度下获得的非平衡组织，处于较高的能量状态，系统不稳定；第二，淬火组织中一般存在残留奥氏体，在使用过程中，残留奥氏体是不够稳定的，可能发生转变或分解；第三，淬火钢件中残留了内应力。

为了满足零件对性能的要求，将淬火零件重新加热到低于临界点的某一温度，保温一定时间，使亚稳的马氏体及残留奥氏体发生某种程度的转变，再冷却到室温，从而调整零件的使用性能。这种工艺操作称为回火。在回火过程中发生的组织结构的变化即为回火转变。

通过研究，人们不但对室温至 A_1 之间的脱溶及性能变化有了相当深入的了解，而且重新认识到过饱和固溶体的脱溶，在马氏体形成初期就开始了。一般的所谓"淬火马氏体"组织，实质上是脱溶初期阶段的某种状态。并且，困扰人们多年的马氏体强化机制问题也从这里得到突破。现在一致认为，Fe-C 合金马氏体强化机制中最重要的问题之一是碳原子的偏聚。

淬火钢在回火过程中发生的转变主要是：马氏体的脱溶分解，残留奥氏体的转变，还有碳化物的转化、聚集长大，α 相的回复、再结晶，内应力的消除等过程。

6.1 Fe-C 马氏体的脱溶

对于不同成分的钢及不同的性能要求，其淬火马氏体的回火温度范围不同。抗回火性越强的钢，马氏体的回火转变越移向高温。对于 Fe-C 马氏体，其抗回火性较差，比较容易脱溶，渗碳体颗粒也容易聚集长大。为了不同的强韧性要求，也应当采用不同的回火温度。首先阐述 Fe-C 马氏体的脱溶及相关转变。

6.1.1 新鲜马氏体在低温回火时性能的变化

为了研究 Fe-C 马氏体回火脱溶贯序的全过程，尤其是脱溶初期的行为，首先需要获得一个"新鲜"的即未发生任何脱溶的马氏体，这并非易事。自 20 世纪 60 年代以来，一系列的特殊试验研究表明碳原子偏聚是马氏体回火时脱溶的贯序之首。

6.1.1.1 超高速、深冷淬火时 Fe-C 马氏体的硬度

S. Ansell 设计了一种超高速深冷淬火装置，可以 $10^4℃/s$ 冷速淬火，冷却到 0℃（冰水）后迅速转入 -195℃ 的液氮中，得到了新鲜马氏体，接着在低温下测定硬度。硬度测定表明新鲜马氏体的硬度大大低于一般马氏体的硬度，以及回热到室温后硬度又上升的现象。

几十种不同碳和合金元素含量的工业用碳素钢及合金钢，淬冷至 0℃，再迅速冷至 -195℃，并在 -195℃ 测定硬度。得到冷速与马氏体硬度的关系如图 6-1 所示。可见，低碳钢淬冷硬度保持低水平，且 $H-v$ 曲线为水平的，如 0.1%C 的碳素钢。中高碳钢的淬冷硬度，在低速淬冷时，硬度高；在高速淬冷时，硬度变低。低速的代表值 v_1 约为 1500℃/s。在此冷速范围，马氏体的硬度（H_1）与一般工业淬火硬度没有什么差异。高速（v_2）的代表值约为 23000℃/s。用此速度或更快的速度淬冷，得到的硬度（H_2）显然较低，而且保持恒定。

据此分析，v_1 低速区的马氏体与 v_2 高速区的马氏体不同，在 v_2 淬冷区获得的马氏体为新鲜马氏体。而在普通条件下获得的马氏体已经经历了碳原子从马氏体中脱溶出来而强化的过程。

图 6-1 中下部用点划线表示低碳钢的硬度-淬冷速度的关系，是一条水平线，$H_1 = H_2$。看来，随着含碳量的降低，ΔH 逐渐减小。

若将中、高碳钢淬冷到 -196℃，再加热至室温，测定硬度，则 H_1 不变，而 H_2 随着时间的延长逐渐回升至 H_1，图 6-2 所示为 0.3%C 碳素钢超高速淬冷再热至室温（20℃），放置时间与硬度的关系。可见，这个过程约需 1h。由此证明 ΔH 是由碳原子的偏聚造成的。

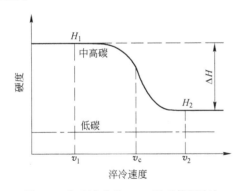

图 6-1 高速淬冷的 Fe-C 马氏体硬度与
淬冷速度的关系

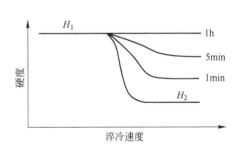

图 6-2 超高速淬冷再热至室温，放置时间
与硬度的关系

6.1.1.2 新鲜马氏体回火时电阻率的变化

测定了不同含碳量的 Fe-Ni-C 合金淬冷后等温回火温度对电阻率的影响，图 6-3 给出电阻率之差（$\rho_2 - \rho_1$）与回火温度的关系。ρ_2 为等温回火后（再冷却到 -195℃ 测定）的电阻率，ρ_1 为淬冷态的电阻率。

众所周知，固溶态的电阻率高于分离态。从图 6-3 可见，当含碳量大于 0.08% 时，在

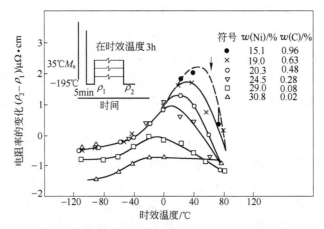

图6-3　Fe-Ni-C合金马氏体等温回火后的电阻率

-40~100℃区间内，$\rho_2-\rho_1>0$，表明电阻率升高，说明此时没有碳化物析出。应当考虑此时马氏体中形成了类似于GP区的溶质原子"均匀偏聚"过程。当含碳量小于0.08%C时，在-40~100℃区间内，$\rho_2-\rho_1<0$，表明马氏体发生了碳在位错线上的偏聚——非均匀偏聚，这是降低电阻率的因素。然而，仍有少量碳原子在其最有利的温度发生GP区的原子"均匀偏聚"过程。随着含碳量的增加，"均匀偏聚"的碳原子越来越多，逐渐使电阻率$\Delta\rho$大于零。

　　"新鲜"马氏体的制备及回火时电阻率的测定，为Fe-C马氏体脱溶初期行为的研究提供了重要试验依据，促进了碳原子偏聚理论的形成和对Fe-C马氏体脱溶贯序的认识。

6.1.2　碳原子的偏聚

6.1.2.1　碳原子团

　　马氏体中的碳原子选择性地占据同一晶向（如$[001]_\alpha$）八面体间隙，形成马氏体的正方度。弘津首先指出处于同一晶向八面体间隙的碳原子进一步发生偏聚，形成小片碳原子团的合理性。图6-4a表示在α-Fe晶格$\left(\left(00\frac{1}{2}\right)\right)_\alpha$八面体间隙中心的碳原子（概率=1.00）周围各个$\left(\left(00\frac{1}{2}\right)\right)_\alpha$位置出现其他碳原子的概率。晶格弹性应力场的非对称性，使周围各个$\left(\left(00\frac{1}{2}\right)\right)_\alpha$位置出现的碳原子的概率不同。它们处于同一$(002)_\alpha$面上。距离最近的四个$\left(\left(00\frac{1}{2}\right)\right)_\alpha$位置的概率最大（0.11），沿着法线及径向逐渐下降。概率分布构成碳原子偏聚团的形态，如图6-4b所示。

　　所谓碳原子偏聚团，仅仅包含2~4个碳原子，呈透镜状。法向最大尺寸约等于铁素体的晶格常数a_α，径向约为$2a_\alpha$。惯习面为$\{100\}_\alpha$，后来也有人认为是$\{102\}_\alpha$。严格地说，这么一个小尺寸的聚集物，难以称为通常意义上的成分偏聚，很接近均匀固溶，将其称为"弘津气团"。

　　后来S. Nagakura的研究认为，弘津气团趋向于在同一晶面上出现，并形成若干个小

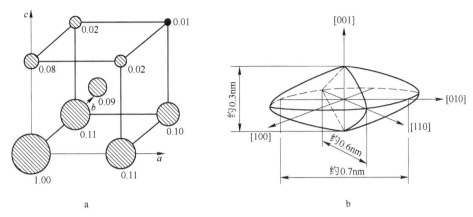

图 6-4 碳原子在 α-Fe 晶格 $\left(\left(00\frac{1}{2}\right)\right)_\alpha$ 八面体间隙亚点阵中偏聚团的形成

(以 $\left(\left(\frac{1}{2}\frac{1}{2}1\right)\right)_\alpha$、$\left(\left(\frac{1}{2}\frac{1}{2}0\right)\right)_\alpha$、$\left(\left(00\frac{1}{2}\right)\right)_\alpha$、$\left(\left(11\frac{1}{2}\right)\right)_\alpha$ 等坐标位置为中心的八面体统称为 c

方向八面体，或 $\left(\left(00\frac{1}{2}\right)\right)_\alpha$ 八面体，与之并存的还有 $\left(\left(\frac{1}{2}00\right)\right)_\alpha$ 和 $\left(\left(0\frac{1}{2}0\right)\right)_\alpha$，即 a 和 b 方向八面体)

片组成的碳原子片状畴，畴的尺寸约为几纳米，已经为透射电子束的点阵条纹所证实。

6.1.2.2 柯垂尔（Cottrell）气团

碳原子偏聚于位错线上称为柯垂尔（Cottrell）气团。G. P. Speich 1972 年发表了马氏体中碳原子柯垂尔气团的理论分析。在淬火态，碳原子已经处于位错偏聚态，0.2%碳使马氏体中的位错完全饱和。碳原子偏聚于位错线，使它对合金电阻率的贡献大大减少（与均匀固溶态相比）。Fe-C 马氏体的电阻率随着含碳量增加而变大，低碳马氏体的电阻率与完全的位错偏聚态基本相同。

分析上述图 6-1 和图 6-2 可见，硬度变化（ΔH）的现象是高速淬冷获得了均匀的固溶体，升温时发生脱溶，由碳原子的偏聚造成的。显然是弘津碳原子偏聚团的硬化作用。图 6-3 中 Fe-Ni-C 合金马氏体等温回火后电阻率的升高也是弘津碳原子偏聚团所致。

工业条件下或者一般试验条件下所获得的马氏体，碳原子已经完成了脱溶的第一阶段——偏聚，一部分以柯垂尔（Cottrell）气团存在，另一部分以弘津偏聚团形式出现。马氏体中的含碳量超过 0.2%越多，则弘津气团的数量越多。

6.1.3 θ-Fe₃C 的过渡相

从碳原子偏聚团到平衡相 θ-Fe₃C 之间存在过渡相，即过渡性的 Fe-C 化合物。这是 20 世纪后期研究的一个热点问题。从碳原子偏聚团转变为平衡相 θ-Fe₃C，是一个系统的自组织过程。

首先，不同含碳量马氏体的回火转变，析出的过渡碳化物是不同的。它们析出之初非常细小，与基体存在复杂的共格关系，可能析出相的结构也很相似。因此，研究观测难度较大。表 6-1 按高碳、中碳、低碳三种情况给出了 Fe-C 马氏体分解时过渡相的类型以及析出的温度范围。

表 6-1　Fe-C 马氏体脱溶（温度）贯序

含碳量范围	回火温度/℃				
	100	200	300	400	500
低碳（<0.2%）	←—Dc—→		←————————θ-Fe₃C————————→		
中碳（0.2%~0.6%）	←—Hc, Dc—→				
	←————η（或 ε）————→				
		←————————θ-Fe₃C————————→			
高碳（>0.6%）	←—Dc, Hc—→				
	←————η（或 ε）————→				
			←————χ————→		
			←————————θ-Fe₃C————————→		

注：Dc 为碳原子的位错气团；Hc 为碳原子的弘津气团。

可见过渡性碳化物有 η-Fe$_2$C、ε-Fe$_{2.4}$C、χ-Fe$_5$C$_2$，这些碳化物的晶体学参数如表 6-2 所示。这些过渡相的温度贯序明显，时间贯序不明显。

表 6-2　碳化物的晶体学参数

脱溶相	化学式	碳含量/%	晶格	点阵常数/nm	位向关系	惯习面	单胞中 Fe 原子数
η	Fe$_2$C	9.7	正交	$a = 0.4700$ $b = 0.4320$ $c = 0.2830$	$(010)_\eta // (011)_\alpha$ $[001]_\eta // [100]_\alpha$ $[100]_\eta // [011]_\alpha$	$\{100\}_\alpha$	4
ε	Fe$_{2.4}$C	7.9	六方	$a = 0.2754$ $b = 0.4349$ $c/a = 1.579$	$(0001)_\varepsilon // (011)_\alpha$ $[10\bar{1}0]_\varepsilon // [101]_\alpha$ $[11\bar{2}0]_\varepsilon // [100]_\alpha$	$\{100\}_\alpha$	6
χ	Fe$_5$C$_2$	7.9	单斜	$a = 1.1562$ $b = 0.4573$ $c = 0.5060$ $\beta = 97.74°$	$(100)_\chi // (1\bar{2}1)_\alpha$ $[010]_\chi // [101]_\alpha$ $[001]_\chi // [\bar{1}11]_\alpha$ 7.74°	$\{112\}_\alpha$	20
θ	Fe$_3$C	6.7	正交	$a = 0.4525$ $b = 0.5087$ $c = 0.6744$	$(001)_\theta // (211)_\alpha$ $[100]_\theta // [0\bar{1}1]_\alpha$ $[010]_\theta // [111]_\alpha$	$\{110\}_\alpha$ $\{112\}_\alpha$	12
基体 α-Fe	Fe	—	立方	$a = b = c = 0.2866$	—	—	2

（1）低碳（小于 0.2%C）马氏体的脱溶贯序较为简单：200℃ 以下回火时不析出碳化物，只有碳原子的位错团，不存在过渡相；200℃ 以上，直接析出平衡相 θ-Fe$_3$C。

说明析出过渡相 η-Fe$_2$C 或 ε-Fe$_{2.4}$C，需要扩散富集较高的含碳量（η-Fe$_2$C 中含碳量为 9.7%，而 ε-Fe$_{2.4}$C 中含碳量为 7.9%），这对于低碳马氏体来说较为困难。同时也说明，碳原子的位错气团可以吸纳大量碳原子，较为稳定，难以再提供多余的碳原子来析出过渡相。此外，从 Dc→η-Fe$_2$C 过渡，说明 Dc 气团中含碳量较高，足以有充分的碳原子形成过渡相 η-Fe$_2$C。

（2）中碳马氏体的脱溶贯序是：温度小于 200℃ 处于碳原子的 Hc、Dc 状态，于 100℃ 即开始析出过渡相 η-Fe$_2$C 或 ε-Fe$_{2.4}$C，温度高于 200℃ 时，即有 θ-Fe$_3$C 的析出。

（3）高碳马氏体的脱溶贯序为：温度小于 200℃ 处于碳原子的 Hc、Dc 状态；高于 100℃ 即开始析出过渡相 η-Fe$_2$C 或 ε-Fe$_{2.4}$C，呈极细小的片状；温度高于 200℃ 时，η-Fe$_2$C（或 ε-Fe$_{2.4}$C）开始回溶，同时析出另一个过渡相 χ-Fe$_5$C$_2$，并且迅即开始平衡相 θ-Fe$_3$C 的析出；在一个相当宽的温度范围内，χ-Fe$_5$C$_2$ 与 θ-Fe$_3$C 共存，直到 450℃ 以上 χ-Fe$_5$C$_2$ 消失，全部转变为 θ-Fe$_3$C。

中碳马氏体中存在位错和孪晶两种亚结构，温度高于 200℃ 时，即有 θ-Fe$_3$C 析出，反映了位错型马氏体的情况，即在位错气团基础上直接析出平衡相。100~300℃ 范围内析出的 η-Fe$_2$C 或 ε-Fe$_{2.4}$C 则是孪晶型马氏体脱溶贯序的环节。但是至今未见中碳马氏体析出 χ-Fe$_5$C$_2$ 的报道。

过渡相 ε-Fe$_{2.4}$C 是 20 世纪 50 年代初测定的，直到 70 年代人们也未加怀疑。η-Fe$_2$C 是 20 世纪 70 年代弘津测定的，其晶胞结构如图 6-5 所示，它以碳原子体心正交结构作构架，铁原子以类似八面体的形状处于碳原子周围。认为 ε-Fe$_{2.4}$C 就是 η-Fe$_2$C，因而出现六方和正交之争。目前，人们还在不同钢中进行逐一测定，尚不能做出普遍性的结论。

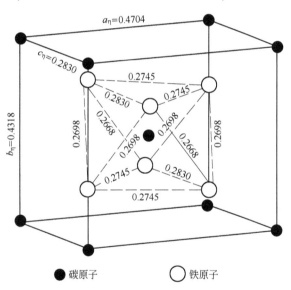

图 6-5　η-Fe$_2$C 的晶胞结构（单位：nm）

χ-Fe$_5$C$_2$ 的晶体结构与 θ-Fe$_3$C 很相似，同属所谓三棱柱型的间隙化合物。如图 6-6 所示，铁原子构成三棱柱的 6 个顶点，间隙原子居中间位置。这类间隙化合物复杂的晶胞是由三棱柱堆垛而成，所以，三棱柱就是结构的最小单元。

6.1.4　平衡相 θ-Fe$_3$C

低碳的板条状马氏体 200℃ 以下回火时不存在过渡相，200℃ 以上，直接析出平衡相

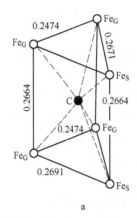 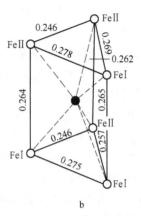

图 6-6　χ-Fe₅C₂（a）、θ-Fe₃C（b）晶格的三棱柱单元及其特征参数（单位：nm）

θ-Fe₃C。低温时，铁原子自扩散能力很弱，位错对于 θ-Fe₃C 的形核起决定性作用。试验观察表明，θ-Fe₃C 形核初期具有位错形核特征。虽然，位错形核属于非均匀形核，但是由于位错密度大，θ-Fe₃C 分布也可以算是均匀的。温度升高时，处于板条的界面以及原奥氏体晶界处的 θ-Fe₃C，由于界面扩散速度快，而迅速长大，其尺寸显著超过晶内，形成集群，呈条片状，这时 θ-Fe₃C 分布不均匀了。这种条片状的碳化物还可能由残留奥氏体的分解而形成。

中温回火时，条片状 θ-Fe₃C 大量析出并且集聚，非均匀分布，对于材料的韧性有不利的影响。高温回火后，条片状的 θ-Fe₃C 集聚球化、粗化，颗粒数量减少，尺寸趋于均匀，对于韧性的不利影响将逐渐减弱，性能变得强韧化。

高碳片状孪晶马氏体中的 θ-Fe₃C 于 300℃ 析出，但是，若将 χ-Fe₅C₂ 纳入 θ-Fe₃C 脱溶的一个阶段，则其析出的开始温度仍为 200℃。一般认为，高碳片状孪晶马氏体中 η→χ→θ 过程中 χ 相的形核，以及中碳孪晶马氏体 η→θ 过程中的 θ 的形核，都是异位的。但是，θ 相自 α+χ 状态的形成则是原位的。可见，θ-Fe₃C 初期的分布与 η-Fe₂C 相无关。经常观察到的 θ-Fe₃C 处于孪晶面上。由于其惯习面与马氏体的孪晶面 $\{112\}_\alpha$ 相同，因而形成沿着孪晶界分布的小片状集群。含碳量越高，孪晶界上的 θ-Fe₃C 小片的密度越大。这种 θ-Fe₃C 小片在 200~250℃ 沿着孪晶界平面分布的不均匀状态对于钢的韧性产生不利的影响。

6.2　回火时 α 相和残留奥氏体的变化

随着回火温度的提高和时间的延长，马氏体中不断析出渗碳体，α 相中的过饱和固溶碳量则不断降低，使得马氏体的正方度不断下降，回火温度达到 300℃ 时，正方度接近于 1，α 相中的碳含量接近平衡态，这时 Fe-C 马氏体脱溶过程结束。随后 α 相的物理状态还不断发生变化。

6.2.1　马氏体两相式分解的学说应当摒弃

早在 20 世纪 40 年代 Курдмов Г. В. 等应用 X 射线结构分析方法测定了高碳马氏体经不同温度回火后的正方度，结果如表 6-3 所示。可见，当回火温度在室温至 100℃ 时，出现了两个不同的正方度（125℃回火时为一个正方度）。认为这是出现了两种不同含碳量的 α 相。据此提出了马氏体两相式分解的学说。所谓的两相式分解，是指在马氏体片中析出的碳化物周围将出现低碳的 α 相，而远离碳化物的 α 相仍然保持着原有的碳含量。并且认为，这是由于回火温度低，碳原子不能进行远距离的扩散，高碳区和低碳区之间的浓度梯度不易消失，故存在不同含碳量的两个 α 相。但是，至今这两个 α 相的组织状态没有被光学金相和电镜观察所证实。

表 6-3 含碳量为 1.4% 的马氏体回火后点阵常数、正方度与含碳量的关系

回火温度/℃	回火时间	a/nm	c/nm	c/a	碳含量/%
室温	10min	0.2846	0.2880, 0.302	1.012, 1.062	0.27, 1.4
100	1h	0.2846	0.2882, 0.302	1.013, 1.054	0.29, 1.2
125	1h	0.2846	0.2886	1.013	0.29
150	1h	0.2852	0.2886	1.012	0.27
175	1h	0.2857	0.2884	1.009	0.21
200	1h	0.2859	0.2878	1.006	0.14
225	1h	0.2861	0.2872	1.004	0.08
250	1h	0.2863	0.2870	1.008	0.06

按照上述碳化物脱溶贯序的内容，研究测定表明，在 100℃ 以下，高碳马氏体和中碳马氏体中均形成了碳原子偏聚气团。在此回火温度下尚未析出碳化物，只有碳原子气团。工业条件下或者一般试验条件下所获得的马氏体，碳原子已经完成了脱溶的第一阶段——偏聚，一部分以柯垂尔（Cottrell）气团存在（Dc），另一部分以弘津偏聚团（Hc）形式出现。弘津气团趋向于在同一晶面上出现，并形成若干个小片组成的碳原子片状畴，畴的尺寸约为几纳米，已经为透射电子束的点阵条纹所证实。碳原子偏聚区实质上属于脱溶转变的 GP 区。

将 35CrMo、Fe-1.5C 合金淬火马氏体于 80℃ 回火后在 JEM-2100 电镜下观察，从几万倍到 30 万倍均没有在马氏体片中观察到碳化物析出，如图 6-7 所示。

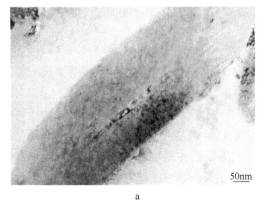
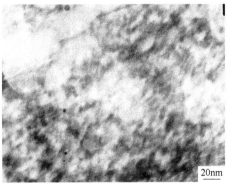

图 6-7 Fe-1.5C（a）、35CrMo（b）马氏体 80℃ 回火组织（TEM）

　　试验表明，只在 100℃ 以上才有 η-Fe₂C 或 ε-Fe₂.₄C 碳化物的析出。从表 6-3 中可见，回火温度高于 125℃ 时，只测得一个正方度，且随着回火温度升高，正方度越来越小。说明随着 η-Fe₂C 或 ε-Fe₂.₄C 碳化物的析出，马氏体中的碳含量连续不断降低，而且只有一个正方度。说明碳化物的析出过程中，碳原子来得及远程扩散，马氏体进行的是单相分解过程。因此在 η-Fe₂C 或 ε-Fe₂.₄C 碳化物的析出时不应当存在两个 α 相。

　　据研究，碳原子的扩散速度足以跟得上马氏体长大速度，那么，在 η-Fe₂C 或 ε-Fe₂.₄C 碳化物的析出时，碳原子能够进行远距离的扩散，即 α 相中的碳含量不断连续降低，不可能形成两个 α 相，即不存在两相式分解。因此，两相式分解的学说应当摒弃。

　　250℃ 回火时，正方度已经降低到 1.003，一般认为回火温度达到 300℃ 时，正方度接近于 1，α 相中的碳含量已经接近平衡态，这时 Fe-C 马氏体分解过程基本结束。

6.2.2　α 相物理状态的变化

6.2.2.1　亚结构的变化

　　马氏体中的高密度位错、精细孪晶等亚结构在回火时将发生变化。钢的淬火马氏体中存在大量位错，有较高的位错能，故在回火时将发生回复和再结晶。回复初期，部分位错，其中包括小角度晶界，如板条马氏体界面上的位错将通过滑移与攀移而相消，从而使位错密度下降，如图 6-8 所示，可以看到位错重新排列的形貌。位错移动将重新排列逐渐转化为胞块，如图 6-9 所示。回复使部分板条界面消失，相邻板条合并而成宽的板条。在 400℃ 以上回火时，回复已经清晰可见。由于板条合并变宽，再也看不清完整的板条，但能看到边界不清的亚晶块，如图 6-10 所示。

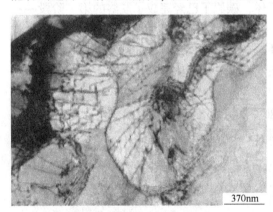

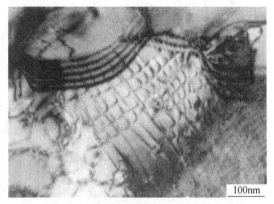

370nm　　　　　　　　　　　　　　　100nm

图 6-8　10Cr9Mo1VNbN 钢回火托氏体　　　　图 6-9　10Cr9Mo1VNbN 钢回火托氏体
　　　　中的位错形态（TEM）　　　　　　　　　　　　中的胞块结构（TEM）

　　纯 Fe 的再结晶温度约为 450℃，碳素钢中的铁素体，由于杂质和化学元素的作用，再结晶温度被提高。碳素钢中的 α 相高于 400℃ 开始回复过程，500℃ 开始再结晶。再结晶温度下，一些位错密度低的胞块将长大成等轴的铁素体晶粒，原来板条状马氏体的特征消失。碳化物也聚集长大成颗粒状，并且均匀地分布在等轴状铁素体晶粒的基体上，这种组织称为回火索氏体。

　　合金钢中，许多合金元素提高再结晶温度，如钴、钼、钨、铬、钒等元素都显著提高 α 相的再结晶温度。含量为 1%~2% 的钼、钨、铬可以把再结晶温度提高到 650℃ 左右。

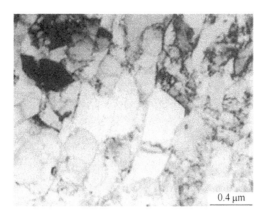

拓展阅读

图 6-10 P91 钢回火托氏体中的亚晶（TEM）

0.1%C、0.5%V 的钢，α 相的再结晶在 600℃需要保温 50h 才能开始。因此合金钢淬火马氏体回火时，α 相很难发生再结晶，故难以获得回火索氏体组织。

高碳钢淬火马氏体中的亚结构是孪晶+高密度位错。当回火温度高于 250℃时，孪晶开始消失。试验表明，GCr15 淬火态经过 350℃回火后，大部分孪晶已经消失，出现胞块，但片状马氏体的形貌特征仍然保持着。

由于碳化物析出并且分布在晶界上，起到钉扎晶界的作用，阻碍再结晶的进行，故高碳钢马氏体的 α 相再结晶温度高于中碳马氏体。

6.2.2.2 钢中（α 相中）内应力的消除

淬火冷却的不均匀，使钢件各部位温度不均，造成热应力；同时，由于奥氏体转变为马氏体，比体积增大，当组织转变不均匀时，就产生组织应力。两者合并成为淬火内应力。

内应力按平衡范围的大小分为三类：

（1）第一类内应力：存在于钢件整体范围内，各个部位之间的内应力。第一类内应力的存在会引起零件的变形和开裂。在零件服役过程中，第一类内应力与所受同方向外力叠加，可能使零件提早破损失效。如果其与外力方向相反，则可能提高性能；如果其与外力同属于拉应力，则促进断裂。

（2）第二类内应力：在晶粒或亚晶范围内处于平衡的内应力。在晶粒或亚晶范围内处于平衡的内应力能够引起点阵常数的改变，因此可以用点阵常数的变化 $\dfrac{\Delta a}{a}$ 表示第二类，也称第二类畸变。

（3）第三类内应力：在一个原子集团范围内的处于平衡的内应力。它主要是由碳原子溶入马氏体晶格间隙而引起的畸变应力。

回火过程中，随着回火温度的升高，原子活动能力增加，位错的运动而使位错密度不断降低；孪晶不断减少直至消失；进行回复、再结晶等过程；这些均使得内应力不断降低直至消除。钢件淬火后在室温下停留，也能使内应力逐渐降低，但是降低速度缓慢。而且，由于在室温下放置，残留奥氏体将继续转变为马氏体，产生新的组织应力，内应力会重新分布，甚至引起放置开裂，因此，淬火后应当及时回火，以便消除内应力。

图 6-11 为淬火内应力随回火温度变化的例子，可见，淬火态内应力较大，经过 200℃、500℃回火 1h，随着马氏体分解和 α 相的回复，内应力显著降低。

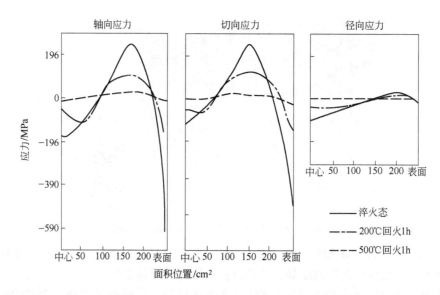

图 6-11 0.7%C 钢圆柱体（ϕ18mm）从 900℃淬火时热处理应力及与回火温度的关系

随着马氏体的分解，碳原子不断从 α 相中析出，则第三类内应力不断下降。对于碳素钢而言，马氏体在 300℃左右分解完毕，那么，第三类内应力应当在此温度消失。对于各类合金钢的淬火马氏体，由于抗回火性强，消除内应力的温度较高，消除过程较慢。

拓展阅读

6.2.3 残留奥氏体的转变

马氏体相变和贝氏体相变都具有转变的不彻底性，因此，钢淬火后总是存在一定数量的残留奥氏体。含碳量 $w(C)>0.5\%$ 的碳钢或低合金钢淬火后，有可观数量的残留奥氏体（10%~38%）。残留奥氏体量随淬火加热时奥氏体中碳和合金元素含量的增加而增多。高碳钢淬火后于 250~300℃之间回火时，将发生残留奥氏体分解。图 6-12 是 $w(C)=1.06\%$ 的钢于 1000℃淬火，并经不同温度回火保温 30min 后，用 XRD 测定的残留奥氏体量的变化（淬火后残留奥氏体体积分数尚存 35%）。随回火温度升高，残留奥氏体量减少。在 140℃回火时已有少量残留奥氏体开始分解。

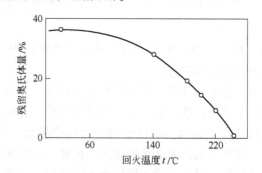

图 6-12 $w(C)=1.06\%$ 的钢油淬后残留奥氏体量
和回火温度的关系

6.2.3.1 残留奥氏体向珠光体及贝氏体的转变

将淬火钢加热到 M_s 点以上，临界点 A_1 以下的各个温度等温，可以观察到残留奥氏体的等温转变。在高温区将转变为珠光体，在中温区将转变为贝氏体，但等温转变动力学曲线与原过冷奥氏体的转变曲线不完全相同。图 6-13 是高碳铬钢残留奥氏体和过冷奥氏体等温转变动力学曲线。图中虚线为原过冷奥氏体，实线为残留奥氏体。可见，马氏体的存在对珠光体转变的影响不大。但对于贝氏体转变，马氏体的存在则可以使之显著加快。金相观察证明，贝氏体均在马氏体与奥氏体的交界面上形核，故马氏体的存在增加了贝氏体的形核部位，从而使转变加快。但当马氏体量多时，反而使贝氏体转变变慢，这可能与残留奥氏体的状态有关。

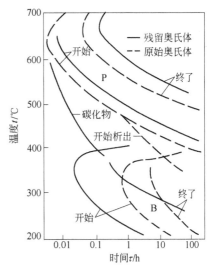

图 6-13 铬钢两种奥氏体的等温
转变动力学曲线

碳钢中的残留奥氏体在回火加热过程中极易分解，故难以观察到等温转变，在加热到 $200\sim300℃$ 范围内时将发生分解，即所谓碳钢回火时的第二个转变。加入合金元素将使第二个转变的温度范围上移。合金元素含量足够多时，残留奥氏体在加热过程中可能先不发生分解，而是在加热到较高温度时在等温过程中发生转变。

6.2.3.2 残留奥氏体向马氏体的转变

如将淬火钢加热到低于 M_s 点的某一温度保温，则残留奥氏体有可能等温转变为马氏体。如 GCr15 钢经 $1100℃$ 淬火，残留奥氏体量为 17%，M_s 点为 $159℃$。至室温后再重新加热到低于 $159℃$ 的各个温度等温。用电阻分析法测出各温度下的等温转变曲线，如图 6-14 所示。对这些曲线进行分析后得出，在 M_s 点以下发生的是受已形成的马氏体的分解所控制的马氏体等温转变。即在已形成的马氏体发生分解后，残留奥氏体能等温转变

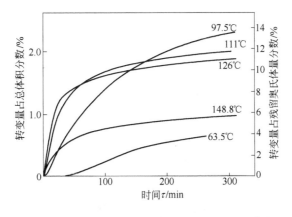

图 6-14 GCr15 钢残留奥氏体等温转变动力学曲线

为马氏体。由图 6-14 还可以看到，在 M_s 点以下，等温转变量很少，但应指出，这一少量的转变与精密工具及量具的尺寸稳定性密切相关。

合金模具钢和高速钢的淬火组织中往往含有大量残留奥氏体，使淬火钢硬度降低。这种淬火组织在回火时，往往不发生残留奥氏体的等温分解，而是在随后的回火冷却过程中，转变为马氏体组织，称为二次淬火。经过 2~3 次回火，可以消除残留奥氏体。

6.3　合金马氏体的回火

将合金钢构件淬火得到合金马氏体（Fe-M-C 马氏体）。这种马氏体回火时的脱溶过程，是合金钢马氏体回火的主要内容。合金钢淬火马氏体的回火温度范围与碳素钢淬火马氏体不同，碳化物种类较多，析出的温度贯序、时间贯序都比较复杂，转变过程及其产物的结构也复杂得多。

6.3.1　Fe-M-C 马氏体脱溶时的平衡相

根据 Fe-M-C 系相图，可以得知在临界点 A_1 以下温度平衡态碳化物的类型。各种碳化物形成元素都有特定的平衡态碳化物，随着化学成分变化有不同的序列。除温度、时间外，合金马氏体脱溶还存在一个成分序列问题。图 6-15 和图 6-16 表示了四种合金元素的 Fe-M-C 合金系"α+碳化物"相区平衡态碳化物的成分贯序。

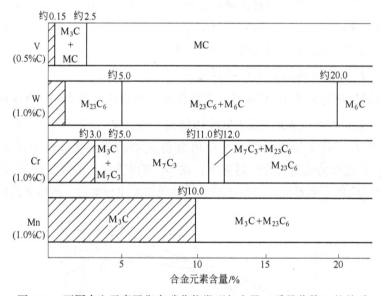

图 6-15　不同合金元素平衡态碳化物类型与含量（质量分数）的关系

这两个图表明，随着合金元素含量的增加，平衡态碳化物逐渐向该元素可以形成的碳化物中稳定性更大的类型过渡；相反，随着含碳量的增加，平衡态碳化物向着该系稳定性更低的类型过渡。具有代表性的成分贯序如下：

V（Ti, Nb, Zr）：　　　　　　　$M_3C \leftrightarrow MC$

W（Mo）：　　　　　　　$M_3C \leftrightarrow M_{23}C_6 \leftrightarrow M_6C$

Cr：　　　　　　　$M_3C \leftrightarrow M_7C_3 \leftrightarrow M_{23}C_6$

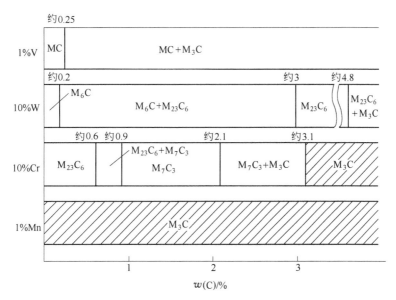

图 6-16 不同合金元素平衡态碳化物类型与含量的关系

上述贯序中的箭头表示双向演变，随着合金元素含量的增加，碳化物向右演变，而随着碳含量的增加向左演变。

6.3.2 Fe-M-C 马氏体脱溶时的（温度、时间）贯序

6.3.2.1 平衡相为 $\theta-M_3C$ 的 Fe-M-C 马氏体脱溶

低合金马氏体大多以 $\theta-M_3C$ 为平衡相，其脱溶贯序与 Fe-C 马氏体没有重大区别。在 200℃以上 $\theta-Fe_3C$ 析出之后，再升高温度，当合金元素在 Fe 基体中的扩散能力达到一定水平后，将在一般回火时间内将完成向 θ 相中扩散富集的过程，从而形成合金渗碳体。即为 $\theta-Fe_3C \rightarrow \theta-M_3C$。$\theta-M_3C$ 中合金元素的溶剂量取决于合金元素的种类和温度；当然也与该元素在马氏体中的含量有关。如果原始含量过低，则不能达到 $\theta-Fe_3C$ 的极限溶剂量。这是个合金元素在渗碳体中不断富集的过程，不具有脱溶贯序的意义。因为渗碳体和合金渗碳体没有结构上的区别，其成分也没有严格的界限。

碳化物形成元素对渗碳体开始析出的温度也没有明显的影响，因为 $\theta-Fe_3C$ 的形核仅仅取决于 Fe 原子的自扩散行为。但是碳化物形成元素阻碍碳原子的扩散，将对高温回火时碳化物的聚集、粗化起阻碍作用。例如，温度高于450℃，Cr 在 $\theta-Fe_3C$ 中大量富集，形成合金渗碳体 $\theta-(Fe,Cr)_3C$，其粗化速度将明显低于 $\theta-Fe_3C$。

6.3.2.2 平衡相为复杂的合金碳化物的 Fe-M-C 马氏体的脱溶

常见的以 W、Mo 为主要合金元素的马氏体以 M_6C 和 $M_6C+M_{23}C_6$ 为平衡相，脱溶的温度贯序为：

$$\theta-Fe_3C \rightarrow \theta-M_3C \rightarrow M_2C \rightarrow M_6C$$

或：

$$\theta-Fe_3C \rightarrow \theta-M_3C \rightarrow M_2C \rightarrow M_6C \rightarrow M_6C+M_{23}C_6$$

可见，在复杂的平衡碳化物形成之前，析出一种简单碳化物，如 W_2C、Mo_2C，作为

过渡相。郭可信以萃取粉末试样的 X 射线测定指出：含有 W、Mo 马氏体的脱溶，以密排六方的 W_2C(626℃)、Mo_2C(600℃) 作为过渡。这一发现是本领域一系列后续研究的基础。他还指出：M_2C 作为第一个合金碳化物，不是在原有 θ-M_3C 中原位形成，而是异位均匀地形核。

以 M_7C_3、$M_{23}C_6$ 为平衡相的 Fe-Cr-C 马氏体的脱溶贯序（温度）为：

（1）θ-Fe_3C→θ-M_3C→M_7C_3；

（2）θ-Fe_3C→θ-M_3C→M_7C_3→$M_{23}C_6$。

可见，在 θ-M_3C 向 $M_{23}C_6$ 转化过程中是以 M_7C_3 为过渡相的。郭可信指出 Fe-Cr-C 马氏体脱溶时的第一个合金碳化物 M_7C_3 的形核是原位的，依附在 θ-M_3C 上。

6.3.2.3　平衡相为 MC 的 Fe-M-C 马氏体的脱溶

含有 V、Ti、Nb 等强碳化物形成元素的 Fe-M-C 马氏体，当 M 和 C 的含量处于图 6-15 和图 6-16 中 MC 区时，在 θ-Fe_3C 析出以上温度的析出贯序为：

$$\theta\text{-}Fe_3C→\theta\text{-}M_3C→MC$$

但是，此类合金马氏体的 θ-M_3C 阶段不如含 W、Mo 为主要合金元素的马氏体那么明显，因为这些元素在 θ-Fe_3C 中的溶解度很小。与 M_2C 一样，MC 的析出也是异位、均匀形核。

综上所述，以合金碳化物为平衡相的合金马氏体的脱溶，是在该元素获得足够扩散能力的条件下，发生一个合金碳化物取代 θ-Fe_3C 的新系列。那么 θ-Fe_3C、ε-$Fe_{2.4}C$、η-Fe_2C 都成了该合金马氏体脱溶时的过渡相。全过程的温度贯序为：

$$从马氏体中→[Dc、Hc]→[\eta（或\varepsilon）]→[\theta]→[M_2C、M_7C_3]→[M_{23}C_6、M_6C]$$
$$\xrightarrow{\quad 400\sim450℃ \quad}[MC]$$

多元合金马氏体的脱溶比较复杂，难以进行理论处理。

6.3.2.4　Fe-M-C 马氏体脱溶的时间贯序

在较高温度下，合金元素获得足够的扩散能力时，合金碳化物的析出表现出明显的时间贯序。温度高于 450℃ 时，许多工业用合金马氏体经过高温短时间回火可以达到低温长时间回火相同的脱溶进程。郭可信最先报道 700℃ 回火时，Fe-Cr-C、Fe-Mo-C、Fe-W-C 马氏体脱溶的时间贯序，即

$$Cr：\qquad\qquad M_3C→M_7C_3→M_{23}C_6+M_7C_3$$
$$W（Mo）：\qquad\qquad M_3C→W_2C（Mo_2C）→M_{23}C_6+M_6C→M_6C$$

这些脱溶析出相随时间的变化速度强烈地依赖于温度。例如，Fe-W-C 马氏体脱溶，在 700℃ 回火 10h 可以达到平衡态，600℃ 回火时则需延长到 100h，而 500℃ 回火即使 1000h 也不能达到平衡态。此外，与温度贯序一样，时间贯序的前后阶段也是相互重叠的。如含 0.4C、3.6Cr 的马氏体（碳化物平衡相为 M_7C_3），550℃ 时，6h 开始出现 M_7C_3，但直到回火 50h 后，M_3C 才完全消失，中间一段很长的时间处于 [$M_3C+M_7C_3$] 状态。

6.3.3　合金钢马氏体的回火二次硬化

合金钢马氏体的回火硬度随回火温度的变化，可以按平衡相及脱溶贯序分为 3 类，如图 6-17 所示。图中曲线 1 属于大量的低合金钢中的马氏体回火表现，表明合金渗碳体 θ-

M_3C 较碳素钢马氏体具有较高的抗粗化能力，但是随着回火温度的升高而连续软化。

曲线 2 是 Fe-Cr-C 系，马氏体回火后的平衡相为 M_7C_3 或 $M_{23}C_6$。在 θ-M_3C→M_7C_3 转变过程中，硬度的下降率变缓，曲线出现转折直至形成平台。

曲线 3 是所谓的典型的马氏体回火二次硬化现象。它发生在 Fe-W(Mo)-C 系，平衡相为 M_6C 或 $M_6C+M_{23}C_6$；或 Fe-V-C 系，强碳化物形成元素的合金钢马氏体，平衡相为 MC。回火硬度在 500~600℃ 区间反又升高，并且出现硬度峰值。

马氏体回火二次硬化是许多重要合金钢的高温强度、高温硬度以及高温长时间抗软化能力的基础。

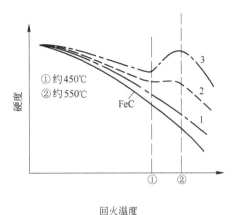

图 6-17　合金钢马氏体的 3 类回火硬度曲线

6.4　淬火钢回火后的力学性能

淬火钢回火的主要目的是提高韧性和塑性，获得韧性、塑性和强度、硬度的良好配合，以满足不同工件的性能要求。淬火钢在不同回火温度下，经不同时间回火，力学性能不断变化，这种变化与淬火钢内部组织结构的变化有着密切的关系。

6.4.1　回火规程对力学性能的影响

图 6-18 为回火时间和回火温度对 0.98%C 的淬火钢硬度的影响，可见，在回火初期，硬度下降较快，但回火时间超过 1h 后，硬度只是按一定的比例缓慢地降低，由此可见，淬火钢回火后的硬度主要取决于回火温度，而与回火时间的关系较小。

根据图 6-18，可将温度和时间的综合影响归纳为一个参数 M 来表示，即

$$M = T(C + \lg\tau)$$

式中　T——回火温度，K；

　　　τ——回火时间，s 或 h；

　　　C——与含碳量有关的常数。

图 6-19 是时间常数与含碳量之间的关系图，回火程度可用综合参数 M 来表示。可按硬度要求来确定参数 M，从而确定回火规程。

不同含碳量的淬火钢回火时力学性能指标随回火温度的变化规律如图 6-20 所示，可见，总的变化趋势是随着回火温度升高，钢的强度和硬度连续下降，但含碳量大于 0.8% 的高碳钢在 100℃ 左右回火时，硬度反而略有升高。这是由马氏体中碳原子的偏聚及 η（或 ε）碳化物析出引起弥散硬化造成的。在 200~300℃ 回火时，硬度下降平缓。这一方面是由于马氏体分解，使硬度降低，另一方面残留奥氏体转变为下贝氏体或回火马氏体，使硬度升高，两者综合影响的结果。回火温度超过 300℃ 以后，由于 ε（或 η）碳化物转变为渗碳体，共格关系被破坏，以及渗碳体聚集长大，使钢的硬度呈直线下降。

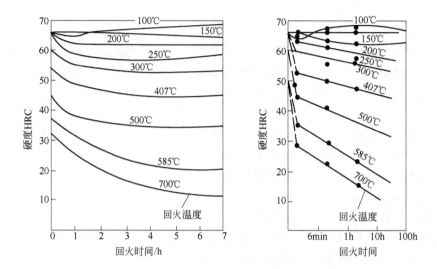

图 6-18　回火时间和回火温度对钢回火后硬度的影响（0.98%）

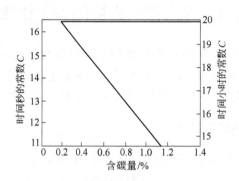

图 6-19　时间常数 C 与含碳量之间的关系

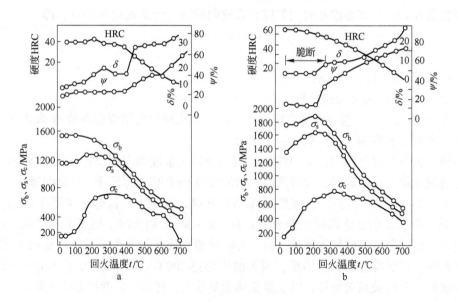

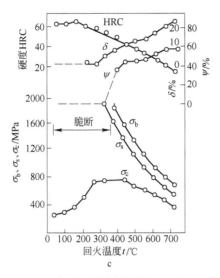

图 6-20 淬火钢的拉伸性能与回火温度的关系

从图 6-20 中还可以看出淬火钢的强度和韧性随回火温度的变化规律。随着回火温度的升高，钢的强度指标 σ_b 和 σ_s 不断下降，而塑性指标 δ 和 ψ 则不断上升，在 400℃ 以上回火时提高得最为显著。在 350℃ 左右回火时，钢的弹性极限达到极大值。

6.4.2 回火脆性

淬火马氏体回火时冲击韧性变化规律的总趋势是随着回火温度升高而增大。但有些钢在某些温度区间回火时，可能出现韧性显著降低的现象，这种现象称为钢的回火脆性。图 6-21 为中碳镍铬钢在 250~400℃ 回火和 450~650℃ 回火时出现的回火脆性，前者称为第一类回火脆性或低温回火脆性，后者称为第二类回火脆性或高温回火脆性。

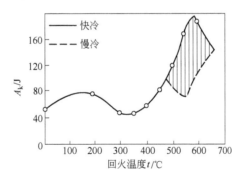

图 6-21 中碳镍铬钢中的回火脆性

6.4.2.1 第一类回火脆性

第一类回火脆性几乎在所有的钢中都会出现。低温回火脆性的起因，人们提出了各种解释，原因不是单方面的。以往曾经认为，马氏体分解时沿马氏体条或片的边界析出断续的薄壳状 ε-碳化物，降低了晶界的断裂强度，是产生第一类回火脆性的重要原因。但是近年来所有的研究者几乎一致地认为，马氏体分解过程中 θ-Fe$_3$C 和 X-Fe$_5$C$_2$ 取代 "Dc" 或

"Hc+η" 状态的反应初期，θ-Fe$_3$C 和 χ-Fe$_5$C$_2$ 相的不均匀分布是基本原因。

这类回火脆性产生以后无法消除，故又称为不可逆回火脆性。

目前，尚无有效的办法来抑制和消除第一类回火脆性，为了防止第一类回火脆性，应避免在回火脆性温度范围内回火。Si、Mn、V 等合金元素可使脆化温度向高温推移，因此，不同的合金钢应选择不同的回火温度，以避免第一类回火脆性。

6.4.2.2   第二类回火脆性

第二类回火脆性主要在合金结构钢中出现，碳素钢一般不出现这类回火脆性。当钢中含有 Cr、Mn、P、As、Sb 等杂质元素时，第二类回火脆性增大。将脆化状态的钢重新回火，然后快速冷却，即可以消除回火脆性。再于脆化温度区间加热，然后缓冷，回火脆性又重新出现，故又称第二类回火脆性为可逆回火脆性。产生高温回火脆性的钢的冲击断口属于沿晶断裂。

研究指出，回火时 Sb、Sn、As、P 等杂质元素在原奥氏体晶界上平衡偏聚，引起晶界脆化，降低了晶界的断裂强度，是导致第二类回火脆性的主要原因。它们的含量超过十万分之几，就可能导致高温回火脆性。

Cr、Mn、Ni 等合金元素不但促进这些杂质元素向晶界上的内吸附，而且本身也向晶界偏聚，进一步降低了晶界的强度，从而增大了回火脆性倾向。Mo、W、Ti 等合金元素则抑制这些杂质元素向晶界上进行内吸附，故可减弱回火脆性倾向。稀土元素能和杂质元素形成稳定的化合物，如 LaP、LaSn 等金属间化合物，可以降低高温回火脆性。

为了防止第二类回火脆性，可采取以下措施：

（1）提高钢的纯度，生产高纯净钢，减少杂质元素含量；

（2）对于以回火脆性敏感性较高的钢制造的小尺寸工件，采用高温回火后快速冷却的方法，可以减少第二类回火脆性；

（3）在钢中加入适量的 Mo、W、Ti、稀土等合金元素，可降低钢的回火脆性；

（4）对亚共析钢采用在 $A_{c_1} \sim A_{c_3}$ 两相区亚温加热淬火的方法，使有害杂质元素溶入铁素体中，从而减小这些杂质在原始奥氏体晶界上的偏聚，可显著减弱回火脆性，此法很少采用。

6.4.3   马氏体回火转变产物及其力学性能特点

一般淬火钢所进行的回火有三种，即低温回火、中温回火和高温回火，三种回火获得的组织决定着钢的使用性能，但应该特别注意，不同的钢及不同的工件应采用不同的淬火—回火工艺。

6.4.3.1   回火马氏体

回火马氏体是低温回火的转变产物，是由碳过饱和的 α' 基体和 η（或 ε）碳化物等相组成的整合组织。α' 基体中可存在柯垂尔气团（Dc）和弘津偏聚团（Hc）。

一般来说，低温回火得到回火马氏体组织。不同成分的淬火马氏体，具有不同的抗回火性，因而获得回火马氏体组织的温度不同。如碳素钢的淬火马氏体，在 300℃ 以下回火，得到回火马氏体组织。而高速钢 W18Cr4V，其马氏体于 560℃ 回火，仍然得到的是回火马氏体组织。因此，所谓低温回火、中温回火、高温回火，对于不同抗回火性的钢，其温度划分是不同的。

　　淬火马氏体于200℃以下回火时，α相中会形成碳原子偏聚团，即柯垂尔（Cottrell）气团和弘津偏聚团，析出η-Fe_2C（或ε-碳化物），200℃以上会形成θ-Fe_3C。因此，马氏体经低温回火得到的组织较为复杂，因具体的成分和温度而异。但是回火马氏体与淬火新鲜马氏体的形貌基本上相同。碳素钢T8淬火马氏体于200℃回火，得到的回火马氏体的组织如图6-22所示。

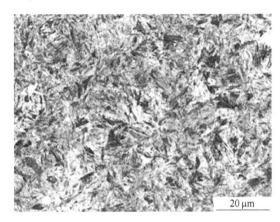

20μm

拓展阅读

图6-22　共析钢回火马氏体组织

　　回火马氏体具有很高的强度、硬度和耐磨性以及一定的韧性和塑性，硬度可达HRC61~65。回火马氏体主要用作工具钢、量具钢和滚动轴承钢等钢的使用组织。

　　需要指出的是，低碳钢、超低碳合金钢淬火得到位错马氏体，经低温回火后具有较高的冲击韧性和断裂韧性，有时可代替调质钢。

6.4.3.2　回火托氏体

　　回火托氏体是中温回火的转变产物，是由已发生回复但尚保留着马氏体形貌特征的铁素体基体与θ-碳化物所组成的整合组织。碳素钢马氏体于400℃回火得到的回火托氏体组织，如图6-23所示。可见其组织形貌仍然保持着马氏体的条片状特征。

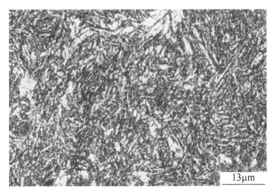

13μm

拓展阅读

图6-23　共析钢回火托氏体组织（OM）

　　热电企业应用的P91钢（相当于10Cr9Mo1VNbN），经1040℃淬火，得板条状马氏体，再经760℃回火得到回火托氏体组织，如图6-24所示。由于P91钢是高合金钢，含有较多合金元素，阻碍α相再结晶，故淬火板条状马氏体在760℃回火时，不能发生再结晶，马氏体板条形貌基本上没有什么改变。马氏体板条中析出的碳化物细小，在光学显微镜下难以分辨。位错密度已经降低，形成亚晶，在电镜下观察，物理状态已经发生了显著变化，因此已经不是回火马氏体，而应当称为回火托氏体。图 6-25 所示是 P91 钢回火托氏体组织中的亚晶和位错，可以看到马氏体片中形成许多勘镶块，即亚晶，亚晶周边上位错密集。因此，于 760℃ 回火得到回火托氏体，而不是回火马氏体，更不是回火索氏体。

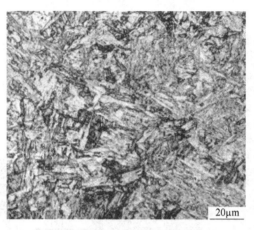

图 6-24　P91 回火托氏体组织（OM）

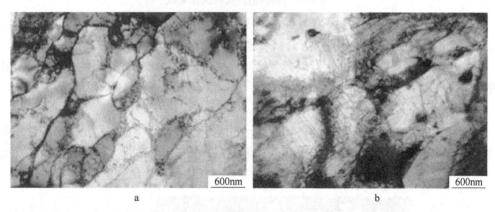

a   b

图 6-25　P91 钢回火托氏体组织中的亚晶和位错（TEM）

回火托氏体与回火马氏体本质上是不同的，不能混淆。上已叙及，回火马氏体中存在柯垂尔（Cottrell）气团和弘津偏聚团，碳原子在 α 相中仍然是过饱和的。回火马氏体中的碳化物可以是渗碳体，也可以是ε-碳化物。而回火托氏体中碳原子已经完成脱溶，α 相中碳含量处于平衡态。位错密度大幅度降低。从图 6-25 可见，铁素体中的位错密度已经大幅度降低，已经看不见高密度的缠结位错，亚晶中位错较少，只在亚晶界面上存在位错网络。

回火托氏体中铁素体尚未完成再结晶，该组织具有较高的弹性极限和一定的韧性。因此该组织常用作弹簧的使用组织。

6.4.3.3　回火索氏体

回火索氏体是高温回火的转变产物，是由已发生再结晶的等轴状铁素体基体上弥散均匀地分布着细小颗粒状（或球状）的θ-碳化物的整合组织。回火索氏体中的铁素体已经再结晶，失去了马氏体和贝氏体的条片状特征。

应当指出，在实际生产检测中，合金钢淬火马氏体在高温回火时，铁素体往往没有发生再结晶，仍然保持着马氏体的条片状形貌，有颗粒状碳化物析出，这种组织往往被误认为是回火索氏体。

回火温度接近临界点 A_1 时，铁素体发生再结晶，变成等轴状晶粒，碳化物聚集球化，这种回火索氏体组织也称为球化体，这种组织与粒状珠光体比较，本质上是一样的，均为铁素体+颗粒碳化物的整合组织。但两者组成相的来源不同，珠光体中的铁素体和碳化物是共析共生转变而来，回火索氏体、球化体中的组成相则是淬火钢回火转变的产物。它们在 A_1 稍下温度均为相图中的平衡相。

图 6-26 为 P91 钢马氏体经过 800℃回火（$A_{c_1} = 810$℃）得到的回火索氏体组织，可见 α 相已经再结晶，转变为等轴状铁素体，其上分布着颗粒状碳化物，此称回火索氏体。

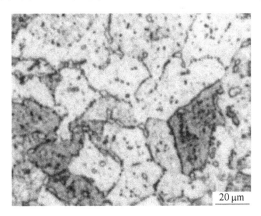

图 6-26　P91 回火索氏体组织（OM）

在相同的硬度条件下，与其他的组织相比，回火索氏体具有较高的屈服强度、韧性和塑性，且具有优良的强度和韧性塑性的配合，因而特别适合作为承受各种复杂受力环境条件下零部件的使用组织，如发动机主轴、连杆、连杆螺栓、汽车和拖拉机半轴、机床主轴及齿轮等。

拓展阅读

复习思考题

6-1 解释概念：回火、回火托氏体、回火马氏体、回火索氏体、二次硬化、回火脆性。

6-2 在回火初期淬火马氏体中的碳原子在什么地方偏聚？偏聚对钢的性能有什么影响？

6-3 过冷奥氏体和残留奥氏体有什么区别？残留奥氏体在回火时的转变特征如何？

6-4 高碳钢、中碳钢、低碳钢淬火马氏体回火时，碳化物的析出贯序怎样？

6-5 马氏体回火时 α 相的变化规律如何？

6-6 淬火内应力在回火时是怎样变化的？

6-7 合金马氏体回火转变与碳素钢马氏体回火有何区别？碳化物析出贯序怎样？

6-8 合金马氏体回火二次硬化的原因是什么？

6-9 回火脆性产生的原因是什么？如何防止回火脆性？

6-10 为什么随着回火温度的提高，强度降低，塑性提高？

7 合金的脱溶

本章导读：学习本章，要掌握脱溶的一般规律，熟悉 Al-Cu 合金脱溶相的析出贯序，从过渡相到平衡相的转化规律。熟悉含铜钢脱溶过程及其对性能的影响。

7.1　概　　述

7.1.1　固溶和脱溶

工业上大量应用金属及合金的固溶处理、脱溶和时效，来提高材料强度等性能。固溶处理是将钢或合金加热到一定的温度，使得碳或合金元素溶入固溶体中，然后以较快的速度冷却下来，得到过饱和状态的固溶体或过饱和的新相。

经过固溶处理而得到的固溶体或新相大多是亚稳的，在室温保持一段时间或者加热到一定温度，过饱和相将脱溶，析出沉淀相，故称其为脱溶。脱溶过程将引起组织、性能、内应力等变化，这种热处理工艺，称为时效。工业上采用的时效较多，例如：

（1）有色合金，如铝合金的固溶处理及时效；

（2）低碳钢、含铜钢的时效；

（3）马氏体沉淀硬化不锈钢的固溶处理及时效；

（4）淬火马氏体的回火也属此类。

设有 A、B 两种组元，B 在 A 中的溶解度是有限的，并随着温度的降低而变小，如图 7-1 所示，MN 是溶解度曲线。如果把某一成分的合金加热到固溶度曲线以上，在某一温

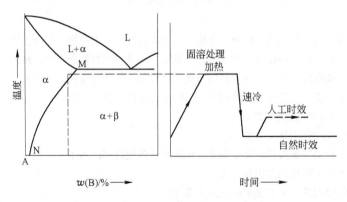

图 7-1　固溶处理与时效工艺示意图

度保持一定时间，使得 B 组元溶入 α 固溶体中，然后迅速冷却，抑制 B 元素析出，得到过饱和固溶体，这就是固溶处理。

脱溶是固溶处理的逆过程，溶质原子在固溶体中的某些区域将析出，聚集，形成新相。在脱溶过程中，随着时间的延长，合金的强度、硬度会提高，此称时效硬化。

时效处理如果是在室温下放置而进行的脱溶，则称自然时效；如若加热到某一温度下进行，则称人工时效。时效过程往往有阶段性，各阶段的脱溶相的结构有区别，于是反映出不同的组织特征和性能。脱溶过程是一个扩散分解过程，其分解程度、脱溶相类型、弥散度、组织特征均与时效工艺密切相关。

7.1.2　脱溶的分类

7.1.2.1　按脱溶过程中母相成分变化的特点分类

按脱溶过程中母相成分变化的特点，脱溶可分为两类。

（1）连续脱溶。在脱溶过程中，随着新相的形成，母相的成分连续地、平缓地由过饱和状态逐渐达到饱和状态，这样的脱溶叫连续脱溶。也就是说，在脱溶过程中，除了新旧相间产生相界面外，在母相内部并不产生新界面，仍保持着连贯性，但脱溶相附近母相的浓度较低，并由相界面向内，母相的浓度逐步升高，而呈现连续的浓度梯度，新相依靠远距离的扩散而成长。

（2）不连续脱溶。与连续脱溶正相反，脱溶相 β 一旦形成，其周围一定距离内的固溶体立即由过饱和状态达到饱和状态，并与原始成分的 α 形成截然的分界面。在很多情况下，这个界面相当于一个大角晶界，通过这个界面，不但浓度发生了突变，而且取向也发生了变化。因此，这种脱溶是与液态中偏晶转变相对应的一种固态转变，即包析转变（$\alpha \rightarrow \alpha_1 + \beta$），所以不连续脱溶也称为两相式脱溶或胞状式脱溶。在整个脱溶过程中，α 成分或点阵常数只有两个极端值，而没有中间值，β 或 α_1 的成长只需界面附近的扩散，而不必远距离扩散，所得组织与共析组织（或珠光体组织）很相似。

7.1.2.2　按脱溶相的分布状况分类

根据脱溶相的分布状况，脱溶也可分为两类。

（1）普遍脱溶。脱溶在整个固溶体中基本上同时发生，因而新相 β 也基本上是均匀分布的。

（2）局部脱溶。脱溶相只在局部区域（例如在晶界或在晶内沿某些晶面）产生，其他区域不发生脱溶或依靠远距离的扩散将溶质原子输送到脱溶区来达到脱溶的实际效果。这样，所得组织自然是很不均匀的。

脱溶产物与母相的界面成共格关系的为共格脱溶。析出相的晶体结构与母相相似性大的，或者反应在低温进行的，两相易于保持共格关系，进行共格脱溶；相反则趋向于非共格脱溶。亚稳相多数为共格脱溶，平衡相则为非共格脱溶。

脱溶相中的溶质原子含量高于母相的称为正脱溶，如过共析钢的奥氏体缓冷时析出二次渗碳体的过程。相反的称为负脱溶，如亚共析钢的奥氏体缓冷时析出铁素体的过程。

7.2　有色合金中的脱溶

　　随合金成分及时效条件的不同，过饱和固溶体可通过不同的序列或不同的途径进行脱溶，并可以在中途停止在不同的进程上。整个脱溶过程对合金的性能的变化来说是很敏感的，各个阶段都对应于不同的性能。这就要求对脱溶过程进行细致地分析以掌握其规律性。本节主要以 Al-4%Cu 合金的脱溶为例来进行讨论。

7.2.1　Al-Cu 合金的脱溶

7.2.1.1　Al-Cu 合金的脱溶相

　　图 7-2 为 Al-Cu 合金平衡相图的一角，其中 α 代表以 Al 为基的固溶体，θ 代表以化合物 $CuAl_2$ 为基的二次固溶体。α 的点阵与 Al 或 Cu 一样为面心立方，θ 则属于正方晶系。由图 7-2 可见，6%Al-Cu 合金从过饱和 α 相中脱溶的贯序应为：GP 区→θ''→θ'→θ。

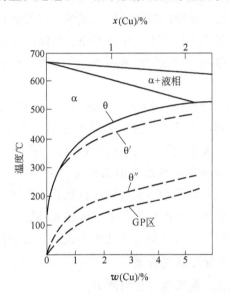

图 7-2　Al-Cu 合金平衡相图的一角及过渡性相 θ'、θ'' 和
GP 区在 α 相中的溶解度曲线

　　选取合金 Al-4%Cu，加热到 α 区（例如 520℃）使 Cu 完全固溶于 α 相中，并使其均匀化，然后分别以不同的速度进行冷却，则 α 相进行脱溶。

　　如果是很缓慢地接近平衡的冷却，则当冷至约 500℃ 时，α 相便由未饱和态达到饱和态了，温度再略为下降，即进入过饱和状态，如条件允许，跟着就应该不断地发生 θ 的形核和成长过程，同时，α 相的浓度将沿着固溶度线而逐步降低，至常温时，合金将由成分小于 0.1%Cu 的 α 相与成分约为 53.25%Cu 的 θ 相所组成。一般来说，在这种条件下，只能进行所谓局部脱溶，θ 相优先沿 α 相的晶界形核并长大，最后形成 θ 相沿晶界分布的网状组织。

　　当冷却较快时，情况就会发生变化，合金也就不会完全按平衡条件进行脱溶了。α 将会由饱和进而达到过饱和，而且冷却越快，α达到的过饱和度就会越大（即α的过冷度越大）。例如，如果冷到400℃时，还不发生脱溶，那么，这时的过冷度已达100℃，而过饱和度则约为4.0%−1.4%＝2.6%。当冷却很快时，例如在水中激冷，可以将过饱和的α相一直保持到室温，并且在相当长的时间内，不会发生脱溶。如果将合金再放入干冰中，使其保持在−78℃，便几乎可以永远不再发生脱溶了，这时α相的过冷度相当于578℃，而其过饱和度则在3.9%以上。

4%Cu过饱和固溶体α相起始态的晶格常数$a=b=c=0.403$nm；终了态平衡相θ(CuAl$_2$)是正方晶系，$a=b=0.606$nm，$c=0.487$nm。实验表明，随过饱和度（或过冷度）的不同，Al-Cu合金的脱溶过程可以发生很大变化，脱溶贯序为：GP区→θ″→θ′→θ。其中：GP区、θ″、θ′代表脱溶的过渡相。随脱溶条件或合金成分的不同，α相既可直接析出θ相，也可以经过一个、两个或三个过渡阶段，再转化为θ相，同时，脱溶过程也可停留在任何过渡阶段。

7.2.1.2　GP区的形成

在Al-Cu合金中，GP区代表Cu原子的偏聚区，为纪念Gunier及Preston的工作而得名。但现在这个词已成通用名词了，可用来泛指任何合金固溶体中的溶质原子偏聚区。

GP区大多在过饱和度较大或过冷度较大的条件下形成，例如，将Al-Cu合金由α相区淬火后，在室温放置。或适当加热并保温，经过一定时间后，即可形成。这个过程在生产上称为时效，如在室温进行，称自然时效，加热时进行则称人工时效。

GP区属于超显微领域，用光学显微镜无法观察。但是由于垂直GP区方向上共格错排畸变，引起电子衍射强度的局部变化，故在电镜下有衬度变化，其形态如图7-3所示。

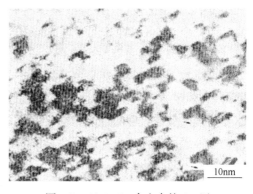

图7-3　Al-4%Cu合金中的GP区

A. Gunier和G. D. Preston于1938年分别独立地采用Al-Cu合金单晶体进行X射线（劳埃法）试验，由小角度散射现象推导时效初期的相变是Cu原子在{100}$_\alpha$面上的偏聚。偏聚层的厚度与α-Al晶格常数相近，为0.4nm左右，可以看成是一个Cu原子层。这已经被几十年后的电子显微镜分析所证实。GP区的厚度随着时间和温度的变化很小。其直径随着时间的延长长大也是很小的，但是却随着温度的提高而明显增大，从室温到150℃，直径由5nm左右增大到50nm左右。

GP区是和母相完全共格的富Cu区，它呈盘状，盘面垂直于基体低弹性模量方向，也即〈100〉$_\alpha$方向。如图7-4所示。这些盘状产物大约2个原子层厚，直径为10nm，相互之间的距离约为10nm。从图7-4可见，Cu原子偏聚面的形成使两侧α-Al的晶格产生畸变。

Cu原子半径为0.128nm，Al原子半径为0.1432nm，显然，Cu原子半径比Al原子半

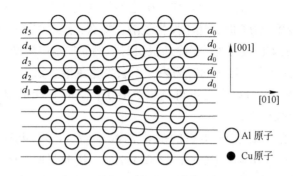

图 7-4   Al-Cu 合金 GP 区及其周围晶格的畸变示意图

径小，两者相差约 10%。因此，可见图中 Cu 原子层周围晶格产生收缩畸变。假如，Cu 原子在 (002)$_\alpha$ 上偏聚，则在 GP 区的上方、下方，紧相邻的第一排 α-Al 的原子面向 GP 区方向收缩。造成 [001]$_\alpha$ 方向的弹性张应力。在 GP 区片的周边则形成一个环状的弹性压应力区。同时，试验表明，在 GP 区周界还吸附着相当数量的空位。这些空位很可能是由于淬火而冻结下来的超额空位（即过饱和空位）受 Cu 原子的吸引而形成的一种溶质原子与空位的复合体。

    GP 区大多是比较均匀地弥散分布在 α 基体中，平均来说，在单位体积的 α 中，可形成高达 10^{18} 个 GP 区，即其密度可达到 $10^{18}/cm^3$。当在不同温度进行人工时效时，GP 区的尺寸和密度都会随之而发生变化。一般来说，时效温度升高，GP 区的尺寸会增大些，而其密度将减少。这很可能是由于温度升高，扩散加快，而过饱和度或过冷度都减小。除此而外，GP 区的大小和密度还受淬火温度的高低和淬火速度的快慢等因素的影响，这些因素是通过改变淬火后的过饱和空位密度而起作用的，淬火温度越高、淬火速度越大，淬火后的空位密度也将越大，这就会加快 Cu 原子的扩散，加速 GP 区的形成。

7.2.1.3 θ″过渡相

    在 GP 区形成后，接着析出一种称为 θ″的过渡相。θ″相是在原来的 GP 区位置上出现的，因为 GP 区显然是 θ″非常有利的形核地点。

    θ″具有正方结构，点阵常数 $a=b=0.404nm$，$c=0.78nm$，它是 Al-Cu 合金时效过程中的第一个真正脱溶出来的相，大多沿基体的 {100} 面析出，呈圆片状。它基本上是一个畸变了的 fcc 结构，铜、铝原子分别各排列在 (001) 面上。(001) 面的原子排列和基体的一致。θ″周围有一个较大的应变区，大多均匀分布在基体中。

    θ″是以 {100}$_\alpha$ 为惯习面的完全共格的盘状脱溶物，它和基体的取向关系是：

$$(001)_{\theta''}//(001)_\alpha$$
$$[001]_{\theta''}//[001]_\alpha$$

惯习面为 {100}$_\alpha$。θ″相的厚度达 2nm，或稍大一点，直径达 100nm 左右，片状。在电子显微镜下借助于共格应变场可以显示衬度，如图 7-5 所示。

    随着 θ″产生和发展，GP 区便逐渐减少而消失，θ″可能从基体 α 中生核，并借 GP 区的溶解而成。

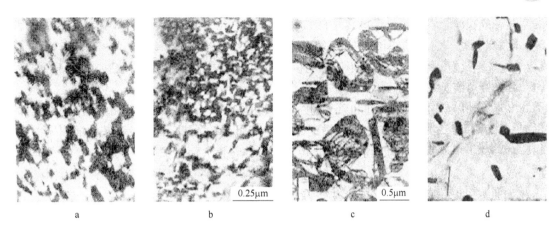

图 7-5 Al-Cu 合金脱溶不同阶段的显微组织

a—GP 区；b—θ″；c—θ′；d—θ

7.2.1.4 θ′过渡相

在 θ″析出之后，析出的另一个过渡相是 θ′相。θ′也是正方结构，$a=b=0.404\mathrm{nm}$，$c=0.580\mathrm{nm}$，如图 7-6 所示。θ′的成分近似于 $CuAl_2$。

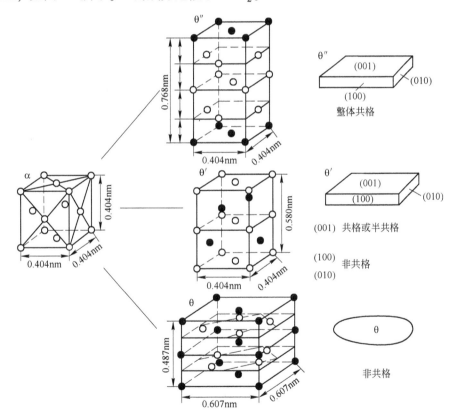

图 7-6 Al-Cu 合金中 θ″、θ′、θ 相的结构及形态

只要时效温度合适，随着时间的延续，脱溶过程将会进一步向前发展，而达到 θ′相

的生核和成长阶段。θ′相是在基体中的位错上形核，位错的应变场可以减小形核的错配度。随着θ′的长大，其周围的θ″相溶解。

θ′是脱溶过程中第一个能够不依靠电镜而用一般光学显微镜就可以直接观察到的脱溶相，其尺寸可高达100nm。

θ′的（001）面的原子排列和原子间距也和基体一样，但是（010）面和（100）面的排列与基体不同，在［001］方向的错配比较大，因此θ′的惯习面以及和基体的取向关系和θ″的一样。θ′片的宽面开始时是完全共格的，随着长大而丧失共格。片的侧面是非共格，或者是复杂的半共格结构。θ′片的直径约为1μm，并且在宽面上存在错配。图7-5c是θ′相的透射电镜照片。

θ′的分布大多是很不均匀的，它易于优先沿螺型位错线或亚晶界生核和成长。沿位错线生长时，位错并不消失，θ′相往往被位错线环绕起来。由此可见，如果说，GP区或θ″在其形成过程中尚接近均匀形核的话，那么，θ′相就属于真实的非均匀形核了。

7.2.1.5　θ相的形成

脱溶过程的进一步发展是θ相的形核和成长。θ相具有复杂的体心正方结构，如图7-6所示。点阵常数是$a=b=0.607$nm，$c=0.487$nm。θ与基体α间的界面已完全失掉了共格关系，而变为非共格或复杂的半共格界面，接近一般大角度晶界。θ相的分布大多是不均匀的，最易沿原晶界或相界面生核和成长，见图7-5d。随着θ的产生和发展，θ′或直接转变为θ或溶于基体而逐渐消失。

以上讨论了Al-4%Cu合金时效序列中各阶段的结构、组织及转变的一些特征，各阶段有其独立性，但不是截然分开的，而是各有不同程度的相互重叠。

除Al-Cu合金外，在其他许多合金中也发现类似的脱溶过程，如表7-1所示，所不同的是，随合金的不同，序列中各具体相的性质和数目有所差别。

由表7-1可以看出，这些合金大部分都有GP区和过渡相，只有少数或缺GP区，或缺过渡相。凡是脱溶过程既无GP区又无过渡相的合金，时效效果都是比较弱的。GP区的形状既可以是盘状，也可以是球状或棒状。

表7-1　一些合金的脱溶过程

基体金属	合金	脱　溶　过　程
Al	Al-Ag	GP区（球状）→γ′（片状、棒状）→γ（Ag_2Al）
	Al-Cu	GP区（盘状）→θ″（盘状）→θ′→θ（$CuAl_2$）
Cu	Cu-Be	GP区（盘状）→γ′——→γ（CuBe）
	Cu-Co	GP区（盘状）——→β
Fe	Fe-C	Dc、Hc→ε碳化物（盘状）——→θ-Fe_3C
	Fe-N	α″（盘状）——→γ′（Fe_4N）

7.2.2　晶体缺陷对时效的影响

空位、位错和晶界等缺陷对脱溶有促进作用。它们对扩散、偏聚、形核等过程产生不同的影响。

7.2.2.1 空位的影响

代位原子的扩散采用空位移动机制。空位的凝聚是形成偏聚区的有利地点。所以空位浓度和空位运动对于代位溶质原子偏聚区的形成具有十分重要的作用。晶体中的空位割断了该点原有的结合键，增加了系统的势能；另外，空位又使组态熵增大。温度升高引起空位浓度的增加。固态金属在平衡冷却时，空位浓度逐渐降低。如果从高温激冷下来，可以将高温的空位冻结下来，提高室温下的空位浓度，获得空位过饱和的晶体。过饱和空位在室温或稍高温度下将通过空位运动而发生凝聚或者移动到晶界、表面等处。图 7-7 表示固溶处理冷却速度对 Al-Cu 合金时效硬化曲线的影响。可见，水冷时效硬化较快，硬度较高，是由于水淬能够把高温空位最大限度地保存到室温；空冷速度较慢，一部分空位在冷却过程中消失，故硬化速度较慢。从图 7-7 中可见，两种固溶状态的初始硬化速度相差几个数量级，但是最高时效硬化值（峰值）却基本上相同。说明空位的作用仅仅为加速 GP 区的形成，并不改变脱溶物的本质和尺寸。

图 7-8 为固溶温度对时效硬化的影响。可见，固溶处理温度越高，时效越快，峰值越高，加速了时效。本试验中，600℃的脱溶过程是从 Ti 原子团到平衡相 Ni_3Ti 相。

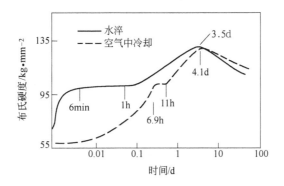

图 7-7　冷却速度对 Al-Cu 合金时效硬化曲线的影响

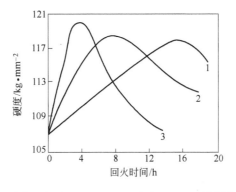

图 7-8　固溶温度对 Ni-Ti（4%）合金 600℃时效硬化的影响
1—1100℃；2—1200℃；3—1250℃

空位直接促进代位原子片状偏聚区形成的机制，一般认为可以通过形成位错圈，促进形成片状偏聚区，如图 7-9 所示。圈内法线方向为拉应力状态，有利于溶质原子的扩散进入，从而形成片状偏聚区。不过空位的作用主要还是加速代位原子的扩散。

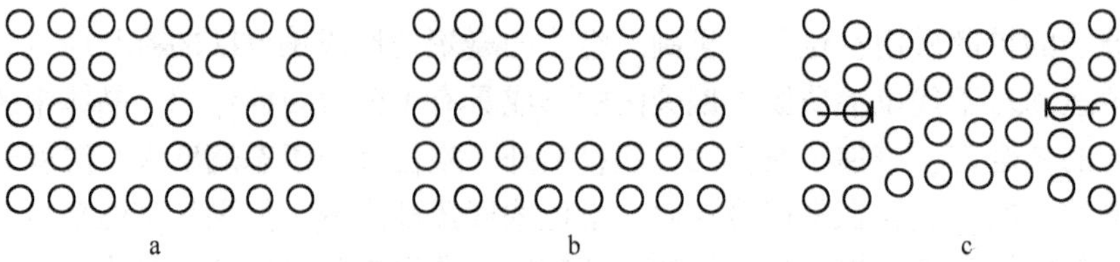

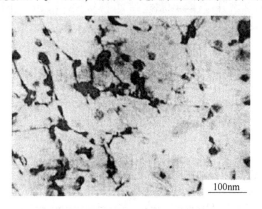

图 7-9　空位凝聚形成位错圈

7.2.2.2　位错的影响

位错线是原子扩散的通道，加速其迁移，溶质原子常在位错线上偏聚，此处容易满足新相成分上的需求。对于代位原子，对 GP 区形成的促进作用远不如空位显著。

按形核长大机制脱溶的过渡相和平衡相，可以在位错上优先形核，造成非均匀析出。位错密度大的过饱和固溶体形核率大，脱溶物的初期尺寸细小。

位错形核已经被大量实验事实所证实，图 7-10 示出了铜在铁素体基体的位错线上析出的高分辨率电子显微镜照片。可见，铜粒子优先在位错线上析出。

图 7-10　Fe-1.03Cu 合金 550℃时效 10^5 s 的组织

7.2.2.3　晶界的影响

在晶界附近常常出现初期"无脱溶区"。另外，晶界易于直接以形核长大机制异位析出过渡相和平衡相。关于初期无脱溶区，现在认为与空位及其运动有关。晶界的混乱结构使其成为空位阱，条件允许时，可以吸收大量的空位。在室温放置或时效之初，或者在固溶处理的冷却过程中，晶界吸收空位发生在晶界附近地区，形成晶界附近的低空位浓度区。此处即对应于偏聚区即过渡相的无脱溶区。晶界区除了能够吸附溶质原子外，无脱溶区内溶质原子过饱和度至少不低于晶内。因此，时间延长或者温度升高时，所谓无脱溶区内也会稍有脱溶发生。

晶界形核是无脱溶区内优先采取的形式。与晶粒内部 GP 区原位形核相比，晶界的脱溶相显然趋于粗大，甚至沿着晶界形成网状组织。另外，晶界还是平衡相非连续脱溶的形核地点。

7.2.3 合金时效后的性能

固溶处理所得的过饱和固溶体在时效过程中，随着结构和显微组织的变化，其力学性能、物理性能及化学性能都将发生显著的变化。对于制造结构件的合金，硬度和强度是极其重要的力学性能。因此，只讨论合金时效过程中硬度和强度的变化。

随着时效时间的延长，合金的硬度逐渐升高。图 7-11 为含 2%~4.5%Cu 的 Al-Cu 合金经过在 α 单相区固溶后淬冷，然后在 130℃ 时效，得硬度随时效时间的变化曲线，可见，当时效硬度达到极大值后出现硬度下降的现象称为过时效。

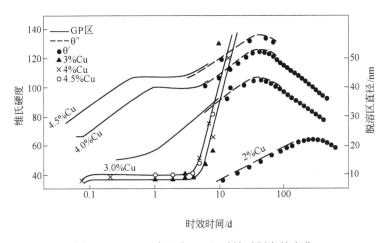

图 7-11 Al-Cu 合金在 130℃ 时效时硬度的变化

温时效时析出过渡相与平衡相。温时效温度越高，硬度上升越快，达到最大值的时间越短，但所能达到的最大硬度值越低，越容易出现过时效。从图 7-11 可见：

（1）时效硬化随着含铜量的增加而上升，表明时效析出相的数量是时效硬化作用的基础，各条曲线的峰值硬度（2%Cu 除外）与合金的含铜量基本上成正比。

（2）2%Cu 合金在时效态未测出 GP 区，或析出量极少。2%Cu 合金的 GP 区的临界温度约为 130℃，即图 7-11 采用的时效温度，由于缺乏 GP 区的预脱溶，θ'' 相必将采用异位形核，降低了它的体积颗粒密度，这可能是在 2%~3%Cu 之间时效硬化峰值突变的原因。

（3）凡是有 GP 区预脱溶的，硬化出现两步性。GP 区硬化可以达到饱和状态，硬度曲线上出现平台。铜含量越高，则平台越宽。说明 GP 区数量达到介稳后，尺寸不随着时间的延长而长大。

（4）四种合金开始出现 θ'' 的时间基本上相同，对于有 GP 区的预脱溶的合金，在 θ'' 出现后的一段时间内，处于 GP 区和 θ'' 共存或 θ'' 与 θ' 共存的状态。

（5）硬度的峰值总是对应 $\theta''+\theta'$ 并存的组织，一旦 θ'' 消失，硬度就开始下降，进入过时效阶段。

Al-Cu 合金的时效硬化主要依靠形成 GP 区和 θ'' 相，而其中尤以形成 θ'' 相的硬化效果最大。出现 θ' 相后硬度下降。许多合金的硬度变化规律都与 Al-Cu 合金相同。

时效强化是结构材料极为重要的一种强化途径。除了高强度 Al 合金外，马氏体时效钢、沉淀硬化不锈钢及高温合金等系列新型结构材料皆采用了时效硬化法。最常见的淬火钢的马氏体的回火强化，也被认为是碳原子在 α′ 相中的偏聚造成的，也属于时效硬化范畴。近年来国内外开发的高纯、高韧合金钢，含有 1% 左右的铜，也是依靠脱溶沉淀来提高强度的。

7.3 Fe-Cu 合金的脱溶

铜已在许多钢中得到应用。而含铜低碳高强度钢是 20 世纪 80 年代开发的新钢种，具有强度高、韧性好、良好的焊接性能和耐腐蚀性能等优点。因此，含铜低碳高强度钢被广泛用于桥梁、船舶、汽车及舰艇等。铜加入钢中不仅是一个良好的抗腐蚀元素，同时当铜含量高于 1% 时，铜在钢中具有显著的析出强化作用。图 7-12 为 Fe-Cu 合金相图。从相图的左下角可见，铜在 α-Fe 中的最大溶解度为 2.2%（850℃）。而室温下，铜原子在铁素体中的溶解度只有 0.2%。因此，含铜钢固溶处理后，加热到一定温度进行时效处理，会发生过饱和固溶体的脱溶，并且产生沉淀强化作用。

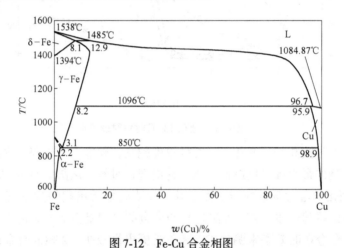

图 7-12 Fe-Cu 合金相图

7.3.1 含铜钢的时效

含铜低碳高强度钢在 550~650℃ 时效而得到强化。将含铜 1.55%Cu 低碳钢加热到 850℃ 固溶后，采用水冷方法得到过饱和固溶体，然后于 550℃ 时效，测定硬度，绘出时效曲线，如图 7-13 所示。可见，时效 1~2h 可达到硬度峰值，其维氏硬度值约为 187HV。继续增加时效时间，硬度出现不同程度的下降，即过时效。

在光学显微镜下观察时效各阶段金相组织均为多边形铁素体晶粒组成，如图 7-14a 所示，在任何晶粒中均观察不到析出相或其他第二相。采用高分辨电镜观察时效后的薄膜，发现在铁素体晶粒内部分布着大量的纳米级细小颗粒，如图 7-14b 所示。检测表明，这些颗粒是铜原子的偏聚区。

7.3.2 Fe-Cu 合金的沉淀产物

时效峰处沉淀相颗粒的 TEM 相如图 7-14b~d 所示。可见，颗粒形状似圆饼，饼的厚

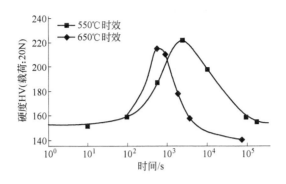

图 7-13　1.55%Cu 低碳含铜钢的时效强化曲线

度为 6~18nm，直径为 10~30nm。每个颗粒中存在清晰可见的衍射条带，酷似孪晶，这些条带明暗相间，宽窄不等，是衍射条纹。颗粒似层状的圆饼，一般分若干层。

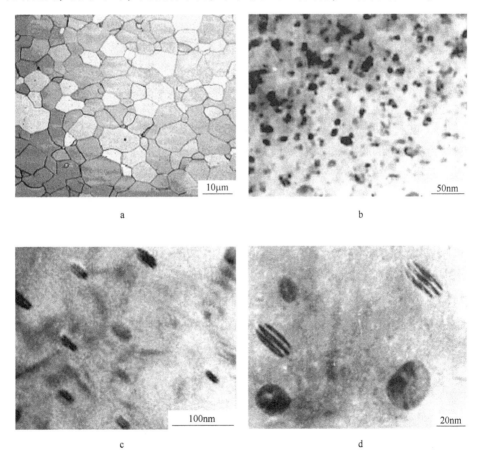

图 7-14　含铜低碳钢时效峰处的组织
a—OM；b~d—TEM

　　为了考察时效峰处析出的富铜颗粒的化学成分，在扫描电子显微镜上进行了能谱分析，发现时效峰阶段析出颗粒中铜的质量分数约为 20%，虽然能谱分析并不准确，但测得的富铜倾向是肯定的。说明这种析出颗粒并不是纯铜，而是富铜 GP 区，试验表明，550℃经过 100h 以上的时效才能最终演化成ε-Cu 颗粒。

在 80 万倍以上观察这些圆饼状颗粒中的条带结构，得到高分辨点阵像，如图 7-15 所示。可见，偏聚区中的条带结构已经呈现为布纹状的某一晶面的晶格点阵像。电镜分析表明，图中 A、C、E 三区的布纹状条纹是 $(110)_\alpha$ 晶面。图中 A、C 条带区域含铜量低，它与偏聚区周围的铁素体基体（E）具有相同的衬度，含铜量可能是一致的。但是观察 B、D 条带区，一层层晶面排列十分清晰，该区是富铜区，含铜量较高。

在 Fe-Cu 相图中，铜在 α-Fe 中的最大溶解度为 2.2%（850℃），室温下溶解度为 0.2%。在图 7-15 的 B、D 条带区中含铜量较高，远远超过了 α-Fe 中的最大溶解度。图中 D 条带区堆垛了 100 多层的晶面。在 D/E 两区接壤处，晶面走向发生了偏转，形成了位错和层错。

显然，图 7-15 中的条带区域 A、C 区与基体 E 区的衬度相同，C、E 两区的晶面原子排列是相通的，显然它们是铁素体基体，是溶解铜原子较少的铁素体的 $(110)_\alpha$ 晶面。明亮的 B、D 条带区域与基体具有半共格关系。

由于铜原子半径比铁原子大，故产生晶格错配。已知错配度 $\delta = \Delta a/a$，a 为晶格常数。则铜原子的晶格错配度 $\delta = 0.26$，此值较大，必然为半共格界面。因此，铜原子在偏聚区中必将引起较大的晶格畸变。由于铜原子的偏聚，故在<100>晶向上发生畸变，产生较大的畸变应力，造成晶格歪扭。从 A、C 区与 B、D 区相邻接的地带，可见到 $(110)_\alpha$ 晶面弯曲、偏转了 2°~4°，还形成了大量位错和层错。

一般认为，合金的脱溶在时效峰处将形成 GP 区，它与基体保持共格或半共格，从图 7-15 可见，具有条带结构的颗粒与铁素体基体呈现半共格结构。半共格在颗粒周围引发应力场，增加体积畸变能，其值约为：$U_V \approx \dfrac{3}{2}E\delta^2$。式中，$E$ 为弹性模量；δ 为错配度。可见错配度越大，畸变能越高。GP 区颗粒作为障碍物与可动位错的交互作用可造成强化。

对铜原子 GP 区的高分辨电镜观察发现，在 GP 区中普遍存在高密度位错，如图 7-16 所示，图中已将位错标出，计算其密度 $\rho = 1.15 \times 10^{11} \text{cm}^{-2}$，这接近于冷变形金属中位错密度，是强化的原因之一。GP 区中原子的有序排列也为强化做出了贡献。

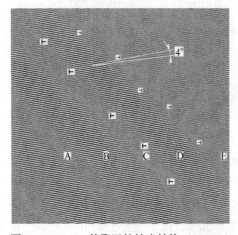 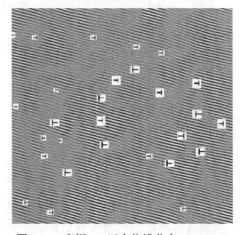

图 7-15　Fe-Cu 偏聚区的纳米结构（HREM）　　　图 7-16　富铜 GP 区中位错分布（HREM）

有的文献认为：含铜高纯钢的时效强化是ε-Cu 颗粒弥散强化的结果。实际上，在时效硬化峰处并没有发现ε-Cu 颗粒析出。试样经过550℃时效45h，硬度下降到132HV，显著过时效，经电子衍射和X 射线分析，尚没有发现面心立方的ε-Cu 颗粒析出。试验研究表明，只有在600℃以上经过相当长时间的过时效，才有ε-Cu 颗粒形成。而在550℃时效需要1000h 才发现ε-Cu 析出。

GP 区中铜原子浓度高，沿着 [001] 方向产生膨胀型畸变，形成应力场，将阻碍位错运动。并且GP 区与基体保持半共格关系，它是位错运动的障碍，因此有明显强化作用。GP 区与基体之间错配所引起的应力场是一个强化因素，它所引起的强化增量可用下式估算：

$$\Delta\sigma = 6\mu(rf)^{\frac{1}{2}}\frac{\varepsilon}{b}$$

式中，μ 为沉淀颗粒的切变模量；r 为沉淀颗粒半径；f 为沉淀颗粒的体积分数；ε 为错配函数；b 为柏氏矢量。可见，GP 区颗粒 r 越大，数量 f 越多，则强化效果越明显。

为了考察GP 区对位错运动的阻碍作用，将试样进行了冷压变形，表明GP 区不是难以变形的硬颗粒，而是位错可以切过的软韧的颗粒，位错运动可以切割富铜GP 区。

含铜低碳高强度钢中往往含有高密度位错，文献表明，脱溶析出颗粒作为障碍物与可动位错的交互作用是造成析出强化的本质。位错线是局部畸变区域，在它附近必然产生弹性应变能。当过饱和 α-Fe 基体中有弥散度很高的富铜脱溶颗粒在铁素体基体内或铁素体基体位错间随机脱溶析出时，位错和析出颗粒的同时存在会产生交互作用，两者的作用将构成对位错运动的阻碍，使屈服强度提高。因此，富铜区中高密度位错和其引发的应力场应为含铜钢时效强化的重要原因。

总之，GP 区中高密度位错和其引发的应力场是含铜钢时效强化的根本原因。同时也说明富铜GP 区可以变形，被位错切割，不会因位错堆积而形成微裂纹，这也是这类含铜钢塑性和韧性优良的原因。

随着时效时间的延长，硬度缓慢降低，出现过时效现象。550℃时效9h，颗粒数量减少，硬度降低到140HV（过时效），图7-17a 为一个沉淀颗粒的晶格点阵像，图7-17b 为傅里叶变换再生像。可见颗粒内部和其周围的原子晶面的分布排列情况，其中的位错也已标出。沉淀颗粒的界面与铁素体呈半共格。这些颗粒周围和内部也存在着高密度的位错和层错。这些位错在外力的作用下开动并将与富铜颗粒产生交互作用，富铜颗粒对位错的滑移会有拖曳的阻力，从而提高了合金的强度。

含铜过饱和铁素体的沉淀过程中，铜原子不断扩散，属于扩散相变。时效温度越高，扩散越快。但在时效峰处，仍然为铜原子偏聚区。试验表明，铜原子不断富集，铜原子偏聚在 (001)、(002) 晶面上，形成GP 区（bcc 结构），并且与基体半共格。

许多合金系低温时效时，GP 区一般是通过调幅分解形成的。含铜高纯钢在550℃时效过程中，铜原子不断向GP 区中富集，属于上坡扩散，也是一个调幅分解过程，即 $\alpha \rightarrow \alpha_1 + \alpha_2$，其中，$\alpha$ 为含铜过饱和铁素体；α_1 为富铜GP 区；而 α_2 为GP 区周围的含铜较低的铁素体。

多数学者观察到，过饱和的铁素体中首先形成亚稳的富铜原子团（GP 区），并具有bcc 结构，并与基体共格，这种富铜的原子团会通过扩散长大。当这种原子团长大到一定

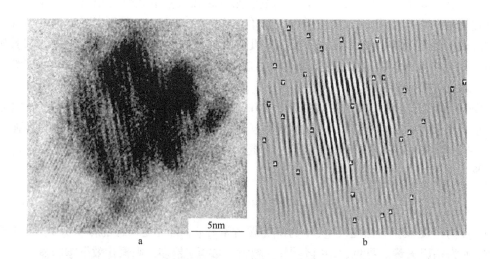

图 7-17   时效富铜颗粒 HREM 像（a）及其傅里叶变换再生像（b）

的临界尺寸时将转变为 fcc 结构的球状 ε-Cu 颗粒，同时与基体 α-Fe 失去共格关系。ε-Cu 析出优先在基体中的位错和铁素体晶界上形核，最后 ε-Cu 颗粒长大为棒状，不同视场的照片如图 7-18a、b 所示。

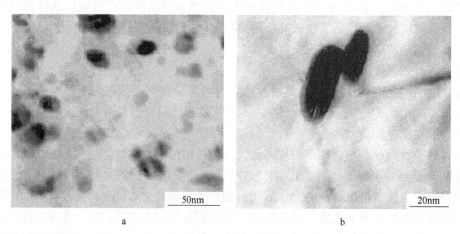

图 7-18   铁素体基体上的 ε-Cu 颗粒形貌（TEM）

复习思考题

7-1 熟悉如下概念：固溶、脱溶、时效、GP 区。

7-2 试述 Al-Cu 合金的时效过程，写出析出贯序。

7-3 试述脱溶过程中出现过渡相的原因。

7-4 简述空位、位错在脱溶过程中的作用。

7-5 Fe-Cu 合金的脱溶相的结构特征及其对强度的影响。

7-6 总结马氏体回火形成的 GP 区、Al-Cu 合金 GP 区的本质及其强化作用。

参 考 文 献

[1] 刘宗昌，任慧平，宋义全，等. 金属固态相变教程 [M]. 2 版. 北京：冶金工业出版社，2011.

[2] 孙珍宝，朱谱藩，林慧国，等. 合金钢手册 [M]. 北京：冶金工业出版社，1984.

[3] 陈景榕，李承基. 金属与合金中的固态相变 [M]. 北京：冶金工业出版社，1997.

[4] 刘宗昌，任慧平. 过冷奥氏体扩散型相变 [M]. 北京：科学出版社，2007.

[5] 余永宁. 金属学原理 [M]. 北京：冶金工业出版社，2000.

[6] 刘宗昌，任慧平. 贝氏体与贝氏体相变 [M]. 北京：冶金工业出版社，2009.

[7] Kempen A T W, Sommer F, Mittemeijer E J. Determination and interpretation of isothermal and non-isothermal transformation kinetics：the effective activation energies in terms of nucleation and growth [J]. Journal of Materials NanoScience, 2002 (37)：1321-1332.

[8] Christian J W. The theory of transformations in metals and alloys [M]. Oxford, United Kingdom：Pergamon Press，1965：545.

[9] 戚正风. 固态金属中的扩散与相变 [M]. 北京：机械工业出版社，1998.

[10] 刘宗昌，张羊换，麻永林. 冶金类热处理及计算机应用 [M]. 北京：冶金工业出版社，1999.

[11] 苏德达，李家俊. 钢的高温金相学 [M]. 天津：天津大学出版社，2007.

[12] 钢铁研究总院结构材料研究所，先进钢铁材料技术国家工程研究中心，中国金属学会特殊钢分会. 钢的微观组织图像精选 [M]. 北京：冶金工业出版社，2009.

[13] 戚正风. 金属热处理原理 [M]. 北京：机械工业出版社，1987.

[14] Nakai K, Ohmori Y. Pearlite to austenite transformation in an Fe-2. 6Cr-1C alloy [J]. Acta Materialia, 1999, 47 (9)：2619-2632.

[15] Law N C, Edmonds D V. The formation of austenite in a low-alloy steel [J]. Metallurgical Transactions A, 1980, 11 (1)：33-37.

[16] 刘宗昌，任慧平，王海燕. 奥氏体形成与珠光体转变 [M]. 北京：冶金工业出版社，2010.

[17] 刘宗昌，任慧平，计云萍. 固态相变原理新论 [M]. 北京：科学出版社，2015.

[18] 林慧国，傅代直. 钢的奥氏体转变曲线 [M]. 北京：机械工业出版社，1988.

[19] 刘宗昌，等. 材料组织结构转变原理 [M]. 北京：冶金工业出版社，2006.

[20] 刘云旭. 金属热处理原理 [M]. 北京：机械工业出版社，1981.

[21] 陈景榕，李承基. 金属与合金中的固态相变 [M]. 北京：冶金工业出版社，1997.

[22] Marder A R, Bramfitt B L. The effect of morphology on the strength of pearlite [J]. Metallurgical Transactions A (Physical Metallurgy and Materials, Science)，1976, 7 (3)：365-372.

[23] Hackney S A, Shiflet G J. The pearlite-austenite growth interface in an Fe-0. 8C-12Mn alloy [J]. Acta Metallurgical, 1987, 35 (5)：1007-1017.

[24] 刘宗昌，段宝玉，王海燕，等. 珠光体表面浮凸的形貌及成因 [J]. 金属热处理，2009, 34 (1)：24-28.

[25] 段宝玉，刘宗昌，任慧平，等. T8 钢中珠光体表面浮凸观察 [J]. 内蒙古科技大学学报，2008, 27 (2)：108-114.

[26] 荒木透ほが. 鋼の熱處理技術 [M]. 朝倉書店，昭和 44 年（1969）.

[27] 刘宗昌. 贝氏体相变的过渡性 [J]. 材料热处理学报，2003, 24 (2)：37-41.

[28] 罗伯茨 G A，卡里著 R A. 工具钢 [M]. 徐进，姜先余，等译. 北京：冶金工业出版社，1987.

[29] 刘宗昌，李文学，高占勇，等. 钢的退火软化机理 [J]. 包头钢铁学院学报，1998 (3)：178-182.

[30] 李文学，刘宗昌，任慧平，等. S7 钢退火 TTT 曲线的测定及研究 [J]. 物理测试，1997 (3)：9-12.

[31] 刘宗昌，李文学．H13 钢 A_1 稍下转变动力学及相分析 [J]．兵器材料科学与工程，1998（3）：33-36.

[32] 闫俊萍，李文学，刘宗昌，等．S5 钢软化退火的研究 [J]．金属热处理学报，1998，19（2）：53-55.

[33] 徐进，刘宗昌．S7 钢 CCT 图的测定及研究 [J]．包头钢铁学院学报，2000，19（1）：46-49.

[34] 李文学，刘宗昌，徐进，等．S7 钢过冷奥氏体转变曲线及碳化物研究 [J]．金属热处理学报，2000，21（3）：75-77.

[35] 刘宗昌，李文学，邵淑艳．工模具钢退火用 C-曲线测定及应用 [J]．金属热处理，2001，26（7）：36-38.

[36] Liu Zongchang, Gao Zhanyong, Dong Xuedong, et al. Mechanism of softening annealing of rolled or forged tool steels [J]. Journal of Iron and Steel Research, 2003, 10（1）：40-44.

[37] 章守华．合金钢 [M]．北京：冶金工业出版社，1981.

[38] 方鸿生，王家军，杨志刚，等．贝氏体相变 [M]．北京：科学出版社，1999.

[39] 戚正风．固态金属中的扩散与相变 [M]．北京：机械工业出版社，1998.

[40] 刘宗昌，袁泽喜，刘永长．固态相变 [M]．北京：机械工业出版社，2010.

[41] 徐祖耀．马氏体相变与马氏体 [M]．2 版．北京：科学出版社，1999.

[42] 刘宗昌，王海燕，任慧平．再评马氏体相变的切变学说 [J]．内蒙古科技大学学报，2009，28（2）：99-105.

[43] 刘宗昌，计云萍，林学强，等．三评马氏体相变的切变机制 [J]．金属热处理，2010，35（2）：1-6.

[44] 刘宗昌，计云萍，段宝玉，等．板条状马氏体的亚结构及形成机制 [J]．材料热处理学报，2011，32（3）：56-61.

[45] 刘宗昌，王海燕，任慧平．过冷奥氏体转变产物的表面浮凸 [J]．中国体视学与图像分析，2009，14（3）：227-236.

[46] 林晓娉，张勇，谷南驹，等．$\gamma(fcc) \rightarrow \alpha(bcc)$ 马氏体相变表面浮凸的 AFM 观察与定量分析 [J]．金属热处理学报，2001（4）：4-8.

[47] 刘宗昌，段宝玉，王海燕，等．珠光体表面浮凸的形貌及成因 [J]．金属热处理，2009，34（1）：23-27.

[48] 刘宗昌，任慧平，安胜利．马氏体相变 [M]．北京：科学出版社，2012.

[49] 刘宗昌，任慧平，计云萍，等．贝氏体相变新论 [M]．美国：汉斯出版社，2019.

[50] 刘宗昌，王海燕，袁长军，等．马氏体形核—长大机制的研究 [J]．内蒙古科技大学学报，2009，28（3）：95-201.

[51] 刘宗昌，袁长军，计云萍，等．马氏体的形核及临界晶核的研究 [J]．金属热处理，2010，35（11）：18-22.

[52] 徐祖耀．马氏体相变与马氏体 [M]．北京：科学出版社，1981.

[53] Ji Yunping, Liu Zongchang, Ren Huiping. Morphology and formation mechanism of martensite in steels with different carbon content [J]. Advanced Materials Research, 2011, 201-203：1612-1618.

[54] 刘宗昌，袁长军，计云萍，等．钢中马氏体组织形貌的变化规律 [J]．热处理，2011，26（1）：20-25.

[55] Ji Yunping, Liu Zongchang, Li Wenxue, et al. Morphology and formation mechanism of bainitein in chromium-molybdenum steel [J]. Transactions of Materials and Heat Treatment, 2010, 31（9）：55-59.

[56]《金属机械性能》编写组．金属机械性能 [M]．北京：机械工业出版社，1978.

[57] 邓永瑞．马氏体转变理论 [M]．北京：科学出版社，1993.

[58] 刘宗昌，赵莉萍，等. 热处理工程师必备基础理论 [M]. 北京：机械工业出版社，2013.

[59] 刘宗昌，冯佃臣. 热处理工艺学 [M]. 北京：冶金工业出版社，2015.

[60] 刘宗昌，等. 合金钢显微组织辨识 [M]. 北京：高等教育出版社，2017.

[61] 徐祖跃，刘世楷. 贝氏体相变及贝氏体 [M]. 北京：科学出版社，1991.

[62] 方鸿生，王家军，杨志刚，等. 贝氏体相变 [M]. 北京：科学出版社，1999.

[63] 贺信莱，尚成嘉，杨善武，等. 高性能低碳贝氏体钢 [M]. 北京：冶金工业出版社，2008.

[64] Caballero F G, Miller M K, Babu S S, et al. Atomic scale observations of bainite transformation in a high carbon high silicon steel [J]. Acta Materialia, 2007, 55 (1)：381-390.

[65] 李凤照，敖青，姜江，等. 贝氏体钢中贝氏体铁素体纳米结构 [J]. 金属热处理，1999 (12)：7-10.

[66] 赵乃勤，杨志刚，冯运莉. 合金固态相变 [M]. 长沙：中南大学出版社，2008.

[67] 敖青，秦超，孟凡妍，等. 贝氏体铁素体精细结构孪晶及纳米结构 [J]. 材料热处理学报，2002，23 (3)：20-23.

[68] Okamoto H, Oka M. Isothermal martensite transformation in a 1.80 Wt Pct C steel [J]. Metallurgical Transactions A, 1985, 16 (12)：2257-2262.

[69] 魏成富，栾道成. 贝氏体中脊形貌特征研究 [J]. 材料热处理学报，2001，22 (3)：14-18.

[70] 杨立波，刘文西，陈玉如，等. 含硅钢中的贝氏体中脊 [J]. 钢铁，1989 (9)：43-48.

[71] 刘宗昌，王海燕，任慧平，等. 贝氏体铁素体形核长大的热激活迁移机制 [J]. 金属热处理，2007，32 (11)：1-5.

[72] Liu Zongchang, Wang Haiyan, et al. Morphology and formation mechanism of bainite carbide [J]. 材料科学与工程（中英文版），2008，2 (12)：58-64.

[73] 康沫狂. 贝氏体相变理论研究工作的主要回顾 [J]. 材料热处理学报，2000，21 (2)：2-8.

[74] 刘宗昌，王海燕，任慧平. 钢中贝氏体相变热力学 [J]. 内蒙古科技大学学报，2006，25 (4)：307-313.

[75] Hehemann R F, Kinsman K R, Aaronson H I. A debate on the bainite reaction [J]. Metallurgical Transactions, 1972, 3 (5)：1077-1094.

[76] Bhadeshia H K D H, Edmonds D V. The bainite transformation in a silicon steel [J]. Metallurgical Transactions A, 1979, 10 (7)：895-907.

[77] Lee H J, Spanos G, Shiflet G J, et al. Mechanisms of the bainite (non-lamellar eutectoid) reaction and a fundamental distinction between bainite and pearlite (lamellar eutectoid) reactions [J]. Acta Materialia, 1988 (36)：1129-1140.

[78] 刘宗昌，李文学，李承基. 10SiMn 钢的 CCT 曲线及铈的影响 [J]. 金属热处理学报，1990 (1)：75-80.

[79] 刘宗昌. 正火 45MnVRE 钢的组织 [J]. 兵器材料科学与工程，1988 (11)：41-45.

[80] 徐祖耀. 块状相变 [J]. 热处理，2003 (3)：1-9.

[81] Bhadeshia H K D H. Bainite in steels [M]. London：The institute of Materials, 1992：199.

[82] 李承基. 贝氏体相变理论 [M]. 北京：机械工业出版社，1995.

[83] 俞德刚，王世道. 贝氏体相变理论 [M]. 上海：上海交通大学出版社，1997.

[84] 刘宗昌，王海燕，任慧平，等. 贝氏体碳化物形成机理 [J]. 热处理技术与装备，2007，28 (4)：19-23.

[85] 弘津祯彦. 碳钢马氏体回火过程中的结构变化 [J]. 热处理，1974，14 (6)：323-329.

[86] Nagakura S, Hirotsu Y, Kusunoki M, et al. Crystallographic study of the tempering of martensitic carbon steel by electron microscopy and diffraction [J]. Metallurgical Transactions A, 1983, 14 (5)：

1025-1031.

[87] Speich G R, Leslie W C. Tempering of steel [J]. Metall. Trans., 1972, 3 (5)：1043-1054.

[88] 徐祖耀. 马氏体相变的定义 [J]. 金属热处理学报, 1996, 17 (Supp.)：27-29.

[89] 束国刚, 刘江南, 石崇哲, 等. 超临界锅炉用 T/P91 钢的组织性能与工程应用[M].西安：陕西科学技术出版社, 2006.

[90] 吴承建, 陈国良, 强文江, 等. 金属材料学 [M]. 北京：冶金工业出版社, 2000.

[91] 刘宗昌, 杜志伟, 朱文方, 等. H13 钢的回火二次硬化 [J]. 兵器材料科学与工程, 2001, 24 (3)：11-14.

[92] 郑立允, 赵立新, 吴炳胜, 等, W4Mo3Cr4VSiN 低合金高速钢中马氏体二次硬化的研究 [J]. 金属热处理, 2002, 27 (12)：17-18.

[93] 邱军, 袁逸, 陈景榕. 高速钢中马氏体二次硬化的 TEM 研究 [J]. 金属学报, 1992, 28 (7)：19-24.

[94] 计云萍, 任慧平, 侯敬超, 等. 稀土低合金贝氏体耐磨铸钢回火过程中的组织演变 [J]. 稀有金属材料与工程, 2018, 47 (4)：1261-1265.

[95] Bhadeshia H K D H. Bainite in Steels (3nd edition) [M]. London：IOM Communikations Ltd., 2015.

[96] 康沫狂, 等. 钢中贝氏体 [M]. 上海：上海科学技术出版社, 1990.

[97] 计云萍, 亢磊, 齐建波, 等. 稀土对 20MnCrNi2Mo 铸钢粒状贝氏体脱溶平衡相的影响 [J]. 稀有金属, 2018, 42 (8)：820-825.

[98] 刘宗昌, 李文学, 王玉峰, 等. Fe-1.12Cu 合金中铜的沉淀 [J]. 金属热处理, 2005, 30 (6)：40-45.

[99] 刘宗昌, 任慧平, 王海燕. 含铜高纯净钢的固溶与时效工艺 [J]. 金属热处理, 2004, 29 (12)：58-61.

[100] 郭凤莲, 刘宗昌, 任慧平. 含 1.55%铜高纯钢的时效行为 [J]. 内蒙古科技大学学报, 2007, 26 (1)：14-18.

[101] 王学敏, 周桂峰, 杨善武, 等. 不同 Cu 含量超低碳钢的时效行为 [J]. 金属学报, 2000 (2)：113-119.

[102] 潘金生, 仝健民, 田民波. 材料科学基础 [M]. 北京：清华大学出版社, 1998.

[103] Nedelcu S, Kizler P, Schmauder S, et al. Atomic scale modelling of edge dislocation movement in the alpha-Fe-Cu system [J]. Modelling and Simulation in Materials Science and Engineering, 2000, 8 (2)：181-191.

[104] Guo A, Song X, Tang J, et al. Effect of tempering temperature on the mechanical properties and microstructure of an copper-bearing low carbon bainitic steel [J]. Journal of University of Science and Technology Beijing, 2008, 15 (1)：38-42.

[105] 宋新莉, 郭爱民, 袁泽喜, 等. 铜含量对超高强度低碳贝氏体钢力学性能的影响 [J]. 特殊钢, 2007, 28 (1)：19-20.

[106] 刘宗昌, 李文学, 王海燕, 等. 含铜高纯钢中有序结构的高分辨电子显微分析 [J]. 包头钢铁学院学报, 2005, 23 (2)：137-143.